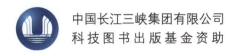

中国长江三峡集团有限公司
科技图书出版基金资助

海上风电机组
典型基础设计与施工

孙长平　刘运志　王　卫　等◎编著

中国三峡出版社

图书在版编目（CIP）数据

海上风电机组典型基础设计与施工 ／ 孙长平等编著.
-- 北京 ： 中国三峡出版社，2024.12
  ISBN 978-7-5206-0312-6

  Ⅰ．①海… Ⅱ．①孙… Ⅲ．①海上工程－风力发电机
－发电机组－研究 Ⅳ．①TM315

中国国家版本馆CIP数据核字(2024)第032833号

责任编辑：王　杨

中国三峡出版社出版发行
（北京市通州区粮市街2号院　101199）
电话：（010）59401531　59401529
http://media. ctg. com. cn

北京世纪恒宇印刷有限公司印刷　新华书店经销
2024 年 12 月第 1 版　2024 年 12 月第 1 次印刷
开本：787毫米×1092毫米 1/16　印张：22
字数：573千字
ISBN 978-7-5206-0312-6　定价：168.00 元

《海上风电机组典型基础设计与施工》
编 委 会

　　近年来，新能源开发规模不断扩大，建设成本显著下降，开辟了全球能源由自然资源禀赋依赖向高新技术驱动转移的新领域新赛道，以风电、光伏为代表的新能源产业发展壮大，塑造了高质量发展的新动能新优势，成为重塑全球能源供需格局的核心、抢占科技革命和产业变革制高点的关键。海上风电作为风电技术与海洋工程技术深度融合的战略性新兴技术，正引领风电领域前沿技术快速进步，推动海洋工程制造业持续发展。我国 1.8 万多千米海岸线蕴藏着超过 30 亿 kW 海上风能资源，是国家自主可控的清洁能源，且具有不占用陆地资源、可就近接入东部负荷中心陆上电网等优点。相比于陆上风电，海上风电场建设面临复杂的海洋水文环境和工程地质条件，施工难度大、成本高。据不完全统计，海上风电机组基础制造、运输和安装成本占海上风电场工程建设总成本的 20%～30%。

　　本书以国内首个集中连片规模化开发的百万千瓦级海上风电场——三峡阳江沙扒海上风电项目工程建设为基础，系统梳理国外前沿技术发展趋势、国内外海上风电场典型机组基础的设计方法和三峡阳江沙扒海上风电场 4 类典型机组基础、6 种基础型式的施工工艺，形成适用于国内恶劣海洋环境、复杂地质条件下的海上风电机组基础设计与施工成套技术，助力海上风电规模化平价化开发。本书共 9 章：第 1 章介绍国内外海上风电发展现状和发展趋势；第 2 章结合国内外海上风电场的工程建设，介绍海上风电场从近海潮间带向近海深水区、深远海发展过程中主要采用的几类典型机组基础，包括重力式基础、单桩基础、导管架基础、筒型基础、漂浮式基础等，总结典型机组基础的优缺点及适用条件；第 3 章介绍海上风电机组基础在全生命周期内所需承受的环境荷载及荷载计算理论，包括风荷载、波浪荷载、海流荷载、海冰荷载、地震作用、靠泊荷载以及设计过程中的荷载组合工况；第 4 章介绍海上风电场建设前期所需开展的地质勘察，包括整个风电场区域内的地球物理调查以及具体机位点的现场钻孔、静力触探和岩土体物理力学试验等；第 5 章介绍海上风电桩基础与土体相互作用、筒型基础与土体相互作用的承载理论；第 6 章以三峡阳江沙扒海上风电项目典型机组基础工程设计为案例，详细介绍海上风电场典型机组基础的设计原则、设计标准、设计分析内容和设计流程；第7章介绍海上风电桩基础和筒型基础施工可行性分析方法，包括桩基础可打入性分析方法和筒型基础沉贯分析方法；第8章以三峡阳江沙扒海上风电场4类典型机组基础、6种基础型式的工程实践为案例，介绍海上风电单桩基础、非嵌岩桩导管架基础、芯柱式嵌岩桩导管架基础、植入式嵌岩桩导管架基础、吸力筒导管架基础、单柱复合筒基础等典型机组基础施工方法，包括施工流程、施工装备和施工工艺，总结每种基础型式在施工中的重难点；第9章以三峡阳江沙扒海上风电场典型机组基础安全监测为案例，介绍海上风电场在运维阶段的机组基础安全监测类型、监测设备、监测方法和数据分析结果。

本书作为海上风电机组基础设计与施工的实战参考书，有助于工程技术人员结合现行的设计标准和国内外最新的设计理念，解决实际工程技术难题。同时，本书结合实际工程，提出当前海上风电场多种典型机组基础亟须解决的关键技术难题，有助于高等院校、科研院所的师生快速了解海上风电场工程建设，进一步开展基础理论研究和新技术研发，推动海上风电学科发展和技术持续进步。此外，本书以图文结合的方式展现了海上风电场的建设过程，有助于海上风电技术的科普与宣传。

本书由中国长江三峡集团有限公司孙长平、刘运志、王卫、刘俊峰、林毅峰、陈新群、于光明、代加林等工程管理人员、科研人员、工程技术人员编写而成。由于作者的学识和水平有限，难免存在不妥或错误之处，恳请读者与专家批评指正。

作　者

2024 年 10 月

第1章

概　述

随着全球能源安全、生态环境、气候变化等问题日益凸显，大力发展清洁能源已成为国际社会推动能源转型发展、应对全球气候变化的普遍共识和一致行动。风电作为应用最广泛和发展最迅速的新能源发电技术之一，已在全球范围内实现大规模开发应用。近年来，随着陆上经济可开发的风能资源越来越少，海上风能资源开发已逐渐成为全球风电建设的主战场。相较于陆上风电，海上风电具有资源丰富稳定、靠近负荷中心、不占用土地资源等显著优势。此外，国际能源署（IEA）研究报告[1]指出，相比于水电、陆上风电和光伏发电等清洁能源，海上风电的年度减排二氧化碳量更高，环境效益更加显著（图1-1）。

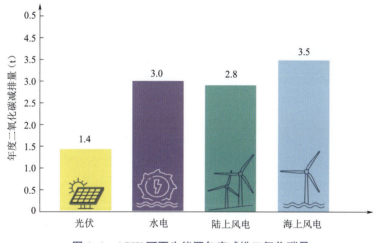

图1-1　1GW可再生能源年度减排二氧化碳量

1.1　海上风电发展现状

1.1.1　欧洲海上风电发展现状

1991年，全球首个温德比（Vindeby）海上风电项目在丹麦完成建设，装机容量约为5MW。作为全球海上风电的发源地，欧洲海上风电发展经历了技术可行性探索、政策扶持商业化、平价化开发等发展阶段。20世纪90年代，欧洲海上风电处于技术可行性验证阶段，荷兰、丹麦等国家陆续建了一批海上风电示范项目，单个项目建设规模和单机容量较小，其中，装机容量为2~10MW，风电机组单机容量为500~600kW。2001—2010年，随着欧洲各国海上风电扶持政策的出台、风电技术的快速进步以及产业链的成熟，欧洲海上风电逐渐进入商业化建设和运营阶段。2001年，全球第一座商业化海上风电项目米德尔格伦登（Middlegrunden）海上风电场在丹麦的哥本哈根附近海域建成，该项目共安装 20 台单机容量 2MW 机组，总装机容量为 40MW，开启了规模化开发海上风电的序幕。2002—2003 年，丹麦又在北海建成世界两座大型海上风电场霍恩斯雷夫（Horns Rev）和奈斯特德 1 号（Nysted 1），总装机容量分别为 160MW 和 165.6MW。2007 年，苏格兰在比阿特丽斯（Beatrice）海上风电场安装了世界首台单机容量 5MW 的发电机组，推动了大容量机组的规模化应用。随后，德国阿尔法文图斯（Alpha Ventus）海上风电场同样采用了 5MW 风电机组。2011 年及以后，英国、德国、丹麦等国家开启了海上风电规模化开发新征程，项目总装机容量、单机机组容量、离岸距离、水深逐渐增大。2013 年，欧洲建设了 3 个著名的海上风电场，其中比利时建成当时单机机组容量最大的贝尔温德（Belwind）海上风电场，机组容量达到 6MW；德国建成当时离岸最远的巴德 1 号（Bard Offshore1）海上风电场，在水深 40~44m 的海域安装了 80 台 5MW 机组，总装机容量 400MW，离岸距离 100km；英国建成当时规模最大的伦敦阵列（London Array）海上风电场，装机容量达到 630MW。2018 年，英国开始建设当时全球规模最大的海上风电场——霍恩西一号海上风电场，总装机容量达到 1.2GW，离岸距离 103km，拟安装 174 台风电机组。近 20 年来，欧洲海域部分海上风电场如表 1-1 所示。

表 1-1 欧洲海域部分海上风电场

国家	海上风电场	装机容量（MW）	机组容量（MW）	水深（m）	离岸距离（km）
比利时	Belwind	165	3	15~24	46
丹麦	Horns Rev 2	209.3	2.3	9~17	30
	Horns Rev 1	160	2	6~14	14~20
	Samsø	23	2.3	10~13	3.5
	Anholt	399.6	3.6	15~19	15~20
	EnBW Baltic 1	48.3	2.3	16~19	26
	Borkum Riffgrund 1	312	4	23~29	54
	Amrumbank West	302	3.775	20~25	35
	DanTysk	288	3.6	21~31	69
	Riffgat	108	3.6	28~23	15~30
荷兰	Lely	2	0.5	5~10	0.8
	Prinses Amalia	120	2	19~24	23
	Egmond aan Zee	108	3	18	10~18
瑞典	Bockstigen	2.75	0.55	6	4
	Utgrunden 1	10.5	1.5	7~10	8~12.5
英国	North Hoyle	60	2	7~11	7~8
	Kentish Flats	90	3	5	8.5~13
	Scroby Sands	60	2	5~10	2.3
	Robin Rigg	174	3	4~13	11
	Rhyl Flats	90	3.6	6~12	8
	Barrow	90	3	15~20	7.5
	Gunfleet Sands	172.8	3.6	0~15	7
	Teesside	62.1	2.3	8~16.5	1.5
	Burbo Bank	90	3.6	2~8	6
	Sheringham Shoal	316.8	3.6	17~22	17~23

续表

国家	海上风电场	装机容量（MW）	机组容量（MW）	水深（m）	离岸距离（km）
英国	Lincs	270	3.6	8.5~16.3	6~8
	Gwynt y Môr	576	3.6	12~28	13~18
	Greater Gabbard	504	3.6	20~32	26
	Walney Phase 2	183.6	3.6	24~30	14~18
	London Array	630	3.6	0~25	20

据统计，2011—2020 年欧洲海上风电保持约 12%的复合年均增长率，使其成为海上风电累计装机容量最大的市场。根据欧洲风能协会发布的《欧洲风能：2021 年统计与2022—2026 年展望》[2]，2021 年欧洲海上风电新增装机容量约为 3.4GW，累计装机容量 28GW。

1.1.2　中国海上风电发展现状

中国海上风电资源丰富，且靠近负荷中心，就地消纳方便，发展海上风电将成为中国能源结构转型的重要战略支撑。相比于欧洲，中国海上风电起步相对较晚。2009 年，国家能源局印发了《海上风电场工程规划工作大纲》[3]，对海上风电场和输电通道进行规划，标志着我国海上风电正式启动。2009 年 3 月，我国首个大型海上风电场——东海大桥 100MW 海上风电场第一台发电机组（3MW）完成吊装，该项目于 2010 年 2 月完成 34台机组吊装，2010 年 7 月全部机组并网发电，标志着我国海上风电产业迈出了第一步。2010 年 1 月，国家能源局和国家海洋局颁布《海上风电开发建设管理暂行办法》[4]，明确海上风电工程项目优先采取招标方式选择开发投资企业；2010 年 9 月，中国第一轮江苏 1000MW 海上风电特许权项目完成首次招标，包括江苏滨海 300MW 海上风电场、射阳 300MW 海上风电场、大丰 200MW 潮间带风电场和东海 200MW 潮间带风电场。在特许权招标时期，我国海上风电经过了一系列技术引进、模式探索、示范项目建设等发展阶段，例如，2011 年 5 月华锐风电科技有限公司推出 6MW 风电机组，2011年 12 月国电联合动力技术有限公司推出 6MW 风电机组。然而，在整个"十二五"期间，由于海上风电技术尚不成熟，且存在投资成本高、专业人才匮乏等问题，我国海上风电开发进度相对缓慢。截至 2015 年年底，我国海上风电累计装机容量不足 1GW，距离 5GW 的规划目标还有较大差距。5 年的不断探索促进我国海上风电技术快速进步、产业制造能力快速发展、标准体系不断完善。随着国家以及地方政府进一步出台扶持政策，以及我国海上风电技术、设备逐步成熟与开发经验的不断积累，国内海上风电进入了加速期。2014 年 6 月，国家发展改革委印发《关于海上风电上网电价政策的通知》（发改价格〔2014〕1216 号）[5]，明确了海上风电项目采用标杆电价的政策，补贴电价高达 0.85 元/kW·h。2016 年，国家能源局印发了《风电发展"十三五"规划》[6]，提出到 2020 年底，海上风电并网装机容量达到 500 万 kW 以上，标志着中国海上风电正式迈入高速发展阶段。2016—2021 年，我国海上风电呈现跃升式发展，并迅速建立了成熟的供应链和基础设施。2020 年，我国新增海上风电并网容量超过 3GW，累计装机容量已经超越德国，仅次于英国。截至 2021 年年底，中国海上风电累计装机容量达到 26.38GW，装机容量超过英国，跃居全球第一，如图 1-2 所示。2022 年，中国新增海上风电并网容量 5.05GW。

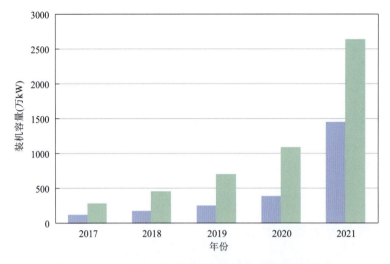

图 1-2　2017—2021 年中国海上风电装机容量情况统计

在中国沿海各省（自治区、直辖市）中，江苏省、广东省、浙江省、福建省是国内海上风电在建和规划容量规模较大的省份，山东省、辽宁省、河北省、上海市、天津市、广西壮族自治区、海南省等省（自治区、直辖市）具有一定的规划容量，目前并网装机规模相对较小。截至 2021 年，江苏省海上风电累计装机容量约 11.8GW，占全国累计装机容量总量约 45%；广东省位居第二，约占 25%；其余各省（自治区、直辖市）累计装机容量约占 30%，如图 1-3 所示。

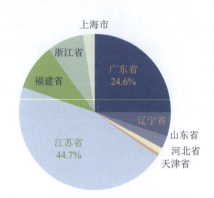

图 1-3　中国沿海各省海上风电装机容量

1.2　海上风电发展趋势

1.2.1　技术开发量

根据世界银行的分析报告[7]，全球海上风电技术可开发潜力为 710 亿 kW，其中约 71%

的海上风电技术潜力位于适合漂浮式风电的海域（510亿kW），29%属于可采用固定式基础的海域（200亿kW），如图1-4所示。中国海上风电技术可开发潜力约为29.8亿kW，其中固定式海上风能资源开发量为14亿kW，漂浮式海上风电开发潜力为15.8亿kW。

图1-4　固定式和漂浮式海上风电全球技术可开发潜力

我国拥有300多万平方千米的海洋面积，海岸线长度约为1.8万km，海上风能资源丰富。根据国家发展和改革委员会能源研究所发布的《中国风电发展路线图2050》[8]，我国水深5~50m海域、100m高度的海上风电资源开发量为5亿kW。此外，国家气候中心主任巢清尘团队利用地理信息系统空间分析方法，系统评估了中国及分省风电和光伏发电的技术开发潜力和潜在年发电量。研究指出离岸200km范围内，中国近海和深远海100m高度的风能资源技术可开发量约为22.5亿kW，其中，广东海上风电技术开发量为5.36亿kW，浙江、山东、福建、江苏和海南的海上风电技术潜力均在2亿kW[9]。

海上风能资源与海风和陆地微风、与陆地的距离、水与气温的关系、波浪高度等因素密切相关。根据世界银行集团发布的报告[7]，中国台湾海峡是近海风能资源最丰富的海域，风能资源等级在6级以上，年平均风速为8.5~10m/s，局部区域年平均风速可达10m/s以上；广东、广西、海南、浙江南部近海海域的风能资源等级在4~6级之间，平均风速7~9m/s；辽宁、河北、山东、江苏沿海省份的渤海和黄海海域年平均风速小于8m/s。

根据全球风能理事会（Global Wind Energy Council）发布的《全球海上风电报告2021》的相关预测[10]，2021—2030年全球海上风电累计新增装机容量将超过235GW，其中，30%的新增装机容量将在2021—2025年完成吊装，2020—2025年全球海上风电年新增装机容量预计将达到23.1GW。根据全球风能理事会发布的《全球风能报告2022》[11]，2021年全球海上风电新增并网量为21.1GW，为2022年的3倍多；预计2026年，年度新增装机容量达到30GW；2022—2026年间，累计装机容量达到90GW。同时，全球风能理事会指出，若想在21世纪末将全球升温控制在1.5℃以内以及2050年实现净零排放的目标，到2030年，风电的年装机容量需达到当前的4倍。此外，欧洲风能协会对未来5年的欧洲海上风电发展进行了展望，2022—2026年海上风电新增累计装机容量达到27.9GW，平均每年为5.6GW，其中英国新增装机容量10.8GW，德国新增装机容量5.4GW，荷兰新增装机容量4.3GW，法国新增装机容量3.3GW，丹麦新增装机容量1.3GW。

根据国际可再生能源署（International Renewable Energy Agency，IRENA）发布的研究报告[12-13]，如果希望实现地球温度上升控制在1.5℃以内，全球海上风电装机容量需在

2050 年达到 20 亿 kW，然而目前的装机容量不到该目标值的 3%，即使到 2030 年装机容量预测值为 2.7 亿 kW，也仅是该目标值的 13%（见图 1-5）。

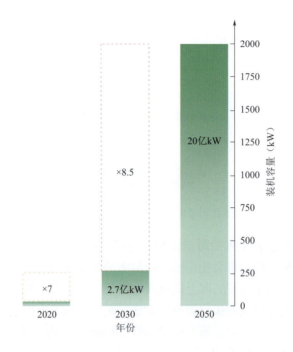

图 1-5　全球海上风电装机容量发展预期

1.2.2　开发模式

2010—2020 年，欧洲每年新增的海上风电场装机容量平均值从 30 万 kW 增长至 78.8 万 kW，增长幅度高达 260%，如图 1-6 所示。2018 年，装机容量 120 万 kW 的霍恩西 1 号（Hornsea One）海上风电场开工建设，成为当时全球在建的最大规模海上风电场，最大的单机容量为 10MW，并于 2019 年开始投产。2020 年，博塞勒 1 号、2 号（Borssele 1，Borssele 2）和东英吉利 1 号（East Anglia One）海上风电场实现全容量并网，单个风电场装机容量均超过 70 万 kW。2022 年，英国多格银行（Dogger Bank）海上风电场海上部分开始建设，是当今全球在建的最大规模海上风电场，总装机容量达到 360 万 kW，拟安装 277 台通用电气（GE）Haliade-X 13MW 和通用电气（GE）Haliade-X 14MW 风电机组，其中多格银行 A 和 B（Dogger Bank A、Dogger Bank B）海上风电场首批风电机组分别于 2023 年和 2024 年投入运营。

2009 年，中国首个海上风电场（东海大桥海上风电场）总装机容量 10 万 kW。2012 年，龙源江苏如东海上（潮间带）示范风电场，也是当时中国规模最大的海上风电场总装机容量 15 万 kW。2016 年，当时中国一次性建成单体容量最大海上风电场——江苏响水海上风电场完成全容量并网发电，总装机容量 20.2 万 kW。2021 年，中国多个海上风电项目迎来集中并网。其中，华能盛东如东 H3 海上风电场项目总装机容量达 70 万 kW；华能大连庄河海上风电项目实现全容量并网发电，总装机容量 65 万 kW。2021 年 12 月，中国

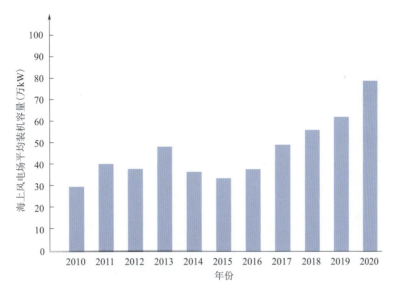

图 1-6　2010—2020 年间欧洲海上风电场平均装机容量

长江三峡集团有限公司（以下简称"中国三峡集团"）的广东阳江、江苏（如东、大丰）海上风电项目实现了全容量并网发电，其中广东阳江沙扒海上风电场总装机容量为 170 万 kW，安装 269 台风电机组，是中国首个百万千瓦级海上风电项目；江苏如东海上风电场总装机容量 80 万 kW，是亚洲首个采用柔性直流输电技术的海上风电项目；江苏大丰海上风电场总装机容量 30 万 kW，是当时国内离岸最远的海上风电项目。"十四五"期间，中国三峡集团将在广东阳江青洲海域开工建设当前中国最大的海上风电场——三峡阳江青洲五、六、七期海上风电项目，该项目总装机容量为 300 万 kW。

1.2.3　开发成本

1. 海上风电平准化度电成本

近年来，随着全球海上风电技术的快速进步和产业链的成熟，海上风电成本呈现逐年降低的趋势，经济性得到进一步释放。根据国际可再生能源署（IRENA）报告[14]，2010—2021 年全球海上风电平准化度电成本（Levelized Cost of Energy）下降 60%（见图 1-7），预计到 2050 年将大幅下降至 3~7 美分/（kW·h）。目前，欧洲海上风电项目已经逐渐实现平价化开发，中国海上风电从 2022 年也将在"十四五"时期全面迈入平价时代。此外，国际可再生能源署预测，到 2050 年海上风电相比于化石燃料将具有更强的竞争力。

根据 2021 年劳伦斯伯克利国家实验室等研究机构对海上风电成本的调查报告[15]，相对于 2019 年固定式基础海上风电平准化度电成本，2035 年海上风电平准化度电成本将下降 17%~35%，2050 年海上风电平准化度电成本将下降 37%~49%（见图 1-8）。2025 年漂浮式海上风电平准化度电成本仍将高于 2019 年的固定基础海上风电的成本，2050 年固定式基础海上风电成本与漂浮式海上风电成本之间的差距将缩小，随着时间的推移，漂浮式海上风电成本低于固定式基础海上风电的水深将从 2019 年的大于 80m 下降至 2035 年的大于 60m。

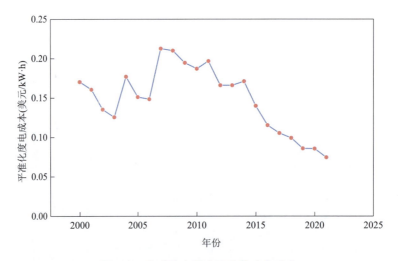

图1-7　全球海上风电平准化度电成本

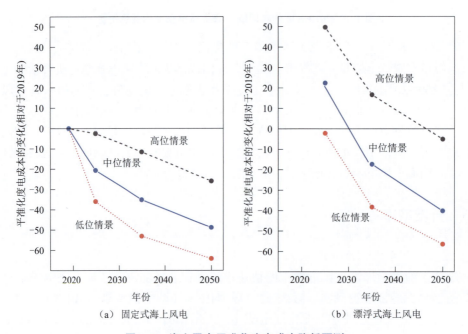

（a）固定式海上风电　　　　　　（b）漂浮式海上风电

图1-8　海上风电平准化度电成本降低预测

海上风电集群化开发、大容量机组使用等将推动平准化度电成本的不断降低，专家预计固定式基础海上风电场的项目规模将达到90万~129.9万 kW，漂浮式海上风电场的项目规模为50万~69.9万 kW，其中，固定式海上风电场水深42m，离岸距离为70km，水面100m以上的平均风速预计达到9.5m/s，将采用17MW 的大容量发电机组（见图1-9）；漂浮式海上风电场水深100~199m，离岸距离将超过100m，场址风速达到10m/s。

2. 风力发电机组

1991 年，丹麦建成的全球首个海上风电场——温德比项目（Vindeby）所用的风电机组容量为0.45MW，叶轮直径35m，轮毂高度35m。2001 年，丹麦建成的米德尔格伦登（Middlegrunden）海上风电场所用的风电机组容量为2MW，叶轮直径为76m，轮毂高度为

图 1-9　2035 年海上风电机组容量预测[15]

64m。2010 年，商业化的机组容量为 3MW 风电机组，叶轮直径 90m[16]。目前，欧洲是全球范围内海上风电装机规模最大、投运机组最多、技术水平最先进的区域。20 世纪以来，英国、德国等国家已建海上风电场及采用的风电机组型号如表 1-2 所示。

表 1-2　欧洲部分海上风电场的风电机组型号

国家	海上风电场	装机容量（MW）	机组型号（容量）	台数（台）	投产年份
英国	Blyth Offshore	4	Vestas V66-2.0MW	2	2000
	North Hoyle	60	Vestas V80-2.0MW	30	2003
	Scroby Sands	60	Vestas V80-2.0MW	30	2003
	Kentish Flats	90	Vestas V90-3.0MW	30	2005
	Barrow	120	Vestas V90-3.0MW	30	2006
	Beatrice	10	Repower 5MW	2	2007
	Burbo Bank	90	Siemens SWT-3.6MW	25	2007
	Rhyl Flats	90	Siemens SWT-3.6MW	25	2009
	Lynn and Inner Dowsing	194.4	Siemens SWT-3.6MW	54	2009
	Gunfleet Sands 1&2	172.8	Siemens SWT-3.6MW	48	2010
	Robin Rigg	180	Vestas V90-3.0MW	60	2010
	Walney	367.2	Siemens SWT-3.6MW	102	2010
	Thanet	300	Vestas V90-3.0MW	100	2010
	Ormonde	150	Repower 5MW	30	2012
	Greater Gabbard	504	Siemens SWT-3.6MW	140	2012
	Sheringham Shoal	316.8	Siemens SWT-3.6MW	88	2013
	Gunfleet Sands 3	7.2	Siemens SWT-3.6MW	2	2013
	London Array	630	Siemens SWT-3.6MW	175	2013
	Teesside	62.1	Siemens SWT-2.3MW	27	2013
	Methil	7	Samsung 7 MW	1	2013

国家	海上风电场	装机容量 （MW）	机组型号 （容量）	台数 （台）	投产年份
英国	Lincs	270	Siemens SWT-3.6MW	75	2013
	West of Duddon Sands	388.8	Siemens SWT-3.6MW	108	2014
	Gwynt y Môr	576	Siemens SWT-3.6MW	160	2015
	Humber Gateway	219	Vestas V112-3.0MW	73	2015
	Westermost Rough	210	Siemens SWT-6.0MW	35	2015
	Dudgeon	402	Siemens SWT-6.0MW	67	2017
	Burbo Bank Extension	256	Vestas V164-8.0MW	32	2017
	Hywind Scotland	30	Siemens SWT-6.0MW	5	2017
	Race Bank	546	Siemens SWT-6.0MW	91	2018
	Rampion	393.3	Vestas V112-3.45MW	114	2018
	Walney Extension	602	Siemens SWT-6.0MW	47	2018
			Vestas V164-8.0MW	40	
	European Offshore Wind Deployment Centre	66	Siemens SWT-6.0MW	11	2018
	Beatrice extension	588	Siemens Gamesa 7MW	84	2019
	East Anglia One	714	Siemens SWT-7.0-154	102	2020
	Hornsea One	1218	Siemens SWT-7.0-154	174	2020
德国	Ems Emden	4.5	Enercon E112-4.5MW	1	2004
	Breitling	2.5	Nordex N90-2.5MW	1	2006
	Hooksiel	5	Bard 5MW	1	2008
	Alpha Ventus	60	Multibrid M5000-5.0MW	6	2010
			Repower 5MW	6	
	Baltic 1	48.3	Siemens SWT-2.3MW	21	2011
	BARD Offshore 1	400	Bard 5MW	80	2013
	Meerwind Süd/Ost	288	Siemens SWT-3.6MW	80	2014
	Riffgat	108	Siemens SWT-3.6MW	30	2014
	Amrumbank West	288	Siemens SWT-3.6MW	80	2015
	Borkum Riffgrund I	312	Siemens SWT-4.0MW	78	2015
	Butendiek	288	Siemens SWT-3.6MW	80	2015
	DanTysk	288	Siemens SWT-3.6MW	80	2015
	EnBW Baltic 2	288	Siemens SWT-3.6MW	80	2015
	Global Tech I	400	Multibrid M5000-5.0MW	80	2015
	Nordsee Ost	297.6	Senvion 6.2M	48	2015
	Trianel Windpark Borkum	200	Areva M5000-5.0MW	40	2015
	Gode Wind 1 & 2	582	Siemens SWT-6.0MW	97	2016
	Nordsee One	334.8	Senvion 6.2M	54	2017
	Sandbank	288	Siemens SWT-4.0MW	72	2017

国家	海上风电场	装机容量（MW）	机组型号（容量）	台数（台）	投产年份
德国	Veja Mate	402	Siemens SWT-6.0MW	67	2017
	Arkona Wind Park	360	Siemens SWT-6.0MW	60	2018
	Wikinger	350	Adwen 5MW	70	2018
	Merkur	396	GE Haliade 150-6MW	66	2019
	Hohe See	497	Siemens SWT-7.0-154	71	2019
	Borkum Riffgrund 2	448	MHI Vestas V164-8.0MW	56	2019
	Albatros	112	Siemens SWT-7.0-154	16	2019
	Trianel Windpark Borkum	198.4	Senvion 6.2M	32	2020
丹麦	Middelgrunden	40	Bonus B76-2.0MW	20	2000
	Horns Rev 1	160	Vestas V80-2.0MW	80	2002
	Nysted	167.9	Bonus B82-2.3MW	73	2003
	Samsø	23	Bonus B82-2.3MW	10	2003
	Rønland 1	8	Vestas V80-2.0MW	4	2003
		9.2	Bonus B82-2.3MW	4	
	Frederikshavn	7.6	Nordex N90-2.3MW	1	2003
			Vestas V90-3.0MW	1	
			Bonus B82-2.3MW	1	
	Horns Rev Ⅱ	209.3	Siemens SWT-2.3MW	91	2009
	Sprogø	21	Vestas V90-3.0MW	7	2009
	Avedøre Holme	9	Vestas V90-3.0MW	3	2010
	Rodsand Ⅱ	207	Siemens SWT-2.3MW	90	2010
	Anholt	399.6	Siemens SWT-3.6MW	111	2013
	Nissum Bredning Vind	28	Siemens SWT-7.0MW	4	2018
	Horns Rev Ⅲ	406.7	MHI Vestas V164-8.3MW	49	2019
荷兰	Egmond aan Zee	108	Vestas V90-3.0MW	36	2008
	Prinses Amalia	120	Vestas V80-2.0MW	60	2008
	Eneco Luchterduinen	129	Vestas V112-3.0MW	43	2015
	Westermeerwind	144	Siemens SWT-3.0-DD	48	2016
	Gemini	600	Siemens SWT-4.0MW	150	2017
	Borssele 1 & 2	752	Siemens Gamesa 8 MW	94	2020
	Borssele 3 & 4	731.5	MHI Vestas V164-9.5MW	77	2020
比利时	Belwind	165	Vestas V90-3.0MW	55	2010
	Thorntonbank	325.2	Repower 5M	6	2013
			Senvion 6.15MW	48	
	Northwind	216	Vestas V112-3.0MW	72	2014
	Rentel	294	Siemens SWT-7.0MW	42	2018
	Northwester 2	218.5	MHI Vestas V164-9.5MW	23	2020
	Seamade	464	Siemens Gamesa 8 MW	58	2020

国家	海上风电场	装机容量（MW）	机组型号（容量）	台数（台）	投产年份
瑞典	Lillgrund	110.4	Siemens SWT-2.3MW	48	2008
	Vänern	30	WinWind 3MW	10	2010
	Karehamn	48	Vestas V112-3.0MW	16	2013

海上风力发电机组技术的进步是当前海上风电成本降低的关键因素之一。根据欧洲风能协会年度报告，2015—2021年欧洲每年新增海上风电场平均单机容量分别为4.2MW、4.8MW、5.9MW、6.8MW、7.8GW、8.2MW、8.5MW，如图1-10所示。2020年7月，东方电气与中国三峡集团联合研制的10MW发电机组在中国三峡集团福建福清兴化湾二期海上风电场成功并网发电，也是中国首台10MW海上风电机组成功安装。2021年12月，维斯塔斯首台V164-10MW发电机组安装在苏格兰Seagreen海上风电场，该风电场计划安装114台单机容量10MW的发电机组，也是全球首个批量化应用10MW发电机组的风电场。2022年4月，西门子歌美飒首台SG11.0-200DD风电机组在荷兰Hollandse Kust Zuid海上风电场成功安装，成为全球首个安装单机容量11MW的海上风电项目。2023年6月，金风科技与中国三峡集团联合研制的单机容量16MW风电机组在福建平潭外海一期海上风电场成功吊装，建成投产后将成为全球已投运单机容量最大的海上风电机组。

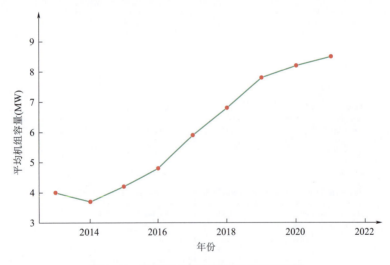

图1-10　欧洲海上风电场年平均单机容量

2019年国际能源署发布的《海上风电展望2019（Offshore Wind Outlook 2019）》[16] 报告指出，预计到2030年海上发电机组容量将增加至15~20MW。2020年，Stiesdal A/S公司首席执行官HENRIK STIESDAL认为，随着风电技术的快速进步，未来5年单机容量有望发展到15MW；到2030年有望发展到20MW，风轮直径达到275m。2021年8月，Zephyr Vind公司宣布拟在位于瑞典和丹麦之间的海域可能采用61台单机容量达到20MW及以上的超大容量机组（机组的叶尖高度340m、风轮直径310m）或94台单机容量达到15MW的机组（叶尖高度260m、风轮直径230m）开发波塞冬海上风电场。欧盟已经确立了20MW的海上风电机组研究规划。2022年，劳伦斯伯克利国家实验室（Lawrence Berkeley National Laboratory）RYAN WISER等学者撰写的2021年风电成本调查报告指出，

40%的专家预测2035年安装的海上风电机组单机容量可能达到20MW及以上。

2018年，通用电气（GE）发布Haliade-X 12MW机型，其中叶片长达107m、转子直径为220m，轮毂高度为135m，叶尖最大高度为260m，首台样机已于2019年安装在鹿特丹港口（岸上）。通过持续的创新，通用电气（GE）Haliade-X机型单机容量增加至14MW，目前美国Skip Jack项目和Ocean Wind项目锁定Haliade-X 12MW为首选机组，英国Dogger Bank项目的A、B两标段拟安装95台Haliade-X 13MW机组，C标段则选定Haliade-X 14MW机型为首选机组。2020年，西门子歌美飒发布基于14MW平台"1X"的SG14.0-222DD机型，叶轮直径达到222m，首台样机在2021年安装在丹麦Østerild的测试中心，该机型预计安装在英国Sofia海上风电场和美国弗吉尼亚海上风电项目，同时采用西门子歌美飒的Power Boost功率提升技术，容量可进一步提升到15MW。2021年，维斯塔斯发布V236-15MW机型，其中风电机组高280m、叶片长115.5m、扫风面积43 000m^2，样机计划安装于丹麦Østerild国家测试中心，同时计划与开发商欧洲能源公司（European Energy）合作，在丹麦海上试验场测试3台样机，证明15MW风电机组在海上环境中的可行性，目前该机型预中标德国EnBW在德国北海的90万kW He Dreiht海上风电项目以及Equinor和BP在纽约附近的超过249万kW的Empire Wind项目。

2019年9月，东方电气集团研发的10MW海上风电机组在福建三峡海上风电国际产业园正式下线。2021年，东方电气集团发布13MW海上风力机组，轮毂高度130m、叶轮直径211m、扫风面积34967m^2，该机组于2022年成功下线。2020年7月，明阳智能发布11MW海上风力机组，叶轮直径203m。2021年8月，明阳智能发布MySE16.0-242海上风电机组，该机组叶轮直径242m、扫风面积46 000m^2，该机型获得了挪威船级社（DNV）和鉴衡认证颁发的设计认证，2022年首台样机下线。2022年11月，中国三峡集团与金风科技联合研制的16MW发电机组在福建下线。

参 考 文 献

［1］　International Energy Agency. Sustainable Recovery：World Energy Outlook Special Report［R］. IEA, 2020.

［2］　Wind Europe. Wind energy in Europe：2021 Statistics and the outlook for 2022—2026［R］. Belgium, 2022.

［3］　国家能源局. 海上风电场工程规划工作大纲［R］. 2009.

［4］　国家能源局，国家海洋局. 海上风电开发建设管理暂行办法［R］. 2009.

［5］　国家发展和改革委员会. 关于海上风电上网电价政策的通知［R］. 2014.

［6］　国家能源局. 风电发展"十三五"规划［R］. 2016.

［7］　World Bank Group. Energy Sector Management Assistance Program：Technical Potential for Offshore Wind in China［R］. World Bank Group, 2020.

［8］　国家发展和改革委员会能源研究所. 中国风电发展路线图2050［R］. 2011.

［9］　WANG Y, CHAO Q C, ZHAO L, CHANG R. Assessment of wind and photovoltaic power potential in China［J］. Carbon Neutrality, 2022（1）.

［10］　Global Wind Energy Council. Global Offshore Wind Report 2021［R］. Global Wind Energy Council, 2021.

［11］　Global Wind Energy Council. Global Wind Report 2022［R］. Global Wind Energy Council, 2022.

［12］ International Renewable Energy Agency. World Energy Transitions Outlook ［R］. International Renewable Energy Agency，2021.

［13］ International Renewable Energy Agency. Offshore Renewables：an Action agenda for deployment ［R］. International Renewable Energy Agency，2021.

［14］ International Renewable Energy Agency. Renewable Power Generation Costs in 2021 ［R］. International Renewable Energy Agency，2022.

［15］ RYAN WISER，JOSEPH RAND，JOACHIM SEEL，et al. Expert elicitation survey predicts 37% to 49% declines in wind energy costs by 2050 ［J］. Nature Energ y，2021（6）.

［16］ International Energy Agency. Offshore Wind Outlook ［R］. International Energy Agency，2019.

第2章

海上风电机组基础型式

海上风力发电系统整体结构由发电机组、塔筒（塔架）、基础结构、海床地基构成。海上风电基础结构作为风电机组的支撑结构，将上部塔筒和机组所受荷载传递至海床地基，以保证风力发电机组安全稳定运行。此外，海上风电基础结构还需要承受波浪荷载、海流荷载、海冰荷载、地震作用等多种多向荷载在多时程工况下的耦合作用。因此，海上风电机组基础选型与风力发电机组、水深、海床地质条件、海洋水文环境、施工装备等多种因素密切相关。

根据适用水深的差异，海上风电机组基础可归为两类，分别为固定式基础和漂浮式基础。其中，固定式基础主要包括重力式基础、单桩基础、多桩导管架基础、吸力筒导管架基础、单柱复合筒基础、高桩承台基础等多种基础型式，主要应用于近海浅水区；漂浮式基础按照结构类型可分为单柱式基础、半潜式基础、驳船式基础和张力腿式基础，主要适用于近海深水区和深远海。目前，海上风电行业对固定式基础的极限适用水深尚无共识，部分专家认为固定式基础在水深60m以内的近海海域具有明显的技术优势和经济性，并预测单桩基础的极限适用水深在60~70m，导管架基础适用水深在50~80m。

近年来，随着海上风电场设计与施工技术的快速进步，固定式基础极限适用水深也在逐渐增加。为了保障风力发电机组能够在全生命周期内安全稳定运行，风力发电机对机组基础的结构刚度、泥面倾角（法兰面倾角）、整机振动频率等关键参数均有严格的设计要求。

据统计，当前全球海上风电机组基础的成本约占海上风电项目建设成本的20%~30%，随着发电机组容量的增大以及海上风电场水深的增加，单台机组基础的成本势必会进一步提高，技术创新和优化选型是降低机组基础成本的重要措施，也是实现海上风电平价化规模化开发的重要支撑。

2.1 重力式基础

相比于陆上风电场，海上风电场所面临的荷载条件十分复杂，如海上风电机组基础结构重心高、水平荷载和倾覆弯矩大等，同时海上风电机组所处海洋环境较陆上更加多样化，须考虑波浪、海流、海床地质及海冰等海洋环境影响。重力式基础具有陆上预制建造、无需海上打桩作业、节省施工时间和费用等特点，在施工便利性和工程成本控制方面都表现出较大的优越性，是近海浅水区海上风电机组基础结构中的主要基础型式之一。

重力式基础的承载能力主要来自结构自重，包括基础和内部压载，依靠自重抵抗风力发电机组和外部复杂环境荷载，使整体结构保持稳定性，不发生倾覆、滑移和较大沉降。因为重力式基础自重较大，对海床地质条件有较高要求，主要适用于天然地基较好的区域，例如坚硬的黏土、砂土以及岩石地基，保证海床地基须有足够的承载力支撑上部结构自重、使用荷载以及波浪和流水荷载。当海床地基承载力不满足要求时需要进行地基加固处理，但不太适合很软的地基及冲刷海床。重力式基础的适用水深通常在 10m 以内，当海床地基特别好时，可用于 20m 或更大水深。

重力式基础常见的结构型式包括重力基座式和混凝土沉箱式（见图 2-1）。重力基座式基础底部为圆形或多边形结构，制作建造成本低，但结构尺寸和重量都非常大。基础结构各部件大小设计时，可通过计算地基土承载力以及抵抗滑动、倾覆满足设计要求确定。圆形结构中根据与底部海床接触是否有底可分为圆形沉箱结构和圆形筒结构（筒型基础）。圆形结构重力式基础安装沉放前，要求在海床地基上铺设一定厚度的抛石基床，抛石层可以起到两方面作用，可以平整现场自然条件的地基，同时也可以更加均匀地传递上部重力式基础的荷载，起到减小地基应力及减弱不均匀沉降的作用。

（a）重力基座式　　　　　　　（b）混凝土沉箱式

图 2-1　重力式基础[1]

重力式基础的结构分析和建造工艺比较复杂，一般在陆上制造基地预制完成，制造基地具有较深、隐蔽条件较好的预制码头和水域条件。重力式基础采用大型起重船等安装设备，首先通过运驳船运输至安装地点，然后采用相当起重能力的安装船安装沉放。沉放就位后，先在基础内填充砂或碎石，然后浇注混凝土顶板，最后在基础顶部安装塔架基础。

对于近海岸平均潮位能露出基础底部基础的海域，受水位限制，基础运输吊装无法在船上进行，且结构尺寸较大，需要材料较多，此时可采用现浇方式完成重力式基础制作与安装。圆形结构由于其弧线特点，承受的波浪、水流等的冲击力要比多边形小，因此沿海波浪、水流等流速较大的海域优先选用圆形重力式结构，对于波浪、水流流速很小的海湾可采用多边形结构。

截至 2019 年，欧洲海域共安装 301 个重力式基础结构，所占份额约为 5.7%。1991 年丹麦建造的第 1 个海上风电场（Vindeby 风电场）是全球首个采用重力式基础的海上风电项目，在重力式基础建造过程中，先在风电场附近预制钢筋混凝土沉箱，然后用气囊结构漂浮引导至安装位置，最后填充砂砾块增加自重，使其沉入海底，类似于重力式码头沉箱。2008 年，比利时的 Thornton Bank 海上风电场一期工程采用重力式基础型式，项目海域水深 20~28m。2017 年，英国 Blyth 海上风电场采用"钢管桩–混凝土沉箱"组合重力式基础方案。随着海上风电场水深的增加，以及单桩基础、导管架基础等基础设计和制造工艺的成熟，目前海上风电重力式基础已没有较大的应用市场[2]。

2.2　单桩基础

单桩基础是由钢板卷制成的圆柱形钢管焊接而成。目前，单桩基础分为有过渡段单桩和无过渡段单桩。有过渡段单桩是指塔筒底部通过过渡段连接于单桩基础，过渡段与塔筒之间通过法兰连接，过渡段与单桩之间环缝通过高强灌浆料连接，有过渡段单桩在欧洲海上风电场中应用较多。无过渡段单桩是指塔筒顶部直接通过法兰连接于单桩桩顶，桩身设置靠泊、爬梯及平台等附属结构，桩顶法兰在工厂内预先焊接于单桩顶部，沉桩后与塔筒底部法兰通过螺栓连接，中国海上风电场基本采用该种结构型式。单桩基础通常采用液压锤沉桩施工工艺，直接打入至海床泥面以下一定深度，如图 2–2 所示。对于部分海床覆盖层较浅的机位点，则需要嵌岩施工，例如采用打—钻—打的施工工艺，将单桩锚固于海床，形成嵌岩单桩。单桩基础具有制造简单、施工简单、承载力高、抗震性能好、地基要求低、成本低等优点。

图 2–2　单桩基础施工

单桩基础是最早一批应用于海上风电领域的基础型式。1994 年，荷兰 Lely 海上风电场首次采用了单桩基础，该项目总装机容量 2MW、水深 4m、离岸 1km，安装 4 台 500kW 的风电机组，采用的单桩基础直径为 3.7m，运行 22 年后，于 2016 年拆除了发电机组和单桩基础。随着单桩基础在制造工艺、设计方法和施工技术等方面的快速进步，单桩基础桩径、桩长和桩重在逐渐增大，同时单桩基础适用水深和适用的海床地质条件也在不断拓展，已成为当前国内外海上风电场中最重要的基础型式。根据欧洲风能协会每年发布的统计数据，截至 2012 年年底，欧洲共安装 1849 台风电机组基础，其中单桩基础安装量为1376 台，占比接近 74%。2013 年，欧洲海上风电场单桩基础安装量为 490 台，占比为79%；2014 年单桩基础安装量为 406 台，占比为 91%；2015 年单桩基础安装量为 385 台，占比为 97%；2016 年单桩基础安装量为 493 台，占比为 88%；2017 年单桩基础安装量为

370 台，占比为 87%；2018 年单桩基础安装量为 362 台，占比为 87%；2019 年单桩基础安装量为 153 台，占比为 70%；2020 年单桩基础安装量为 423 台，占比为 80.5%。2013—2020 年，单桩基础在欧洲海上风电场的累计安装量达到 3118 台，占机组基础安装总量的比例超过 84%，是当前欧洲海上风电场中最主流的基础型式（见图 2-3）。对于全球海上风电场而言，单桩基础仍是最重要的基础型式，占比超过 70%。

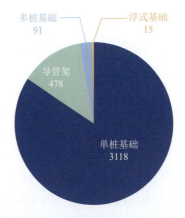

图 2-3　欧洲海上风电基础型式统计（2013—2020 年）

近年来，随着海水风电技术快速发展，海上风电场水深从 10m 增加至 50m，单桩基础上部机组容量从 3MW 增加至 9.5MW。单桩基础在欧洲部分海上风电场中的应用情况如表 2-1 所示。目前，欧洲海上风电场中单桩基础的最大桩径达到 8.5m，桩长达到 85m，桩重达到 1500t。2021 年，三峡阳江沙扒海上风电场所用的单桩基础的最大桩径达到 9m，桩长超过 107m，桩重超过 1760t。2022 年，国家电投揭阳神泉二期海上风电场采用多根桩径超过 10m 超大直径单桩基础，最大桩径达到 10.5m，桩顶法兰直径为 8.5m，桩长为 112.68m，桩重约 2400t，是当前国内施工完成的最大尺寸的单桩基础。

表 2-1　单桩基础在欧洲部分海上风电场的应用

国家	名　称	机组（MW）	水深（m）	桩径（m）	桩长（m）	桩重（t）
英国	Galloper	6	36	7.5	85	1200
	Rampion	3.45	40	6.5	85	830
	Race Bank	6	26	7	—	840
	Hornsea One	7	37	8.1	65	800
	Dudgeon East	6	25	7.4	—	1200
	Gwynt y Môr	3.6	28	6	70	700
	Westermost Rough	6	22	6.5	—	810
	London Array	3.6	25	7	85	650
	Lincs	3.6	16	5.2	48	480
	Gunfleet Sands 3（Demo）	3.6	15	5	50	423
	Walney Phase 2	3.6	30	6	68	805
	Greater Gabbard	3.6	32	6	60	700
	Sheringham Shoal	3.6	22	5.2	61	530
	Barrow	3	20	4.75	60	530
	Robin Rigg	3	13	4.3	35	310

续表

国家	名称	机组（MW）	水深（m）	桩径（m）	桩长（m）	桩重（t）
德国	Arkona	6	37	7.75	—	1200
	Merkur Offshore	6	50	7.8	72.6	970
	Deutsche Bucht	8.4	40	8	78	1100
	EnBW Hohe See	7	40	—	80	1500
	Trianel Windpark Borkum 2	6.2	35	6.5	73	900
	EnBW Albatros	7	40	—	80	1500
	Veja Mate	6	41	7.8	82.2	1300
	Nordergründe	6.2	10	5.5	56	370
	Sandbank	4	37	6	70	900
	Gode Wind Ⅰ	6	34	7.5	66.5	940
	Gode Wind Ⅱ	6	34	7.5	66.5	940
	DanTysk	3.6	31	6	65	730
	Amrumbank West	3.7	25	6	70	800
	Borkum Riffgrund Ⅰ	4	29	5.9	66	700
	Riffgat	3.6	23	6	70	720
比利时	Belwind	3	24	5	72	550
	Rentel	7	29	8	78	1050
	Norther	—	35	7.6	—	930
	Northwester 2	9.5	40	8	82	1000
丹麦	Horns Rev 3	8.3	21	6.5	54	610
荷兰	Borssele 1&2	8	40	8.5	76	1180
	Borssele 3&4	9.5	38	—	85	1280
	Gemini	4	36	7.5	65	850

注：表中水深为项目场址最大水深，桩径和桩长分别是海上风电场底部最大直径的单桩基础和桩长最长的单桩基础。

国际能源署《海上风电展望 2019（Offshore Wind Outlook 2019）》[3] 报告指出，单桩基础是水深 50m 以内的海上风电场首选的基础型式，对于水深 50~60m 海上风电场，可以尝试采用单桩基础。2020 年，欧洲风能协会研究指出，对于水深 55~60m 的海上风电场，单桩基础仍具有广泛的应用前景。2021 年，根据英国帝国工程公司发布的《海上风电基础工程指南（Guide to Offshore Wind Foundations）》报告[4]，该公司针对单桩适用水深调查了 100 位行业专家，21 位专家认为单桩基础的极限水深为 40~55m，60 位专家认为单桩基础的极限水深为 55~70m，4 位专家认为单桩基础的极限水深可达 100m。

针对单桩基础在水深 50m 以上的海上风电场中的应用，欧洲海洋油气平台和海上风电基础制造商 Sif、EEW 等开始制造直径超过 10m、桩长超过 100m 的超大直径单桩基础，并考虑制造 15m 直径的单桩基础。下一代超大直径的单桩基础尺寸参数见表 2-2。

表 2-2 海上风电下一代单桩基础尺寸

制造商	桩径（m）	桩长（m）	桩重（t）
Sif	11	105	1800
EEW	10	120	1500
Steelwind	10	120	2400
Bladt	15	100	3000

目前，对于桩径超过 10m、桩重接近其至超过 2000t 的超大直径单桩基础，其制造工艺、运输方式、施工方法均存在新的挑战。

（1）由于液压锤沉桩工艺、桩身屈曲等限制，当前的单桩径厚比 ϕ/t（桩径与壁厚之比）通常限制于 100~120 之间[5]。Steelwind 公司最新研究表明，单桩基础的径厚比范围可以扩大至 120~190。经过初步计算，径厚比 ϕ/t 为 160、桩径 11m 的单桩基础，其桩重接近 2000t。

（2）桩土相互作用是单桩基础设计的关键，目前海上风电单桩基础设计方法主要采用基于传统油气平台柔性桩设计和施工经验提出的理论公式。英国碳信托（Carbon Trust）开展桩土分析（Pile Soil Analysis，PISA）项目，通过大比尺模型试验和大量数值仿真，提出了超大直径单桩基础设计方法，研究指出采用新的超大直径单桩基础设计方法，单桩用钢量可减少 30%[6-7]。

（3）采用更高效的打桩方法也是超大直径单桩基础应用的关键，英国碳信托开展的振动沉桩验证项目（Vibration Pile Validation Project）通过对比液压锤沉桩法和振动沉桩法，分析了振动沉桩法对海上风电单桩基础的适用性，研究指出对于适合的地基土体，振动沉桩法的施工时间仅是液压锤沉桩法的 10%，同时可以通过调整振动频率等参数实现与液压锤沉桩法相近的单桩基础承载能力。RWE 公司在德国 Kaskasi 海上风电场中首次尝试采用振动沉桩法将单桩基础打入海床至设计深度。相对于液压锤打桩法，振动打桩法对桩体施加的外力更小且更加均匀，因此钢管桩壁厚可以得到降低，同时沉桩过程的可控性更好，避免出现废桩。

2.3 导管架基础

导管架基础最初主要用来支撑海洋油气平台，随着海上风电行业快速发展，风电场水深逐渐增加，海床地质条件趋于复杂，导管架基础逐渐应用于海上风电工程，支撑风电机组及海上升压站。海上风电行业内普遍认为导管架基础适用于 35~60m 水深，但考虑漂浮式风电技术还在发展阶段，对于水深 50~70m 的海上风电场，导管架基础也具有较好的应用前景。目前，海上风电导管架基础的结构设计主要参考海洋石油、天然气行业的相关概念和设计规范。

表 2-3 为国外海上风电场导管架基础应用统计。2006 年，南苏格兰电力 SSE 将导管架基础应用于离岸 25km、水深 45m 的英国 Beatrice Demonstrator 示范项目，该风电场中 2 台 5MW 的风电机组基础采用了导管架进行支撑，叶轮直径达 126m。2009 年，德国 Alpha Ventus 风电场采用导管架基础支撑 5MW 风电机组。2010 年，英国 Ormonde 海上风电

场中 30 台 Senvion 5MW 风电机组采用了重达 500t 的导管架基础。2011 年，比利时 Thornton Bank 海上风电项目的 49 台 6MW 风电机组采用了 500t 重的导管架基础。苏格兰 Seagreen alpha 与 Seagreen bravo 项目计划采用导管架基础支撑 150 台最大转子直径 167m 的风电机组或 120 台转子直径 220m 的风电机组。英国在建的 Moray East 海上风电场将安装 100 台导管架基础，该风电场平均水深达到 45m。2023 年，导管架基础成功安装于苏格兰 Seagreen 海上风电场水深 58.7m 的机位点。

表 2-3　国外海上风电场导管架基础应用统计

国家	风电场名称	数量（个）	水深（m）
苏格兰	Beatrice	2	48
德国	Alpha	6	40
英格兰	Ormonde	30	15~21
比利时	Thornton Bank	49	18~28
德国	Nordsee Ost	48	22~26
德国	Baltic Ⅱ	41	23~44
德国	Borkum Riff I	2	40
德国	Wikinger	70	37~43
法国	Alstomprototype	1	—
比利时	Belwind	1	30
德国	Borkum Riffgrund 2	20	23~30
新西兰	Borssele	—	40
英格兰	Hornsea ONE	86	25~40
苏格兰	Moray Firth	67	37~57
苏格兰	Beatrice	95	35~50
英格兰	East Anglia I	102	0~42
英格兰	East Anglia 3	—	35~45
苏格兰	Inch Cape	65	40~57
苏格兰	Neart na Gaoithe	64	40~60
法国	Saint-Brieuc	62	30~38
德国	Arcadis Ost	58	41~46
德国	Baltic Power/GER	27	—
英格兰	Seagreen alpha	75	31~71
英格兰	Seagreen bravo	75	31~71

2007 年，中国首个海上风电示范项目（渤海辽东湾南部海域的绥中 36-1 油田项目）安装一台容量 1.5MW 直驱风力发电机，基础型式采用导管架基础，该场址离岸 70km、水

深 30m，建设后可对油气平台供电。2014 年，广东珠海桂山水深 10m 的海上风电场采用 66 台多桩式导管架基础。2015 年，鲁能江苏东台海上风电场项目安装了 56 台桩式导管架基础，用以支撑单机容量 3.6MW 的风电机组。2019 年，国家电投滨海南 H3 海上风电项目的海上升压站采用了导管架基础，导管架总重约 1300t。2020 年，粤电阳江沙扒海上风电项目主要采用桩基导管架基础支撑 46 台 6.45MW 的风电机组。2021 年，中国三峡集团完成广东阳江沙扒海上风电场建设（见图 2-4），该项目场址水深在 23~32m，共安装 269 台风电机组，采用 8 种基础结构型式，其中采用桩基式导管架基础的机位 154 台，占比 57%，其中 40 个机位采用桩径 4m 和 5m 的大直径四桩导管架基础，是国内风电行业中首次创新应用大直径四桩导管架基础桩施工，实现了国内海上风电大直径导管架基础建设全新技术突破。

图 2-4　三峡阳江沙扒四桩导管架基础海上风电项目

2021 年，广东华电阳江青洲三海上风电项目完成多台四桩导管架基础安装，该项目场址中的淤泥层最大深度高达 7m，场址水深 41~46m。此外，三峡广东阳江青洲五、六、七期海上风电场计划采用 200 多台四桩导管架基础，该项目场址最大水深达到 54m。

根据导管架下部锚固结构型式，导管架基础分为多桩导管架和吸力筒导管架。多桩导管架根据桩数分为三桩导管架和四桩导管架，同时根据桩的锚固类型及嵌岩方式分为非嵌岩多桩导管架、芯柱式嵌岩导管架、植入式嵌岩导管架。导管架基础型式的选择取决于上部塔筒传递的风电机组荷载、导管架自身承受的波浪和海流耦合荷载以及海床地质条件等多种因素。根据工程实践，通常优先选择非嵌岩多桩导管架或吸力筒导管架，其次选择芯柱式嵌岩导管架和植入式嵌岩导管架，芯柱式嵌岩桩和植入式嵌岩桩的主要区别在于桩身受力特性和施工工艺。

图 2-5 为芯柱式嵌岩三桩导管架基础结构示意图，3 根嵌岩桩基础定位于海底，呈等边三角形布置，桩基下半段为钻入岩层的钢筋混凝土桩，上半段为钢管桩，中间一定长度由外部钢管桩内部钢筋混凝土桩组合而成，导管架主导管插尖插入钢管桩顶部，通过灌注水泥浆完成灌浆段连接，构成基础整体。导管架外挂靠船设施、钢爬梯及休息平台、J 型管等，导管架顶平台有预埋法兰系统。导管架过渡段采用型钢箱梁与弦杆连接，上部平台

可用面积较大，可用于整体式吊装的液压设备平台，同时可作为集成式升压站设备平台、应急发电机集装箱设备平台或运维物资补给集装箱平台等多种用途，同时由于不设斜撑，塔筒门离主平台高度 1.5m，方便运维小吊机进行风电机组塔筒内设备更换。

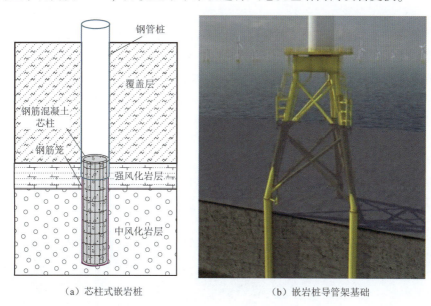

（a）芯柱式嵌岩桩　　　　　　　　（b）嵌岩桩导管架基础

图 2-5　芯柱式嵌岩三桩导管架基础结构示意图

　　图 2-6 为植入式嵌岩三桩导管架基础结构示意图，由 3 根基础钢管桩、3 根倾斜的主导管和两层斜撑杆组成，斜撑杆采用 X 型连接形式，均由圆形钢管焊接而成，在桩端以上一定长度范围内钢管桩内部灌注 C40 微膨胀素混凝土，并在钢管桩外部与岩土

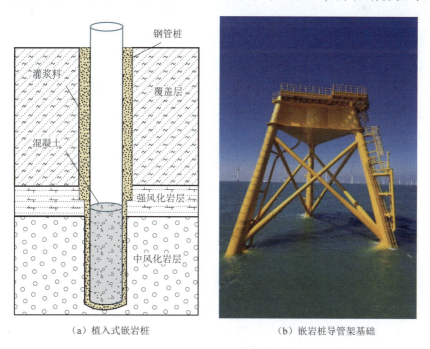

（a）植入式嵌岩桩　　　　　　　　（b）嵌岩桩导管架基础

图 2-6　植入式嵌岩三桩导管架基础结构示意图

体环形间隙内压满灌浆料，每个主导管架腿外侧设置灌浆管，底部设置灌浆封隔器件，导管架 3 根主导管底部插尖伸入钢管桩内部，待导管架过渡段塔筒水平度初步调整到位后，通过灌浆管对主导管和桩之间的环形空腔进行灌浆填充，实现导管架和桩基础的牢固连接。

图 2-7 为非嵌岩四桩导管架基础结构示意图，由上部导管架结构和下部 4 根钢管桩基础组成，上部导管架结构由 4 根倾斜的主导管和数层 X 型连接的斜撑杆组成，先通过辅助沉桩设备将 4 根钢管桩打入海底一定深度，呈正方形均匀布设，再将导管架结构底部插尖伸入到钢管桩内部，每个主导管架腿外侧设置有灌浆管，底部设置灌浆封隔器件，待导管架过渡段塔筒水平度初步调整到位后，通过灌浆管对主导管和桩之间的环形空间进行灌浆填充连接一体，构成组合式基础。导管架过渡段采用型钢箱梁与弦杆连接，上部平台可用面积较大，可用于整体式吊装的液压设备平台，同时可作为集成式升压站设备平台、应急发电机集装箱设备平台或运维物资补给集装箱平台等。四桩导管架基础整体具有很高的刚度和承载能力，有利于采用大兆瓦级风电机组，对水深和地质条件的适应性较广。

图 2-7 非嵌岩四桩导管架基础结构示意图

图 2-8 为吸力筒导管架基础结构示意图，由上部导管架结构和下部吸力筒基础组成。与多桩导管架基础不同的是，吸力筒导管架基础整体通过自重下沉和负压下沉方式将吸力筒锚固于海床。吸力筒导管架基础对机位点海床土体类型及土体力学参数比较敏感，由于海床土体的高度非均质性以及局部变异性，吸力筒沉贯过程存在不可预知的风险。相对于海上风电多桩导管架基础，吸力筒导管架基础施工经验相对较少。1989 年，挪威国家石油公司研发了吸力桩导管架基础平台，并于 1994 年首次应用于海洋工程。2014 年，德国 Borkum Riffgrund 1 海上风电场首次使用吸力桩导管架。2018 年，德国 Borkum Riffgrund 2 和苏格兰 Aberdeen Bay 海上风电场分别采用了 20 台和 11 台吸力桩导管架或吸力筒导管

架。2020 年以后，吸力桩基础才在我国海上风电场中逐渐得到应用，目前吸力筒导管架基础已经应用于广东粤西、渤海湾庄河、福建长乐、广东粤东等海域。

图 2-8　吸力筒导管架基础结构示意图

随着海上风电场由浅水区向深水区逐渐发展以及采用大容量风电机组，机组基础所需承受的环境荷载水平将大幅提升，导管架基础的大跨距空间设计使基础结构整体具有很好的刚度和承载能力，有利于支撑大容量风电机组，且对水深和地质条件的适应性较广。在水深 30m 以上的海上风电场中导管架基础的应用占比将会进一步提高，但导管架基础在深水区的应用也面临着亟待解决的关键技术难题。

（1）导管架主体结构疲劳问题突出。导管架基础上部结构由不同管径、不同壁厚的空心管（杆）焊接而成，其结构相对复杂，且存在较多的焊接节点，这些焊接节点处的应力、疲劳、变形、屈曲等是导管架设计和制造的关键，结构长期疲劳敏感性高。在未来的导管架制造中，应逐步提高节点和接头自动焊接的比例，一方面减少制造时间，另一方面能够加强质量控制，并实现复杂的焊接设计，从而延长设计疲劳寿命。

（2）桩基导管架基础承载模式改变。导管架基础整体刚度大，承载能力强，在上部风电机组荷载、结构自重、波浪水流等多循环荷载的耦合作用下，导管架基础以抗压和抗拔承载模式为主，桩基础抗拔承载力直接决定钢管桩基础的设计长度和直径。

（3）深水条件下桩基导管架基础水下灌浆技术难度大。桩基导管架基础的桩基础顶标高位于海平面以下，需要对导管架与钢管桩之间的环形空间进行水下灌浆连接。由于海上施工作业窗口期时间短，导管架基础在吊装完成后需尽快完成灌浆，深水条件下水下施工难度高，须确保导管架结构与钢管桩基础连接可靠。

（4）钢管桩安装定位准确与水平精度控制难。上部导管架通过套管插入下部钢管桩基础内部，由于水深大和复杂的海床地质条件，每根钢管桩的水平位置在打桩过程中均需要精确控制，以保证导管架主体结构的顺利安装。

2.4 筒型基础

筒型基础类似传统圆形重力式基础，不同之处在于筒型基础的筒体底部开口，上部顶盖密封，顶盖以上为其他功能延伸结构，可采用钢筋混凝土预应力结构或钢结构。筒型基础工作原理与吸力桩相同，属于大型圆柱薄壁结构。

筒型基础在海洋工程领域应用年限超过 40 年，在海洋石油领域应用最为广泛，积累了大量的勘察、设计和施工经验。1980 年，丹麦 Gorm 油田首次采用筒型基础。1999年，我国首座筒型基础海洋平台在胜利油田 CB20B 井安装成功，该平台设计工作水深8.9m，基础部分由 4 个高 4.4m、直径 4m 的筒组成。在海上风电领域，筒型基础的应用相对较晚。2002 年，丹麦 Frederikshavn 海上风电场项目首次采用筒型基础支撑风力发电机组。

筒型基础与单桩基础结构的差异较大，安装工艺也存在显著的不同，主要通过外部真空泵抽出内部水或气，降低筒内压力，使筒内外有一定的压差，形成向下的吸力下沉，也称为负压下沉。筒型基础安装到海床地基土之后，在受竖向上拔荷载时，筒壁与筒周围土体侧摩阻力及上部顶盖下形成的负压会提供足够的竖向承载力，而筒侧裙与地基土之间的水平抗力为筒型基础提供了足够的水平承载能力。筒型基础结构尺寸大，上部顶盖与海床地基土有较大的接触面积，所以承受上部结构引起的竖向下压荷载时，竖向下压荷载可以有效地施加到海床地基中，产生较大的竖向承载力。筒型基础安装过程无需打桩锤锤击，安装高效便捷，无噪声污染。安装完成后，筒型基础的抗倾覆能力强，具有可重复利用等优点。

筒型基础通常适用于水深 60m 以内，且海床地基条件为软黏土和松散砂土的海域。筒型基础主要分为两类：单筒基础和一种由单筒（含筒裙、分舱板、顶盖）及上部过渡段组成的海上风电机组复合筒基础，复合筒基础可为钢、钢筋混凝土或钢-混凝土组合结构，如图 2-9 所示。各种型式的筒型基础在海上风电领域应用情况见表 2-4，目前国内单筒基础尚无应用，主要应用为复合筒基础。

表 2-4 筒型基础在海上风电领域应用情况

分类	典型应用情况
单筒基础	2002 年 8 月，丹麦 Frederikshavn 风电场：3MW 风电机组，直径 12m，裙高 6m，黏土，水深 1~4m； 2009 年 3 月，丹麦 Homs Rev 2 风电场：测风塔，直径 12m，裙高 6m，2015 年 7 月使用结束后成功回收，层状土，水深 9~17m； 2013 年 9 月，英国 Dogger Bank 风电场：2 座测风塔，直径 14m，裙高 8m，水深 18m； 2014 年 9 月，英国 North Sea 实验安装了两个筒型基础（直径 8m，裙高 6m；直径 4m，裙高 6m）
复合筒基础	2010 年 9 月，江苏启东海域：2.5MW 实验样机，基础直径 30m，筒裙高 6m，弧线过渡段高 18m，单筒 7 钢舱结构； 2017 年，三峡江苏响水风电场：2 台 3MW 风电机组基础，直径 30m，筒裙高 12m，弧线过渡段高23m，结构自重 2500t，单筒 7 钢舱结构； 2018 年，三峡江苏大丰海上风电场：直径 32~36m，筒裙高 11m 以内，单筒 7 钢舱结构； 2021 年，三峡阳江沙扒海上风电场：16 台，直径 36m，筒高 9.5~12.5m，单柱直径达 10m，总高度 55.2~58.2m，总重约 2200t

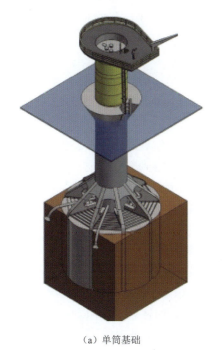

（a）单筒基础　　　　　　　　　　　　　（b）复合筒基础

图 2-9　筒型基础

在海上风电领域，筒型基础已经展开应用，但筒型基础在设计施工中仍有亟待解决的问题[8-12]：

（1）对筒体下沉控制要求较高。在负压作用下，筒内外将产生水压差，引进土体渗流，虽然渗流能大大降低下阻力，但是过大的渗流将导致筒内土体产生大变形，形成土塞，甚至有可能使筒内土体液化而发生流动等，从而发生结构倾斜。

（2）缺乏专用的设计规范。国内外缺乏专门针对风力发电机组筒型基础制定的规范，其设计主要参考海上石油行业的相关规范，若设计不当，很容易发生失稳破坏。吸力筒基础应用于海上石油行业与海上风电行业的受力机理并不相同，应用于海上石油行业主要承受上拔荷载，而应用于海上风电行业需要承受水平、竖直下压和竖直上拔荷载的综合作用，在设计时不能完全照搬照抄。此外，海上石油行业的规范对于筒型基础的规定并不十分全面，很多数据均是借鉴国外海域的试验得到的，对于国内工程的适用性还需进一步研究。

（3）筒内负压控制暂无明确标准。在贯入过程中，吸力筒基础的贯入调平主要是通过调整筒型基础内负压大小实现的。目前，吸力筒基础的贯入技术在软土中已较为成熟，筒型基础在负压沉入过程中，依靠定位监测系统持续监测基础的方位角、倾斜度、贯入深度和内外压差等数据，通过调整筒型基础抽气或抽水下沉量控制基础的水平度，直至沉贯到基础设计标高。但在负压下沉的过程中，基础容易受到风浪等多种环境因素的影响，其调平难度较大。对于筒型基础的负压控制还没有明确的标准，贯入过程中容易出现方位角或水平度偏差较大、贯入速率较快等问题，影响工程进度和成本。

（4）针对土塞问题暂无较好的工程对策。土塞效应是指开口管桩在沉放过程中，桩端土一部分被挤向外围,一部分涌入管内,随着沉放的不断深入,筒内土体与筒顶接触,使筒型基础不能下沉至设计深度的现象。由于入土深度较深,吸力筒基础在负压下沉的过程中很容易发生土塞现象,若土塞现象严重,基础的下沉和调平将受到严重影响。

2.5 漂浮式基础

随着近海风资源的开发趋于饱和,海上风电场向深远海发展成为必然趋势,此时固定式海上风电的成本将显著增加,漂浮式海上风电的经济性将得到充分体现。国际能源署发布的《海上风电展望 2019(Offshore Wind Outlook 2019)》[3] 报告指出,漂浮式海上风电可能会改变国家能源结构,世界上较大的经济体未来可能完全依靠漂浮式海上风电场来提供绿色电力。漂浮式海上风电将成为海上风电行业发展的核心。

20 世纪 90 年代,欧美等国逐渐对海上风电漂浮式基础进行研究。1994 年,加拉德·哈桑(Garrad Hassan)等首次对风电机组基础开展详细研究,并对 Spar 平台上设置单涡轮风电机组的方案进行了评价。2003 年,荷兰代尔夫特大学联合多家公司提出了多种型式的漂浮式基础,包括圆台型浮体(Pill-Box)、三角平台浮体(Triple floater)以及四方形平台浮体(Quadruple floater)。经过可行性论证后,认为三角平台浮体是海上漂浮式风电机组平台的最优方案。挪威风电机组制造商 Sway 提出了将风电机组安装于漂浮式桅杆上的概念,桅杆体积大部分位于海面以下,底部设有压载舱,通过金属管与海床连接,风电机组会随风浪摇摆,倾角可达 15°,塔架顶端的运动比较小,有利于风电发电稳定。2006 年,挪威科技大学建立了第一个单柱式(Spar)的 5MW 漂浮式风电机组概念 Hywind,浮体设有压载舱,舱内装有压载物用来降低重心保证风电机组的稳定性,同时布设 3 根连接于海底的锚链线减小风电机组系统的水平运动。2009 年,美国海洋创新和技术研究所、德州农工大学和 Principle Power 公司合作提出了 WindFloat 漂浮式基础,机组容量为 5MW,并研究了风浪耦合作用下平台的运动响应。

目前,欧洲漂浮式海上风电经历了初步概念设计、概念设计验证、数值模拟、物理模型试验、小尺寸试验、样机示范项目、5MW 以上样机示范项目以及小规模项目(20~50MW)等阶段。我国漂浮式海上风电在环境适用性分析、漂浮式风电装备设计、基础结构型式、台风等极端工况下的设计、系泊系统技术、模型试验、安装调试等关键技术的研究处于研发和示范应用阶段,设计、制造和施工经验相对较少。

当前漂浮式基础主要分为单柱式基础、半潜式基础、驳船式基础和张力腿式基础。最具代表性的单柱式基础为 Spar 基础,半潜式基础主要包括 WindFloat 基础、Nautilus 基础和 Sea Reed 基础,驳船式基础主要包括阻尼池(Damping Pool)基础、Blue-SATH 基础等,张力腿式基础包括 PelaStar 基础、Gicon 基础等。海上风电单柱式基础借鉴了海洋油气单柱式平台,通过压载舱使得整个系统的重心位于浮心之下,以保证基础结构在水中的稳定性,再通过悬链线保持风电机组的稳定。

1. 单柱式基础

图 2-10 为单柱式浮式基础(Spar),主要由软舱、刚性立管、垂荡板和浮体组成,基础的上部主体具有一个大直径大吃水的且有规则外形的浮式柱状结构,主体中设有 1 个硬舱,位于柱状结构的上部,用来提供平台的浮力,浮体由悬链线状锚链锚固于海

床上。Spar 基础中的垂荡板是由 Truss Spar 平台演化而来，目的是增加结构垂直运动的附加质量和辐射阻尼，以及提供刚性立管的侧向支撑。垂荡板由带支架的刚性金属结构材料制成。

图 2-10　单柱式浮式基础[13]

2009 年，挪威建造了世界第一台海上漂浮式风电机组试验样机 Hywind demo（2.3MW），状态良好地运行了 8 年，其间抵挡住了各种恶劣的海上环境，成功证明了海上漂浮式风电机组设计概念的安全性和可靠性。在此基础上，挪威国家石油公司（Statoil）于 2017 年在苏格兰北部海域建造了全球首座商业漂浮式风电场 Hywind Scotland，采用 5 台西门子 6MW 机组和 Spar 基础。项目成功运行的前三个月，机组及基础经历了恶劣的海上环境，包括 Ophelia 飓风（最高风速为 34.7m/s）、Caroline 风暴（最大阵风风速超过 44.4m/s，浪高超过 8.2m）。挪威 Hywind Tampen 漂浮式风电场将采用 11 台西门子 8MW 机组和 Spar 基础，项目离岸 140km，所处水深 260~300m。

2. 半潜式基础

图 2-11 为半潜式浮式基础，由海洋油气半潜式钻井平台演化而来，通过海面上斜撑和横撑相连的几个大型浮筒或浮箱提供浮力，基础平台通过一定数量的悬链线固定于海底，风电机组安装在基础平台的几何中心或者其中一个立柱上，支柱内部通常被分割成多个舱室，便于布置压载并调节结构稳定。该基础型式依靠自身重力和浮力的平衡，以及悬链线锚固系统来保证整个风电机组的稳定和位置。此外，半潜式基础底部通常设置垂荡板，用于减缓平台的垂荡运动。风力发电机组在岸上完成组装，再拖航到指定地点与预先安装好的系泊系统连接。半潜式基础吃水较小，在运输和安装时具有良好的稳定性，移动灵活，运行可靠，具有较强的经济性。

美国 Principle power 公司提出了 WindFloat 漂浮式机组技术，采用非对称浮体布置方案，发电机组和塔筒安装于一个浮体上部，主要技术特征包括静态压载系统、主动压载系

（a）WindFloat　　　　　　　　（b）Nautilus　　　　　　　　（c）Sea Reed

图 2-11　半潜式浮式基础

统和垂荡板系统。其中，静态压载系统是在 3 个浮体内部隔舱中装入压载水，保障系统整体重心位于基础平台垂向几何中心线上；主动压载系统是该基础型式的核心技术，根据发电机组的运动姿态调整 3 个浮体的排水和压载水量，以补偿风速和风向变化引起的机组运动；垂荡板系统安装在 3 个浮体底部，基础平台在垂向运动过程中增加附加水质量，进而改变基础的固有周期。

2011 年 10 月，葡萄牙电力集团（Energias de Portugal）等企业在葡萄牙南部水深 40~50m、离岸距离 5km 的海域，将一台维斯塔斯 2MW 发电机组安装在 WindFloat 基础上，是全球首台未使用海上重型吊装船舶或装机设备进行安装的海上风电机组。该样机在 5 年多的示范运行期间经受住了超过 17m 的巨浪以及 30m/s 大风的恶劣海洋环境考验，成功验证了该浮式基础的技术可行性。2017 年，样机成功拆除，拆除成本低于 50 万欧元，体现出漂浮式风电机组在拆除方面的优势。葡萄牙 WindFloat Atlantic 项目是第一个采用 WindFloat 基础的商业化海上风电场，该项目将安装 3 台维斯塔斯 8MW 机组，2019 年 7 月成功安装第一台机组。此外，法国 Eoliennes Flottantes du Golfe du Lion（EFGL）和英国 Kincardine Offshore Windfarm Ltd.（KOWL）漂浮式海上风电项目也将采用 WindFloat 基础，其中 EFGL 项目预计安装 4 台 GE 公司 Haliade 6MW 机组，KOWL 项目预计安装 5 台维斯塔斯 9.5MW 的机组。

2021 年，中国三峡集团在三峡阳江沙扒海上风电场建成全球首台抗台风型漂浮式风电机组"三峡引领号"（见图 2-12），安装 1 台明阳智能的 5.5MW 发电机组，场址水深 30m 左右。目前，该机组运行 3 年多，经受多次台风考验，运行状况良好，推动我国大容量抗台风型漂浮式风电机组及基础平台的自主研发、设计、制造、安装和运营能力，促进了我国海上风电高端装备制造升级。

3. 驳船式基础

驳船式浮式基础设计概念来源于船舶，如图 2-13 所示。法国 Ideol 公司研发的阻尼池基础（Damping Pool）采用了新型混凝土材料及模块化建造技术。该驳船式基础的核心技术方案是利用中空环形阻尼池技术实现类似减摇液舱的功能，主要技术特征包括采用钢筋

图 2-12　"三峡引领号"漂浮式风电机组

混凝土材料建造环形基础主体结构,减少基础平台用钢量,降低基础平台重心高度,保证浮式基础的稳定性;基础平台采用 6 条系泊缆绳连接于海床,以保障基础平台具有足够的系泊安全冗余;基础平台底部外围设置大面积的垂荡板结构,以增加基础平台运动阻尼,抑制基础平台垂荡运动。阻尼池基础吃水较浅,垂向特征尺寸小,对港口、航道和风电场环境水深的适应性强,登船便捷,基础平台上作业空间较大,设施维护容易。2018 年,该基础在法国 Floatgen 海上风电场和日本 Hibki 漂浮式海上风电场进行示范应用,其中,法国 Floatgen 项目采用 1 台维斯塔斯 2MW 机组,2019 年共发电 6GW·h,下半年的可利用率达 94.6%;日本 Hibki 项目采用 Aerodyn 3.3MW 两叶风电机组。法国 Eolmed 漂浮式海上项目拟在 Ideol 阻尼池基础安装 4 台 Senvion 6MW 机组。

Saitec 公司研发的 Blue-SATH 是另一种驳船式基础,又称旋转双体船,该基础平台采用 2 个混凝土船体组成类似双体船结构,通过转轴和单一锚链连接点连接,基础平台和发电机组将绕连接点转动,从而减少环境对平台的影响,降低系泊成本,同时也有助于控制发电机组的偏航。单一锚链连接点的优势在于缩短安装和维修时间,当风电机组需要大修时,基础平台能够较方便地与连接点断开,拖回港口维修。SATH 示范项目将在一个全尺寸原型中安装一个 2MW 的发电机组,该基础平台将被拖至西班牙巴斯克BiMEP 试验场进行安装,安装地点水深约为 85m,将成为第一台连接到西班牙电网的浮动风电机组。

4. 张力腿式基础

张力腿式(TLP)基础由浮箱提供浮力,浮箱一侧与中央柱相接,另一侧与张力腿连接,张力腿直接连接到海床基座上,基座一般采用吸力沉箱或桩基锚。通过优化 TLP浮式基础的主体结构型式可以使波浪荷载对平台主体的影响最小化,减小平台疲劳,并能使基础的运动响应达到"调谐"状态,以合理的预张力提供符合设计要求的平台运动性能。根据张力腿基础的结构型式不同,张力腿式基础包括经典张力腿(Classic-

（a）Damping Pool　　　　　　　　　（b）Blue-SATH

图 2-13　驳船式浮式基础

TLP）、海之星张力腿（SeaStar-TLP）和莫塞斯张力腿（Moses-TLP）。张力腿式基础具有良好的垂荡和摇摆运动特性、稳定性好等优点，但张力系泊系统比较复杂，安装费用高，张力筋腱的张力受海流影响大，上部结构和系泊系统的频率耦合易发生共振运动。

2006 年至今，Glosten 公司一直在开发 PelaStar 基础［见图 2-14（a）］。PelaStar 基础作为一种张力腿式基础，具有结构轻巧、可在码头进行组装以及适用水深 50~200m 等优势。2011 年，Glosten 公司宣布 PelaStar 浮式风力平台的商业化计划，并将该技术提供给

（a）PelaStar基础　　　　　　　　　（b）Gicon基础

图 2-14　张力腿浮式基础

全球海上风能行业。2011 年，美国风力发电和海上工业专家小组以及美国能源部和美国国家可再生能源实验室（NREL）研究人员对 14 个漂浮式基础的最终设计进行了评估，选择了 PelaStar 基础，并完成了完整的设计和分析，最终形成了设计软件包。同时，缅因大学开展了 3 种浮动基础类型的 1∶50 比例模型测试计划，采用了 PelaStar 基础的张力腿设计，主要成果包括使用运行中的涡轮机验证系统在海洋条件下的动态行为，确认了 PelaStar 的系泊索在中型和大型规模上都可行且成本可控。

Gicon 基础的研发始于 2009 年，最初采用晶格结构（Latticed structure），晶格结构体系有一些优点，但存在连接点多、制造困难的缺点。2015 年，Gicon 基础底部锚固结构采用了重力式基础，极大地简化了施工难度，如图 2-14（b）所示。近年来，研究人员对 Gicon 基础进行了风浪耦合试验、数值模拟等工作。Gicon 漂浮式基础适用水深为 45～350m；基础结构和风电机组可在岸边完成组装，然后拖曳至海上风电场；可以采用多种锚类型，适应不同的地基土体。

截至 2021 年，全球已退役、运营和在建的漂浮式海上风电项目有 17 个（不含中国），见表 2-5。全球规划建设的漂浮式海上风电项目有 10 个（不含中国）见表 2-6。

表 2-5　全球退役、运营和在建的漂浮式海上风电项目[14]

项　目	国家	发电时间（年）	技术方案	总容量（MW）	单机容量（MW）
Hywind I	挪威	2009	Hywind	2.3	2.3
WindFloat Atlantic Phase 1（Decommissioned）	葡萄牙	2011	WindFloat	2	2
Fukushima Forwardphase 1	日本	2013	Semi-Sub	2	2
Kabashima（Decommissioned）		2013	Hybrid Spar	2	2
Fukushima Forwardphase 2		2015	V-Shape Semi-Sub	7	7
Fukushima Forwardphase 3		2016	Advanced Spar	5	5
Sakiyama		2016	Hybrid Spar	2	2
Hywind Pilot Plant	UK	2017	Hywind	30	6
Floatgen	法国	2018	Damping Pool（Concrete）	2	2
IDEOL Kitakyushu Demo	日本	2018	Damping Pool（Steel）	3	3
Kincardine Phase 1	英国	2018	WindFloat	2	2
WindFloat Atlantic 2	葡萄牙	2019	WindFloat	25	8.3
Ulsan Demo	韩国	2020	Semi-Sub	0.75	0.75
Tetraspar Demonstration	挪威	2021	Tetraspar	3.6	3.6
PivotBuoy	西班牙	2021	PivotBuoy	0.22	0.22
Kincardine Phase 2	英国	2021	WindFloat	48	9.5
Demo SATH	西班牙	2022	SATH	2	2

表 2-6　全球规划建设的漂浮式海上风电项目[14]

项　目	国家	发电时间（年）	技术方案	总容量（MW）	单机容量（MW）
Goto City	日本	2022	Hybrid Spar	16.8	2~5
Hywind Tampen	挪威	2022	Hywind	88	8
AFLOWT	爱尔兰	2022	Floating Power Plant	6	6
PLOCAN	西班牙	2022	Floating Power Plant	8	8
Les éoliennes flottantes de Groix & Belle-Île	法国	2023	Sea Reed	28.5	9.5
Les Eoliennes Flottantes du Golfe du Lion		2023	WindFloat	30	10
EolMed（Gruissan）Pilot Farm		2023	Damping Pool	30	10
Provence Grand Large		2023	TLP	25.2	8.4
Aqua Ventus I	美国	2023	VolturnUS	12	6
Goto City	日本	2022	Hybrid Spar	16.8	2~5

不同于欧洲优良的海洋环境，我国大陆架延缓，多个海域离岸百公里处水深 60m 以内，水深条件对于固定式海上风电和漂浮式海上风电均是巨大的挑战。同时，我国海洋环境十分复杂，东南沿海海域台风频发，极端工况下的风电机组载荷为欧洲的 2~3 倍。因此，我国深远海域漂浮式海上风电面临着世界级的设计、建造难题，借鉴欧美的技术经验无法满足我国海上风电快速发展的需求。

漂浮式海上风电作为一门新兴的交叉学科和前沿技术，涉及水动力学、空气动力学、结构动力学、自动控制等诸多学科。漂浮式风力发电机组及基础平台也是一个非常复杂的集成系统。目前，我国漂浮式海上风电基础亟须突破浅水系泊设计、新型漂浮式风电基础平台、抗台风型漂浮式发电机组等关键技术难题，通过理论方法和设计方法的创新，解决基础性、关键共性的科学问题，例如开发先进的整体化设计仿真工具、建设海上风电结构系统风浪流全耦合模型实验室、开发新的基础型式和工艺等手段，同时突破规程规范体系顶层标准缺失、基础设计技术单一、实验精度低、原型实测数据缺乏等问题，实现漂浮式海上风电建设成本的下降。

2.6　基础型式对比

海上风电基础选型应根据不同基础型式的各自特点和优势劣势进行。海上风电场地质条件复杂，覆盖层不均匀，岩面起伏大，基础选择宜优先选用满足承载要求的非嵌岩基础型式，应尽可能避免嵌岩施工，缩短施工周期，降低施工风险。对于基础结构设计，要尽量方便于在陆上提前预制好，减少海上作业工作。对于大容量机组基础设计，应从设计环境荷载条件、风电机组载荷、设计原则、计算方法等各方面综合优化，降低风电机组基础工程造价。要提前开展多种基础方案比选，留有备用方案，规避后期因详勘结果、施工单位能力等因素造成变动。海上风电机组典型基础的适用条件和优缺点详见表 2-7。

表 2-7 海上风电机组典型基础的适用条件和优缺点

基础型式	适 用 条 件	优 点	缺 点
重力式基础	水深：15m 以内 海床：坚硬的砂土和黏土	结构简单、成本低，依靠自重力矩抵抗倾覆力矩，抗风暴和风浪性能好	需预先准备海床；基础结构的体积和重量大，安装难度高；适用水深范围小；对冲刷敏感
单桩基础	水深：0~30m，随着技术发展，已应用于水深 30m 以上的海上风电场 海床：黏土和砂土	制造简单、钢材用量较少、无需做任何海床准备、安装时间短	对海底地质条件和水深有一定限制，深水区基础易出现弯曲现象；对冲刷敏感
多桩导管架基础	水深：0~60m，随着技术发展，能够适用于 60m 以上的水深 海床：适应于不同海床地质条件	导管架基础刚度大，导管架的建造和施工方便，受波浪和水流的荷载较小，对地质条件要求不高；导管架基础可以根据海床地质，选用非嵌岩桩基础、嵌岩桩	管节点多，需要进行大量的焊接与处理，节点疲劳是重难点；嵌岩桩的施工难度大、成本高
吸力筒导管架基础	水深：0~60m，随着技术发展，能够适用于 60m 以上的水深 海床：覆盖层上方为砂性土或软黏土	负压下沉施工速度快，噪声小，施工所用窗口期相对较短；只需进行海床浅层覆盖层的地质勘察；具有二次利用的可能	在设计过程和施工前，需详细分析负压沉贯的可行性；对海床地质要求较高
浮式基础	水深：50m 以上深水区 海床：适应于不同海床地质条件	安装成本低，拆除费用低；对水深不敏感，安装深度可达 50m 以上；波浪荷载较小	发电机组、漂浮式基础平台、锚固系统的设计难度大；整机运行控制系统复杂；当前成本高、技术成熟度低，设计与经验不足

参 考 文 献

[1] 鲁进亮，张羿，任敏. 海上风电重力式基础结构灌浆工艺. 电力建设，2012，33（7）：95-98.

[2] 海上风电开发基础选型先行（一）[J]. 风能杂志，2019.

[3] International Energy Agency. Offshore Wind Outlook 2019. International Energy Agency，2019.

[4] Empire Engineering. The Empire Engineering Guide to Offshore Wind Foundations. Empire Engineering，2020.

[5] DNV. Support structures for wind turbines：DNV-ST-0126 [S]. DNV，2021.

[6] BURD H J，BYRNE B W，MCADAM R A，et al. Design aspects for monopile foundations，Proceedings of TC209 workshop on foundation design for offshore wind structures，19th ICSMGE，Seoul，Republic of Korea，2017.

[7] BYRNE B W，BURD H J，ZDRAVKOVIC L，et al. PISA Design Methods for Offshore Wind Turbine Monopiles. In：Proceedings of Offshore Technology Conference，2019.

[8] 李亚杰. 吸力筒基础在海上风电领域应用的重难点分析 [J]. 船舶物资与市场，2021，29（12）：3.

[9] 张浦阳，黄宣旭. 海上风电吸力式筒型基础应用研究 [J]. 南方能源建设，2018，5（4）：11.

[10] HOULSBY G T，BYRNE B W. Design procedures for installation of suction caissons in clay and other materials [J]. Proceedings of the Institution of Civil Engineers. Geotechnical Engineering，2005，158

（GE2）：75-82.

［11］ HOULSBY G T，BYRNE B W. Design procedures for installation of suction caissons in sand ［J］. Proceedings of the Institution of Civil Engineers - Geotechnical Engineering，2005，158 （3）：135-144.

［12］ SENDERS M，RANDOLPH M F. CPT - Based Method for the Installation of Suction Caissons in Sand ［J］. Journal of Geotechnical & Geoenvironmental Engineering，2009，135 （1）：14-25.

［13］ Carbon Trust. Floating Offshore Wind：Market and Technology Review ［R］. London：Carbon Trust 2015.

［14］ Carbon Trust. Floating Wind Joint Industry Project - Phase III summary report ［R］. London：Carbon Trust 2021.

第 3 章

海上风电荷载及其组合

海上风电机组基础在运行期间不仅需要承受风电机组、塔筒、基础结构及附属构件的自重荷载，还需要承载风荷载、波浪荷载、海流荷载、海冰荷载等多种荷载耦合形成的循环动力荷载，位于地震带海域的基础结构还需考虑地震作用。对于海上风电机组基础而言，机组运行工况的风电机组荷载以及波浪、海流和海冰等环境条件形成的外部荷载通常是控制性荷载。

3.1 风荷载

3.1.1 风环境

风力发电是指利用风力发电机组将风能转换为电能，因此风能资源是建设风电场的关键。空气密度、风切变指数、湍流强度、风速与风功率密度、风向与风能方向、风速频率分布、大气稳定度、重现期风速等风能资源参数是海上风电场发电机组设计的关键，风荷载也是机组基础承受的主要荷载之一。

3.1.1.1 空气密度

根据《建筑结构荷载规范》（GB 50009—2012）[1] 和《风电场风能资源评估方法》（GB/T 18710—2002）[2] 的推荐计算方法，空气密度可以通过以下公式计算得到：

$$\rho_a = \frac{P}{R \times T} \tag{3-1}$$

式中：P 为平均大气压（Pa）；T 为平均气温（K）；R 为气体常数 [287J/（mol·K）]。

若考虑空气湿度，则空气密度计算方法如下：

$$\rho_a = \frac{1.276(P - 0.378e)}{1000 + 3.66T} \tag{3-2}$$

式中：P 为平均大气压（hPa）；e 为水汽压（hPa）；T 为平均气温（℃）。

同时，空气密度随高度发生变化，不同高度的空气密度通过下式计算：

$$\rho_a = \rho_0 \exp\left(\frac{z_0 - z}{10\,000}\right) \tag{3-3}$$

式中：z_0 为基准高度（m）；ρ_0 为基准高度处的空气密度（kg/m³）；z 为平目标高度（m）。

3.1.1.2 风切变指数

风切变指数反映风速随高度变化的快慢，风速随高度的变化直接影响风电机组的安装高度和风电场的建设成本。近地层风的垂直分布主要取决于地表粗糙度和低层大气的层结状态。在中性大气层结下,对数和幂指数方程都可以较好地描述风速的垂直廓线。试验证明,在华南沿海幂指数公式比对数公式可以更精确地拟合垂直风廓线,《建筑结构荷载规范》(GB 50009—2012)[1] 推荐使用幂指数公式:

$$V_2 = V_1 \left(\frac{z_2}{z_1} \right)^\alpha \tag{3-4}$$

式中:V_1 为 z_1 高度的风速(m/s);V_2 为 z_2 高度的风速(m/s);α 为风切变指数。

3.1.1.3 湍流强度

湍流强度用于衡量相对于风速值而波动的湍流量,是风力发电机组安全等级或设计标准的一项重要参数,直接影响发电机组的性能和寿命。当湍流强度大时,发电机组的输出功率会减小,受到的荷载会增强,易发生破坏。同时,湍流强度也是风电场风资源评估的重要内容,其评估结果直接影响到风电机组的选型。根据相关规范要求,风电场湍流强度不超过 0.25。《风力发电机组 设计要求》(GB/T 18451.1—2022)[3] 指出,风力发电机组在设计中应关注 10min 平均风速为 15m/s 时对应的湍流强度。

湍流强度的计算公式如下:

$$I = \frac{\sigma_v}{V} \tag{3-5}$$

式中:V 为 10min 的平均风速(m/s);σ_v 为 10min 内瞬时风速相对平均风速的标准差(m/s)。

3.1.1.4 风速频率分布

风速频率分布是指统计时间内风速大小的频率分布,是发电机组及其支撑结构疲劳损伤的主要影响因素之一。目前,通常采用 Weibull 概率分布函数描述风速频率曲线。Weibull 概率分布函数用下式表示:

$$f(v) = \frac{K}{A} \left(\frac{v}{A} \right)^{K-1} \exp \left[- \left(\frac{v}{A} \right)^K \right] \tag{3-6}$$

式中:K 为 Weibull 分布的形状参数;A 为 Weibull 分布的尺度参数。

其中,K 和 A 可以根据风速平均值 μ 和标准差 σ 进行计算:

$$K = \left(\frac{\sigma}{\mu} \right)^{-1.086} \tag{3-7}$$

$$A = \frac{\mu}{\Gamma \left(\frac{1}{K} + 1 \right)} \tag{3-8}$$

3.1.1.5 风功率密度与风能密度

风功率密度可根据《风电场风能资源评估方法》(GB/T 18710—2002)[2] 推荐的公式进行计算:

$$D_{wp} = \frac{1}{2n} \sum_{i=1}^{n} \rho v_i^3 \tag{3-9}$$

式中:D_{wp} 为设定时间段内逐小时风功率密度的平均值(W/m²);ρ 为平均空气密度

（kg/m^3）；n 为设定时段内的记录数；v_i 为第 i 个记录的风速值（m/s）。

风能密度的表达式为：

$$D_{we} = \frac{1}{2} \sum_{j=1}^{m} \rho v_i^3 t_j \tag{3-10}$$

式中：D_{we} 为风能密度（$W \cdot h/m^2$）；m 为风速区间数目；t_j 为第 j 个风速区间的风速发生时间（h）；v_j 为第 j 个风速区间的风速值（m/s）。

3.1.1.6　测风年代表性分析

海上风电场参考的测风塔的测风年时长多为 1~2 个完整年，因此按照规范要求，还需要根据风电场附近长期测站的观测数据，将验证后的风电场数据订正为一套能够反映风电场长期平均水平的代表性数据，即测风数据代表多年平均的逐小时风速和风向数据等。当不具有长期观测数据时，可以采用再分析资料对参考测风塔在长年代中的表性进行评估，目前可选择的再分析资料包括欧洲中期天气预报中心（European Center for Medium-Range Weather Forecasts，ECMRF）的第三代再分析资料集（ERA Interim）和美国国家航空航天局（NASA）的再分析资料集（The Modern-Era Retrospective analysis for Research and Applications，Version 2，MERRA-2）。第三代再分析资料集采用四维同化变分方法，并结合改进的湿度分析、卫星数据误差校正等技术实现再分析资料的质量提升。同时，第三代再分析资料集采用欧洲中期天气预报中心综合预报系统的 Cycle31lr2 模型版本，可以得到水平分辨率约 79km 的高斯网格数据，再通过双线性插值技术生成不同空间分辨率。MERRA-2 资料集综合运用卫星、地面、无线电探空、船舶等观测资料来源，在 GEO-5 系统基础上采用 NCEP 模型统一的格点插值方案进行增量分析、质量控制和同化处理，获得了一套完整的再分析数据，该资料集覆盖全球范围，包括温度、位势高度、纬向风速和经向风速等气象要素。MERRA-2 资料集是 MERRA 的升级版，其时间分辨率为逐小时，空间分辨率为 $0.5° \times 0.667°$。

3.1.1.7　重现期风速

国家标准《风力发电机组　安全要求》（GB 18451.1—2001）[3] 指出，应根据长系列测风数据，推算出风电场发电机组预装轮毂高度处 50 年一遇 10min 平均最大风速，提出风电场场址对风电机组安全等级的要求。台风等热带气旋对中国福建、广东等海域的海上风电场有着显著影响。热带气旋是破坏性颇为严重的灾害性天气系统，位居当今危害全球的十大自然灾害之首。对海上风能资源开发利用而言，热带气旋有弊也有利，强度较弱的热带气旋（如热带风暴量级以下）、台风和强台风的外围环流可以给风电场带来较长的"满发"时段。然而，当台风或强台风中心附近经过海上风电场时，极有可能会损坏风电设备，台风特殊的涡旋特征和风脉动（湍流）特征会对风电机组造成疲劳损伤或共振损毁，折损叶片、机舱、塔架等。同时，热带气旋活动过程中，常伴随有狂风、暴雨、巨浪和风暴潮等海洋灾害，易引起海底泥沙骤淤或骤冲，冲击机组基础，进而影响发电机组的安全性。

重现期风速的常用计算方法包括耿贝尔分布（Gumbel 分布）、皮尔逊Ⅲ型分布（Person-Ⅲ分布）。

1. 耿贝尔分布

耿贝尔分布又称为极值Ⅰ型分布，其概率分布函数如下：

$$F(x) = \exp\{-\exp[-a(x-u)]\} \tag{3-11}$$

式中：a 为风速序列概率分布的尺度参数，$a>0$；u 为风速序列概率分布的位置参数，$-\infty < u < \infty$。

重现期为 R 时，

$$X_R = u - \frac{1}{a}\left[\ln\left(\frac{R}{R-1}\right)\right] \tag{3-12}$$

其参数估计方法包括矩法、耿贝尔法和极大似然法。

1）矩法

一阶矩：

$$E(x) = \frac{y}{a} + u \tag{3-13}$$

式中：$y \approx 0.572\,22$。

二阶矩：

$$\sigma^2 = \frac{\pi^2}{6a^2} \tag{3-14}$$

由此得到：

$$a = \frac{1.282\,55}{\sigma} \tag{3-15}$$

$$u = E(x) - \frac{0.572\,22}{a} \tag{3-16}$$

2）耿贝尔法

耿贝尔法是一种直接与经验概率相结合的参数估计方法。假定数据有序序列：$x_1 \leqslant x_2 \leqslant \cdots \leqslant x_n$，则经验分布函数为：

$$F^*(x_i) = \frac{i}{n+1} \qquad (i=1,2,\cdots,n) \tag{3-17}$$

取如下序列：

$$y_i = -\ln\{-\ln[F^*(x_i)]\} \qquad (i=1,2,\cdots,n) \tag{3-18}$$

可得：

$$a = \frac{\sigma(y)}{\sigma(x)} \tag{3-19}$$

$$u = E(x) - \frac{E(y)}{a} \tag{3-20}$$

3）极大似然法

极值 I 型分布函数的概率密度函数为：

$$f(x) = F'(x) = a\exp\{-a(x-u) - \exp[-a(x-u)]\} \tag{3-21}$$

当观测资料 x_1，x_2，$\cdots$，x_n 给定时，做极大似然函数并取对数，可得：

$$\ln l = n\ln a - \sum_{i=1}^{n} a(x_i - u) - \sum_{i=1}^{n} \exp[-a(x_i - u)] \tag{3-22}$$

将 a 和 u 看作变量，将上式分布对 a 和 u 求导并令其为零，可得：

$$ne^{-au} = \sum_{i=1}^{n} (-ax_i) \tag{3-23}$$

参数 a 和 u 可采用迭代法求解：

$$ne\left(\bar{x} - \frac{1}{a}\right)\mathrm{e}^{-au} = \sum_{i=1}^{n} x_i \mathrm{e}^{-ax_i} \tag{3-24}$$

《建筑结构荷载规范》（GB 50009—2012）[1] 推荐使用 Gumbel 法估算得到的参数 a 和 u。

2. 皮尔逊Ⅲ型分布

皮尔逊Ⅲ型分布（以下简称"P-Ⅲ分布"）具有广泛的概括和模拟能力，在气象上常用来拟合年、月的最大风速和最大日降水量等极值分布。

皮尔逊Ⅲ型分布的概率密度函数 $f(x)$ 如下所示：

$$f(x) = \frac{\beta^{\alpha}}{\Gamma(\alpha)}(x - x_0)^{\alpha-1}\mathrm{e}^{-\beta(x-x_0)} \qquad (\alpha > 0, x > x_0) \tag{3-25}$$

皮尔逊Ⅲ型分布的保证率分布函数 $P(x)$ 如下所示：

$$P(x \geqslant x_\mathrm{p}) \frac{\beta^{\alpha}}{\Gamma(\alpha)}\int_{x_\mathrm{p}}^{\infty}(x - x_0)^{\alpha-1}\mathrm{e}^{-\beta(x-x_0)}\mathrm{d}x \tag{3-26}$$

式中：α 为形状参数；β 为尺度参数；$\Gamma(\alpha)$ 为 α 的伽玛函数；x 为随机变量；x_0 为随机变量 x 所能取得的最小值。

根据矩阵原理，参数 α、β 和 x_0 可分别采用以下各式计算：

$$\alpha = \frac{4}{c_x^2} \tag{3-27}$$

$$\beta = \frac{2}{\sigma c_s} \tag{3-28}$$

$$x_0 = m\left(1 - \frac{2c_v}{c_s}\right) \tag{3-29}$$

式中：m 为数学期望；σ 为均方差；c_s 为偏态系数；c_v 为变差系数。

m、σ、$\hat{c}_s$ 和 $\hat{c}_v$ 的特征的估量分别通过以下各式求得：

$$\hat{m} = \bar{x} = \frac{1}{n}\sum_{i=1}^{n} x_i \tag{3-30}$$

$$\hat{\sigma} = s = \sqrt{\frac{1}{n}\sum_{i=1}^{n}(x_i - \bar{x})^2} \tag{3-31}$$

$$\hat{c}_v = \frac{\sigma}{m} = \frac{s}{\bar{x}} \tag{3-32}$$

$$\hat{c}_s = \frac{1}{n}\frac{\sum(x_i - \bar{x})^3}{\left(\frac{1}{n}\sum_{i=1}^{n}(x_i - \bar{x})^2\right)^{1.5}} \tag{3-33}$$

随着海上风电场从近海向深远海发展，风电场区域内的风环境与岸边气象站所处的风环境出现较大差异，气象站的极值风速分析成果可能无法准确代表场址处的实际情况。针对工程场址无实测风速的情况，可以参考《海上风电场热带气旋影响评估技术规范》（GB/T 38957—2020）[4]，利用泊松-耿贝尔（Poisson-Gumbel）概率分布函数计算工程区域的极值风速。泊松-耿贝尔复合分布相关原理为：由于每年热带气旋的强度、移动路径和发生次数是随机的，因此海上风电场所在的海域所受热带气旋影响具有随机性，从而构成某种离散型分布，同时热带气旋影响下的最大风速可构成某种连续型分布。

假定热带气旋影响次数 n 服从泊松分布：

$$P_k = e^{-\lambda} \frac{\lambda^k}{K!} \tag{3-34}$$

式中：λ 为热带气旋影响海域总次数与总年数之比；K 为最多热带气旋频数。

同时，假设热带气旋影响下的风速服从耿贝尔分布：

$$F(x) = \exp\{-\exp[-a(x-u)]\} \tag{3-35}$$

根据复合极值理论，一个离散型分布和一个连续型分布可构成复合极值分布，即泊松-耿贝尔复合分布，记为：

$$G(x) = \sum_{k=0}^{\infty} P_k [F(x)]^K = e^{-\lambda[1-F(x)]} = P \tag{3-36}$$

则：

$$F(x) = 1 + \frac{1}{\lambda}\ln P = \exp\{-\exp[-a(x-u)]\} \tag{3-37}$$

两次对数，可得：

$$a(x-u) = -\ln\left[-\ln\left(1+\frac{1}{\lambda}\ln P\right)\right] - \tag{3-38}$$

$$\ln\left[-\ln\left(1+\frac{1}{\lambda}\ln P\right)\right] = \Phi_P \tag{3-39}$$

设计概率为 P 的极值 x_p 为：

$$x_p = u + \frac{\Phi_P}{a} \tag{3-40}$$

3.1.2 风电机组风荷载

风电机组制造商根据风电机组的运行工况，为机组基础设计提供极限荷载、正常运行荷载和疲劳荷载。根据《风力发电机组第3部分：海上风力发电机组设计要求（Wind turbines-Part3：Design requirements for offshore wind turbines）》（IEC 61400-3）[5]、《海上风力发电机组安装认证指南（Guideline for the certification of offshore wind turbines）》（GL-2012）[6]、《风力发电机组设计要求》（GB/T 18451.1—2022）[3] 等相关规范要求，海上风力发电机组按照运行状态，整体系统设计应至少包括 8 种设计工况，分别为正常发电、发电兼有故障、机组启动、机组正常关机、机组紧急关机、停机（静止或空转）、停机兼有故障、运输—安装—维护—修理等。其中，正常发电工况是指发电机组处于正常的发电运行状态并接入电网的状态；发电兼有故障工况是指发电机组在发电过程中由于遇到机组故障或电网接入故障而触发的瞬变状态；机组启动工况是指发电机组由停机或者空转状态切换到正常发电状态的过程；机组正常关机工况是指发电机组由正常发电工况切换到停机或空转状态的过程；机组紧急关机工况是指发电机组遇到突发情况，从正常发电工况紧急切换到停机或空转状态的过程；停机工况是指发电机组以正常状态处于停机或空转状态；停机兼有故障工况是指发电机组因故障处于停机状态；运输—安装—维护—修理工况是指发电机组处于运输、现场组装、运行维护和检修状态。

计算分析时，建立包含风电机组、塔筒和基础的水动力-气动力-伺服控制-弹性整体模型，并考虑风浪的耦合效应。每个设计工况同时进行不同荷载工况的计算。对于机组的每个荷载计算单元，风电机组风荷载包括等效静风荷载和动风荷载两个部分。

1. 等效静风荷载

机组轮毂处的轴向力是指叶轮转动时产生的水平轴向推力。叶轮气动荷载的计算方法主要包括基于叶素动量理论（Blade Element Momentum Theory，BEM）的计算方法以及基于计算流体力学理论（Computational Fluid Dynamics，CFD）的计算方法。叶素动量理论的基本原理是首先通过动量定理、叶素理论推导风轮推力和扭矩的计算公式，然后通过联合求解这两种方法得到的方程组求得推力和扭矩。在额定风速下，基于动量理论的风电机组轮毂处轴向推力为：

$$T = \frac{1}{2}C_t\rho v_r^2(\pi R^2) \tag{3-41}$$

式中：C_t 为推力系数；ρ 为空气密度（kg/m^3）；v_r 为风速（m/s）；R 为叶轮半径（m）。

2. 动风荷载

对于风电机组结构，t 时刻的风荷载 $F(t)$ 可以由 t 时刻的风压与结构接触面积相乘得到。

$$F(t) = w(z,t)A \tag{3-42}$$

式中：$w(z,t)$ 为 t 时刻高度 z 处的风压值。

$$w(z,t) = \frac{1}{2}\rho v^2(z,t) \tag{3-43}$$

从统计学角度来看，t 时刻的风速 $v(z,t)$ 由两部分构成：周期较大（超过 10min）的部分风称为平均风速 $\bar{v}(z)$，周期较小（不超过 20s）的部分称为脉动风速 $\tilde{v}(z,t)$。

$$v(z,t) = \bar{v}(z) + \tilde{v}(z,t) \tag{3-44}$$

DAVENPORT 等给出平均风速与海波高度的表达式：

$$\frac{\bar{v}}{\bar{v}_s} = \left(\frac{z}{z_s}\right)^\alpha \tag{3-45}$$

式中：$\bar{v}_s$ 为 z_s 高处的风速，z_s 一般取为 10m；α 为地面粗糙系数，近海及海岸处可取 0.12。

DAVENPORT 等给出脉动风的风速谱表达式：

$$S(f) = 4k\bar{v}_{10}^2\frac{x^2}{f(1+x^2)^{4/3}} \tag{3-46}$$

$$x = \frac{1200f}{\bar{v}_{10}} \tag{3-47}$$

式中：$S(f)$ 为脉动风速谱；f 为频率；k 为地面粗糙度的相关系数，一般近海海域取 0.003；$\bar{v}_{10}$ 为海拔 10m 处的平均风速。

3.1.3　机组基础风荷载

对于机组基础结构设计，作用在机组基础上的风荷载可以按照相关规范进行计算。

《浅海钢质固定平台结构设计与建造技术规范》（SY/T 4094—2012）[7] 给出的作用在平台上的风荷载 F 计算公式如下：

$$F = KK_z p_0 A \tag{3-48}$$

式中：K 为风荷载形状系数，对梁及建筑物侧壁取 1.5，对圆柱体侧壁取 0.5，对平台总投影面积取 1.0；K_z 为海上风压高度变化系数；A 为受压面积，即垂直于风向的轮廓投影（m^2）。

其中，基本风压 P_0 通过下式计算得到，

$$P_0 = \alpha v_t^2 \tag{3-49}$$

式中：α 为风压系数，取 0.613；v_t 为平均海平面以上 10m 处时距为 t 时的设计风速，用于单独构件基本风压计算时采用时距为 3s 的最大阵风风速 v_{3s}，用于结构总体基本风压计算时采用时距为 10min 的平均风速 v_{10min}。

直接作用于风电机组基础上的风荷载相对较小，在设计中通常不做考虑。基础结构设计时，所考虑的风电机组荷载为上部结构（机组及塔筒）承受风荷载作用传递至基础顶面的荷载。风电机组荷载主要由风荷载作用于叶片产生的空气动力荷载叠加机组上部自重作用于机舱、塔筒等的荷载，通过塔架传给风电机组基础。

风电机组制造商提供塔筒底部法兰面的风电机组荷载作为机组基础结构的设计荷载。海上风电机组上部结构传至塔筒底部与基础交界面的荷载效应宜用荷载标准值表示，即为正常运行荷载、极端荷载和疲劳荷载三类。正常运行荷载为风力发电机组正常运行时的最不利荷载效应，极端荷载为除运输安装之外的所有设计荷载工况中的最不利荷载效应，疲劳荷载为海上风电机组整个生命周期内所有疲劳极限状态对应设计荷载状况中的荷载总体效应。

3.2　波浪荷载

波浪荷载是海上风电机组基础承受的主要荷载之一。对于近海浅水区，波浪荷载对机组基础的极限荷载和疲劳荷载的影响通常低于风电机组风荷载，随着水深的增加，波浪荷载对机组基础的极限荷载和疲劳荷载的影响逐渐增大，甚至会超过风电机组风荷载的影响。

3.2.1　波浪理论

实际海况中，波浪引起的水体质点运动是极其复杂的，通常需要进行简化处理，以便于工程设计。根据波峰面轮廓形态，波浪理论可分为规则波理论和随机波理论，规则波理论是假定波浪以单一固定规则的峰面轮廓形态进行传播，随机波是假定波浪以随机不规则的波高轮廓形态传播。因此，波浪荷载计算方法有设计波法和设计谱法。

设计波法（确定性方法）是从统计意义上在一系列的随机波浪中选用某一个特征波作为单一的规则波，近似分析随机波浪对海洋工程结构物的作用，在确定设计波的波浪要素时，通常根据结构物的型式、重要性以及设计内容，确定设计波的标准，只要包括两项内容，一是确定波浪的重现期，二是选取特征波。波浪要素是指在某一确定的重现期下，

某一特征波所对应的波高和周期。因为设计波法计算作用在结构物上的波浪力时采用的是理想化的规则波，所以不能准确反映作用在结构物上的不规则波的作用，但是因为设计波法比较简便，所以在海洋工程设计中常被采用。

谱分析法也叫随机分析方法，是根据已知的波浪谱通过传递函数得到作用在海洋结构物上的响应谱，从而得到各累计概率的波浪力的一种方法。海洋工程中常用谱分析法来研究荷载与结构的响应，由于谱分析法能够将波浪运动的整个过程相对准确地反映出来，所以主要用于分析海洋平台在不规则波浪下的作用。

为了相对准确地计算波浪作用于结构上的动力荷载，首先需要选择合适的波浪理论，波浪理论是建立在波浪的流体动力学控制方程和边界条件基础上的，由于波浪速度满足边界条件都是非线性的，因此根据流场求解方式的不同，波浪理论分为线性波浪理论（Airy波理论）、二阶斯托克斯波浪理论、五阶斯托克斯波浪理论、孤立波理论、椭圆余弦波理论、流函数理论和随机波浪理论等，确定性波浪理论适用范围如表 3-1 所示。其次根据选择的波浪理论计算流场的分布情况，包括水质点的速度、加速度等，以此作为波浪荷载计算的依据。

表 3-1　常用的波浪理论和适用范围

波浪理论	适用水深	应用条件
线性波浪理论	浅水和深水	$S<0.006$；$S/\mu<0.03$
二阶斯托克斯波浪理论	深水	$U_r<0.65$；$S<0.04$
五阶斯托克斯波浪理论	深水	$U_r<0.65$；$S<0.14$
椭圆余弦波理论	浅水	$U_r>0.65$；$\mu<0.125$

注：S 为波陡系数（$S=H/\lambda_0$），μ 为相对水深系数（$S=h/\lambda_0$），U_r 数通过波高 H、周期 T 以及相应水深 h 来确定 $[U_r=S/(4\pi^2\mu^3)]$。线性波浪理论适用于小幅深水波，通过正选函数来表示波面方程。

3.2.1.1　线性波浪理论（Airy 波理论）

线性波浪理论假定流体无旋、无黏、不可压，波浪是微幅波，即波面高度 n 与波长 L 相比是个小量，流体运动质点速度的分量也看成小量，液体在重力作用下的波动用势函数 $\varphi(x, z, t)$ 来表示，并满足：

$$v_x = \frac{\partial \varphi}{\partial x} \tag{3-50}$$

$$v_z = \frac{\partial \varphi}{\partial z} \tag{3-51}$$

φ 满足拉普拉斯方程，且满足底部不可穿透边界条件：

$$\nabla^2 \varphi = \frac{\partial^2 \varphi}{\partial x^2} + \frac{\partial^2 \varphi}{\partial z^2} = 0 \tag{3-52}$$

$$v_z = \frac{\partial \varphi}{\partial z} = 0 \qquad (z = -h) \tag{3-53}$$

自由表面的边界条件可根据以下拉格朗日积分式得到：

$$\frac{\partial \varphi}{\partial t} + \frac{v^2}{2} + \frac{p}{\rho} + gz = 0 \tag{3-54}$$

令 $z = \eta$，则自由表面处的相对压力 $p = 0$。假定 v^2 趋近于 0，使边界条件线性化，得到自由表面的边界条件：

$$\eta = -\frac{1}{g} \left. \frac{\partial \varphi}{\partial t} \right|_{z=\eta} \tag{3-55}$$

假设边界条件在 $z = 0$ 处近似满足

$$\eta = -\frac{1}{g} \left. \frac{\partial \varphi}{\partial t} \right|_{z=0} \tag{3-56}$$

采用分离变量法，使

$$\varphi = f(z)\sin(kx - \sigma t) \tag{3-57}$$

代入到拉普拉斯方程中可得：

$$\frac{\partial^2 f}{\partial z^2} - k^2 f = 0 \tag{3-58}$$

求解上述方程，可得波面方程：

$$\eta = a\cos(kx - \sigma t) \tag{3-59}$$

根据以上推导过程，可以发现 Airy 波理论最显著的特点是线性叠加，虽然 Airy 波理论不符合海洋结构物设计时要考虑的较大波浪，但是在实际的工程中可以利用 Airy 波理论得到一些结果，同时 Airy 波理论也是研究不规则波浪理论与有限振幅波理论的基础。

3.2.1.2 斯托克斯波浪理论（Stokes 波理论）

二阶斯托克斯波浪理论的速度势 ϕ 为：

$$\phi = \frac{A\omega}{k}\left[\frac{\mathrm{ch}k(z+h)}{\mathrm{sh}kh}\sin\theta + \frac{3}{8}Ak\frac{\mathrm{ch}^2 k(z+h)}{\mathrm{sh}^4 kh}\sin 2\theta\right] \tag{3-60}$$

二阶斯托克斯波浪理论的波面方程 η 为：

$$\eta = A\left[-\frac{Ak}{2\mathrm{sh}^2 kh}\cos\theta + \frac{Ak}{4}\frac{\mathrm{ch}kh(2\mathrm{ch}^2 kh + 1)}{\mathrm{sh}^3 kh}\cos 2\theta\right] \tag{3-61}$$

五阶斯托克斯波浪理论的波面方程 η 为：

$$\frac{\eta}{A} = \cos\theta + \frac{kA}{2}\cos\theta + \frac{k^2 A^2}{8}(\cos\theta + 3\cos 3\theta) + \frac{k^3 A_3}{3}(\cos 2\theta + \cos 4\theta) +$$

$$\frac{kA}{384}(-422\cos\theta + 297\cos 3\theta + 125\cos 5\theta) \tag{3-62}$$

式中：$\theta = kx - \omega t$。

3.2.1.3 随机波浪理论

随机波浪理论是通过对波浪特征参数长期统计得出的，波浪虽然随机分布，但统计参数分布符合相关统计学模型，通常采用频谱函数描述波浪的随机特性。目前，海洋工程领域常用的随机波浪谱为皮尔逊-莫斯科维茨（Pierson-Moskowitz）波浪谱和联合北海波浪计划（Joint North Sea Wave Project，Jonswap）波浪谱，这两种波浪谱均是风浪谱。

1. 皮尔逊-莫斯科维茨（Pierson-Moskowitz）波浪谱

皮尔逊-莫斯科维茨波浪谱是由皮尔逊（PIERSON）和莫斯科维茨（MOSKOWITZ）依据北大西洋 1955—1960 年间的实测资料进行谱分析提出的，并被 1966 年召开的第 11 届 ITTC（国际船模水池会议）列为标准单参数谱（见图 3-1）。皮尔逊-莫斯科维茨波浪谱是一个反映在风作用下充分发展稳定的波浪随机特性的波浪谱，如下式所示：

$$S(\omega) = \frac{0.78}{\omega^5} \exp\left(-\frac{3.11}{\omega^4 H_s^3}\right) \tag{3-63}$$

由于单参数谱不能合理表征非充分发展海浪特征，1978 年召开的第 15 届国际船模拖曳水池会议（International Towing Tank Conference，ITTC）进一步考虑随机波浪平均过零周期影响，修正为双参数公式：

$$S(\omega) = \frac{H_s^2 \cdot 4\pi^3}{\omega^5 \overline{T}_z^4} \exp\left(\frac{16\pi^3}{\omega^4 \overline{T}_z^4}\right) \tag{3-64}$$

式中：H_s 为有效波高（m）；ω 为波浪频率（Hz）；$\overline{T}_z^4$ 为平均过零周期（s）。

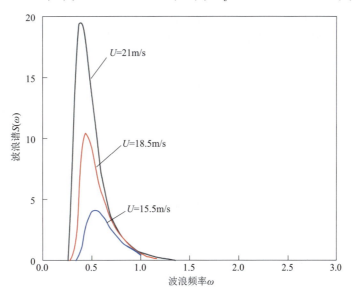

图 3-1　Pierson-Moskowitz 波浪谱曲线

皮尔逊-莫斯科维茨波浪谱适合用于分析波浪导致的疲劳损失等工况。

2. 联合北海波浪计划（Jonswap）波浪谱

联合北海波浪计划波浪谱是英国、荷兰、美国、德国等国家在 1968—1969 年实现北海波浪联合研究计划时，依据北海不同水深实测波浪资料拟合得到的。相对于皮尔逊-莫斯科维茨波浪谱，相同能量下的联合北海波浪计划波浪谱具有更大的能量密度极值和更窄的频带宽度，因此拥有更广泛的应用范围，更适用于极端风浪条件或浅水波。

$$S(\omega) = \frac{0.78}{\omega^5} \exp\left(-\frac{3.11}{\omega^4 H_s^2}\right) \cdot \gamma^{\exp\left(-\frac{\omega - \omega_{max}}{2\sigma^2 \omega_{max}^2}\right)} \tag{3-65}$$

$$\sigma = 0.09 \qquad (\omega > \omega_{max}) \tag{3-66}$$

$$\sigma = 0.07 \qquad (\omega < \omega_{max}) \tag{3-67}$$

式中：γ 为谱峰升高因子，取值范围为 $1.6 \sim 6$，正常取值为 3.3；ω_{max} 为最高峰圆频率；σ 为峰形因子。

第 17 届国际船模拖曳水池会议（ITTC）推荐的联合北海波浪计划波浪谱引入了有义波高 $H_{1/3}$ 和特征周期 T_1 两个参数，并考虑 $T_1 = 0.834T_0$。

$$S(\omega) = 155 \times \frac{H_{1/3}^2}{T_1^4 \omega^5} \exp\left(-\frac{944}{T_1^4 \omega^4}\right) \times (3.3)^{\gamma} \tag{3-68}$$

$$\gamma = \exp\left[-\left(\frac{0.191\omega T_1 - 1}{\sqrt{2}\sigma}\right)^2\right] \tag{3-69}$$

3. 二维波浪谱

皮尔逊-莫斯科维茨波浪谱和联合北海波浪计划波浪谱仅考虑波浪在单一方向上传播，然而在实际海况中某一点的波浪通常是由不同方向、不同频率的多个波浪叠加形成的。因此，有必要建立同时考虑波高频率和方向频率的二维联合波浪谱：

$$S(f,\theta) = S(f)D(f,\theta) \tag{3-70}$$

式中：$S(f)$ 为一维波浪谱；$D(f,\theta)$ 为波浪方向分布函数。

由于 $D(f,\theta)$ 在实际工程中很难获得，通常采用简化处理方法，采用在主浪向两侧对称分布、与波浪频率无关的方向分布函数代替，并令该函数满足下式：

$$\int_{-\pi}^{\pi} D(\theta)\,\mathrm{d}\theta = 1 \tag{3-71}$$

3.2.2　波浪荷载计算

通过波浪理论确定水质点的运动要素后，需要根据结构物尺寸与波长的相对关系选择适当的波浪力计算公式来确定作用于结构物上的波浪荷载。根据荷载产生机理的不同，波浪荷载可以分为 4 种类型，分别为拖曳力、惯性力、绕射力和动水压力。拖曳力是指由于水体自身黏性在结构物上产生的阻力以及在结构物后中因漩涡产生引起的阻力；惯性力是指由于流场压力梯度、结构运动与流体加速的局部相互作用产生的荷载；绕射力是指结构物的存在改变了波浪场流体运动特性，导致波浪场发生改变引起的荷载；动水压力是指由于波浪运动引起的波峰面变化形成的水压力。

海洋工程中桩柱、墩柱等结构常用的波浪力计算公式为基于绕流理论的莫里森方程（Morison 方程）和 MacCamy-Fuchs 绕射理论。

3.2.2.1　莫里森方程（Morison 方程）

莫里森方程是一种半经验半理论的计算公式，包括惯性力和拖曳力两项，其中惯性力的形式与无黏性流体波动理论的解相同，拖曳力的形式与稳定流中物体上产生的阻力相当。近海工程结构物的研究指出，对于圆形柱体直径 D 与波长 L 比值小于 0.2 的结构称为小尺度构件，可以不考虑该种结构对波浪运动的影响，流场中各点的速度和加速度可按照上述波浪理论来确定。因此，国内外通常采用著名的莫里森方程计算作用于该类结构上的波浪力，圆柱体的计算公式如下：

$$f = f_i + f_d \tag{3-72}$$

$$f_i = C_m \rho \frac{\pi D^2}{4} \frac{\partial u}{\partial t} \tag{3-73}$$

$$f_d = C_d \frac{\rho D}{2} u |u| \tag{3-74}$$

式中：f_i 为单位高度柱体所受的惯性力（kN/m）；f_d 为单位高度柱体所受的拖曳力（kN/m）；D 为结构水线处直径（m）；u 为水流速度（m/s）；C_m 为惯性系数；C_d 为阻力系数或速度力系数。

式（3-73）和式（3-74）中的 $\partial u / \partial t$ 和 u 可分别采用柱体未插入波浪中时对应的柱体中心位置的水质点的水平速度和水平加速度。

惯性系数 C_m 和拖曳力系数 C_d 是与雷诺数 Re、KC 数、柱体构件表面粗糙度、截面形状以及方位相关的经验系数，一般由模型试验数据和原型试验数据分析得到。

《海上风电机组基础结构设计（Design of offshore wind turbine structures）》（DNV-OS-J 101）[19] 指出惯性系数 C_m 和拖曳力系数 C_d 是雷诺数 Re、KC 数和相对粗糙度 k/D 的函数，并给出 Re 和 KC 数计算公式如下：

$$Re = \frac{u_{max} D}{v} \tag{3-75}$$

$$KC = \frac{u_{max} T_i}{D} \tag{3-76}$$

式中：u_{max} 为静水位下水质点的最大速度（m/s）；T_i 为波浪固有周期（s）。

稳定流的拖曳力系数 C_{ds} 由相对粗糙度 k/D 决定：

$$C_{ds} = \begin{cases} 0.65 & k/D \leqslant 10^{-4} \\ \dfrac{29 + 4\lg(k/D)}{20} & 10^{-4} < k/D < 10^{-2} \\ 1.05 & 10^{-2} \leqslant k/D \end{cases} \tag{3-77}$$

式中：k 为构件表面粗糙度，当 $k/D \leqslant 10^{-4}$ 时，可认为构件表面是光滑的。对于刚加工完成未涂层的构件或涂刷油漆后的构件，可认为是光滑构件；对于混凝土或锈蚀严重的构件，可以假定 k 为 3mm；对于无海生物附着的构件，可以当作光滑构件处理；对于海生物附着状态的构件，k 的取值范围为 5~50mm。

拖曳力系数 C_d 可以根据 KC 数和稳定流的拖曳力系数 C_{ds} 计算得到：

$$C_d = C_{ds} \psi(C_{ds}, KC) \tag{3-78}$$

式中：尾流方法系数 $\psi(C_{ds}, KC)$ 可通过图 3-2 确定。

惯性系数 C_m 也可以根据 KC 数和稳定流的拖曳力系数 C_{ds} 计算得到：

$$C_m = \begin{cases} 2.0 & KC \leqslant 3 \\ \max[2.0 - 0.044(KC - 3); 1.6 - (C_{ds} - 0.65)] & KC > 3 \end{cases} \tag{3-79}$$

《海港水文规范》（JTS 145-2—2013）[8] 规定，对于圆柱体，拖曳力系数 C_d 取 1.2，惯性系数 C_m 取 2.0；对于方形或 $a/b \leqslant 1.5$ 的矩形柱体，拖曳力系数 C_d 取 2.0，惯性系数 C_m 取 2.2，其中，a、b 分别为矩形柱体横截面垂直、平行于波向的宽度。当波流相互作用时，波浪力和海流力计算时的拖曳力系数 C_d 和惯性系数 C_m 先计算 KC 数，然后查图 3-3 得到。

KC 数的计算公式如下：

当 $|u_c| < u_m$ 时，

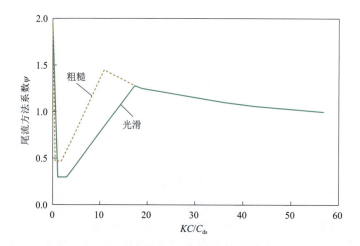

图 3-2 尾流方法系数 ψ 与 KC 的关系

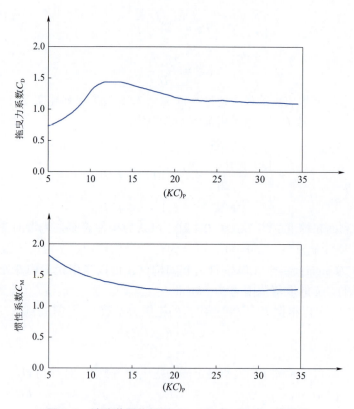

图 3-3 波流共同作用下 C_D、C_M 与 $(KC)_P$ 的关系

$$KC = \frac{u_m T}{D}[\sin\varphi + (\pi - \varphi)\cos\varphi] \qquad (3-80)$$

当 $|u_c| \geqslant u_m$ 时，

$$KC = \frac{\pi |u_c| T}{D} \qquad (3-81)$$

其中：

$$\varphi = \arccos \frac{|u_{\mathrm{c}}|}{u_{\mathrm{m}}} \qquad (3\text{-}82)$$

$$u_{\mathrm{m}} = \frac{\pi H}{T}\mathrm{cth}kd \qquad (3\text{-}83)$$

式中：T 为波流周期（s），不规则波时取谱峰周期 T_{p}，$T_{\mathrm{p}}=1.05T_{\mathrm{s}}$，$T_{\mathrm{s}}$ 为有效波周期，此时 KC 以 $(KC)_{\mathrm{p}}$ 表示；u_{m} 为水面处水质点运动的最大水平速度（m/s）；u_{c} 为水流速度（m/s）；H 为波高（m），不规则波时取有效波高；D 为柱体直径（m）；d 为水深（m）；k 为波数。

波数 k 由下式计算得到：

$$\left(\frac{2\pi}{T} - ku_{\mathrm{c}}\right)^2 = gk\mathrm{th}(kd) \qquad (3\text{-}84)$$

此外，中国交通运输部船检局发布的《海上移动式钻井船入级与建造规范》（1982）[9] 规定，当采用线性波理论、斯托克斯五阶波理论计算时，拖曳力系数 C_{d} 取 1.0，惯性系数 C_{m} 取 2.0；《海上固定平台入级与建造规范》（1993）[10] 规定，拖曳力系数 C_{d} 和惯性系数 C_{m} 尽量通过试验确定，在试验资料不足时，对于圆形构件，拖曳力系数 C_{d} 取值范围为 0.6~1.0，惯性系数 C_{m} 取 2.0。

Chakrabarti 给出了海洋工程中对应不同波浪理论的拖曳力系数 C_{d} 和惯性系数 C_{m} 取值[11]，如表 3-2 所示。

表 3-2 波浪理论中 C_{d} 和 C_{m} 取值[11]

波浪运动学	C_{d}	C_{m}
线性理论	1.0~1.4	2.0
线性拟合	0.6	1.5
斯托克斯五阶波理论	0.8~1.0	2.0
波函数	0.55	1.33
线性谱与流函数	0.5~1.2	1.1
场测（光滑）	0.68~1.5	1.51~1.65
场测（粗糙）	1.0~2.0	1.25~1.43

对于海上风电高桩承台基础等机组基础中的斜桩，其拖曳力系数 C'_{d} 和惯性系数 C'_{m} 与垂直柱体存在对应关系，可按下式计算得到：

$$C'_{\mathrm{d}} = \frac{C_{\mathrm{d}}}{1 - \cos^3\mu} \qquad (3\text{-}85)$$

$$C'_{\mathrm{m}} = \frac{C_{\mathrm{m}}}{1 - \sin\mu} \qquad (3\text{-}86)$$

$$\tan\mu = \frac{\tan\theta}{\cos(\alpha + \beta)} \qquad (3\text{-}87)$$

式中：θ 为杆件倾斜角（°）；α 为水流与波向的夹角（°）；β 为水流与 y 轴的夹角（°）；μ 为夹角（°）（见图 3-4）。当柱体顺波向倾斜时，$\mu < \pi/2$；当柱体逆波向倾斜时，$\mu > \pi/2$。

值得说明的是，莫里森方程在理论上存在一定缺陷，即拖曳力是根据真实黏性流体的定常均匀水流绕柱流动时对柱体作用力的分析得到的，而惯性力是按照理想流体的有势非

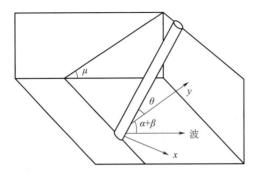

图 3-4　斜桩夹角 μ 的定义

定常流理论分析得到的，拖曳力与惯性力之间并没有共同的理论基础，因此两者的叠加缺乏依据。目前，国内外研究学者尚未提出更好的理论方程用以取代莫里森方程。同时，工程实践表明，莫里森方程能给出较为满意的结果，是当前计算小尺度结构物上波浪力的重要方法[12]。

3.2.2.2　绕射力方程

当桩/柱等海洋结构物的尺寸相对于波长不再是小量时，即当结构尺寸 D 与波流长度 L 的比值大于 0.2 时，海洋结构物的存在会改变波浪场，导致波浪出现绕射效应，此时无法再采用莫里森方程等小直径结构物的波浪力计算方法，需要采用绕射理论方法进行计算。

大尺度海洋结构物上的波浪力主要包括惯性力和绕射力，此时拖曳力可以忽略。根据结构物沉底方式、结构物底部与水位的相对关系、结构物顶面与水位的相对关系，波浪力的计算方法不同。

对于从海床面延伸到水面以上的柱体结构，沿波浪传播方向单位高度柱体上的波浪绕射力可根据下式计算得到：

$$f_{\mathrm{x}} = \frac{2\rho_{\mathrm{f}}gH}{k}\frac{\mathrm{ch}(kz)}{\mathrm{ch}(kd)}\frac{1}{\sqrt{A_1(ka)}}\cos(\omega t - \alpha) \qquad (3\text{-}88)$$

式中：

$$A_1(ka) = {J'_1}^2(ka) + {Y'_1}^2(ka) \qquad (3\text{-}89)$$

$$\tan\alpha = \frac{J'_1(ka)}{Y'_1(ka)} \qquad (3\text{-}90)$$

计算时，$J'_1(ka)$ 和 $Y'_1(ka)$ 可根据下式计算：

$$J'_1(ka) = J'_0(ka) - \frac{1}{ka}J_1(ka) \qquad (3\text{-}91)$$

$$Y'_1(ka) = Y'_0(ka) - \frac{1}{ka}Y_1(ka) \qquad (3\text{-}92)$$

将式（3-88）沿着柱高进行积分，可求得整个圆柱体所受的波浪力 F_{X} 和波浪力力矩 M_{X}。

$$F_{\mathrm{X}} = \int_0^{d+\eta} f_{\mathrm{x}}\mathrm{d}z = \frac{2\rho_{\mathrm{f}}gH}{k^2}\frac{\mathrm{sh}k(d+\eta)}{\mathrm{ch}(kd)}\frac{1}{\sqrt{A_1(ka)}}\cos(\omega t - \alpha) \qquad (3\text{-}93)$$

$$M_X = \int_0^{d+\eta} f_x z \mathrm{d}z$$

$$= \frac{2\rho_f g H}{k^3} \frac{\{k(d+\eta)\,\mathrm{sh}[\,k(d+\eta)\,] - \mathrm{ch}[\,k(d+\eta)\,] + 1\}}{\mathrm{ch}(kd)\,\sqrt{A_1(ka)}} \cos(\omega t - \alpha) \qquad (3\text{-}94)$$

式中：η 为波面高度（m）；a 为圆柱体半径（m）；d 为水深（m）。

或者，可以将上述绕射力等效转换成 Morison 方程的惯性力：

$$f_x = C_m \rho_f \pi a^2 \dot{u}_\alpha \qquad (3\text{-}95)$$

$$\dot{u}_\alpha = \frac{gHk}{2} \frac{\mathrm{ch}(kz)}{\mathrm{ch}(kd)} \cos(\omega t - \alpha) \qquad (3\text{-}96)$$

$$C_m = \frac{4}{\pi (ka)^2 \sqrt{A_1}} \qquad (3\text{-}97)$$

式中：$\dot{u}_\alpha$ 为相位滞后 α、离海底高度 s 处的水体质点加速度（m/s^2）。

此外，需根据海上风电场场区海洋生物在基础结构上的附着情况，考虑附着厚度对基础结构表面粗糙度和直径增加的影响。按照《海上风电场工程风电机组基础设计规范》（NB/T 10105—2018）[13]，当相对粗糙度小于 0.02 计算波浪力时，水动荷载系数需乘以 1.15 倍的增大系数；当相对粗糙度介于 0.02~0.04 之间时，水动荷载系数需乘以 1.25 倍的增大系数；当相对粗糙度大于 0.04 时，水动荷载系数需乘以 1.40 倍的增大系数。

3.3　海流荷载

3.3.1　海流流速

海流荷载是以潮流为主的大范围水体流动产生的荷载作用。潮流的流速和流向均呈现周期性特征，按照其流向分为旋转流和往复流，按照其性质分为规则的半日潮流、不规则的半日潮流、规则的全日潮流和不规则的全日潮流[8]。

潮流类型可通过型数 K 定义：

$$K = \frac{W_{O1} + W_{K1}}{W_{M2}} \qquad (3\text{-}98)$$

式中：W_{O1} 为主太阴日分潮流椭圆长半轴长度（m）；W_{K1} 为太阴、太阳赤纬日分潮流椭圆长半轴长度（m）；W_{M2} 为主太阴半日分潮流的椭圆长半轴长度（m）。

当 $K \leqslant 0.5$ 时，潮流为规则半日潮流；当 $0.5 < K \leqslant 2.0$ 时，潮流为不规则半日潮流；当 $2.0 < K \leqslant 4.0$ 时，潮流为不规则日潮流；当 $4.0 < K$ 时，潮流为规则日潮流。

海流设计流速采用海上风电场基础结构所处范围内最大可能流速，通常根据实测海流资料，利用统计关系进行计算。对于近海海域，海流最大可能流速为潮流最大可能流速和风海流最大可能流速的矢量和。

1. 潮流最大可能流速计算

潮流最大可能流速可根据《海港水文规范》（JTS 145-2—2013）[8] 规定的公式求得。

规则半日潮流海域的计算公式如下：

$$V_{\max} = 1.295W_{\text{M2}} + 1.245W_{\text{S2}} + W_{\text{K1}} + W_{\text{O1}} + W_{\text{M4}} + W_{\text{MS4}} \quad (3\text{-}99)$$

式中：$V_{\max}$ 为潮流最大可能流速（m/s）；W_{M2} 为主太阴半日分潮流椭圆长半轴矢量（m/s）；W_{S2} 为主太阳半日分潮流椭圆长半轴矢量；W_{K1} 为太阴太阳赤纬日分潮流椭圆长半轴矢量；W_{O1} 为主太阴日分潮流椭圆长半轴矢量；W_{M4} 为太阴四分之一日分潮流椭圆长半轴矢量；W_{MS4} 为太阴太阳四分之一日分潮流椭圆长半轴矢量。

规则全日潮流海域的计算公式如下：

$$V_{\max} = W_{\text{M2}} + W_{\text{S2}} + 1.6W_{\text{K1}} + 1.45W_{\text{O1}} \quad (3\text{-}100)$$

不规则半日潮流海域和不规则全日潮流采用式（3-99）和式（3-100）中的大值。

2. 余流最大可能流速计算

对于潮流比较显著的近海，风海流是余流的主要组成部分。在长期海流实测资料足够的情况下，利用统计关系进行计算余流特征值；若资料不足，考虑到最大可能余流流速主要是由风引起的风海流，可以根据风速估算余流：

$$\left. \begin{array}{l} V_{\text{w}} = K_{\text{c}}v_{\text{t}} \\ \theta_{\text{w}} = \beta \end{array} \right\} \quad (3\text{-}101)$$

式中：V_{w} 为余流最大可能流速（m/s）；v_{t} 为海平面上 10m 处的 10min 最大持续风速（m/s）；K_{c} 为系数，一般 $0.024 \leqslant K_{\text{c}} \leqslant 0.05$，渤海取 0.025，南海取 0.05；$\theta_{\text{w}}$ 为余流流向；β 为海底等深线方向。

3. 资料不足的水流流速计算

海流流速随水深变化，其变化规律尽量根据现场实测数据进行确定，当实测资料不足时，其估算方式为：

$$u_{\text{cx}} = (u_{\text{s}})_1 \left(\frac{x}{d} \right)^{1/7} + (u_{\text{s}})_2 \frac{x}{d} \quad (3\text{-}102)$$

式中：u_{cx} 为设计泥面以上 x 高度处的海流流速（m/s）；$(u_{\text{s}})_1$ 为水面的潮流速度（m/s）；$(u_{\text{s}})_2$ 为风在水面引起的海流流速（m/s）。

4. 我国近海海流特征

我国渤海潮流类型多为半日潮，流速通常为 0.5～1.0m/s；黄海潮流类型多为规则半日潮，但在渤海海峡及烟台近海为不规则全日潮，东部流速大于西部，西部强流区位于老铁山水道、成角山附近，达到 1.5m/s；东海潮流类型为规则半日潮或不规则半日潮，其中西部多为规则半日潮，东部多为不规则半日潮，台湾海峡为对照半日潮，流速呈现近海岸大、远海岸小，长江口、杭州湾附近流速高达 3.0～3.5m/s，闽浙沿岸约为 1.5m/s；南海潮流类型以全日潮为主，广东沿岸多为不规则半日潮，多数海域的潮流流速不超过 0.5m/s。

3.3.2　海流荷载计算

采用莫里森方程计算波浪荷载时并未考虑波浪与海流的耦合作用。相对于风和波浪，海流随时间的变化是缓慢的，在海上风电设计中，通常按照恒定流处理，只考虑流速随深度的变化，对柱体结构的作用力仅考虑拖曳力。

波浪和海流的耦合作用是极为复杂的。对于直立柱等构筑物，波浪耦合工况下的计算公式包括以下几种。

1. 波浪力与海流力的线性叠加

作用于直立圆柱体任意高度 z 处的单位柱高上的水平波流力为：

$$f_d = f_{dw} + f_w \tag{3-103}$$

$$f_{dw} = C_d \frac{\rho D}{2} u \,|\, u \,| \tag{3-104}$$

$$f_w = C_w \rho \frac{\rho V^2}{2} A \tag{3-105}$$

式中：u 为水流速度（m/s）；f_d 为单位高度柱体所受的拖曳力；D 为结构水线处直径（m）；A 为构件在水流垂直平面上的投影面积（m^2）；C_w 为水流阻力系数；C_d 为拖曳力系数或阻力系数。

2. 不考虑波流耦合作用

单位柱高上的拖曳力矢量可简化为：

$$f_d = C_d \frac{\rho D}{2} (u + u_c) \,|\, (u + u_c) \,| \tag{3-106}$$

式中：u_c 为海流的速度矢量；u 为波浪的速度矢量，根据波高 H、波周期 T 和水深 d，采用相对应的波浪理论确定，而不考虑波流相互作用影响下波浪要素的变化。

3. 考虑波流耦合作用

计算方式与不考虑波流耦合作用类似，但波浪的速度矢量 u 是考虑波流和海流耦合作用下波流要素变化后，再根据波高 H、波周期 T 和水深 d 采用相对应的波浪理论确定。

3.4　海冰荷载

3.4.1　海冰环境

海冰是所有出现在海上的冰的统称，包括海水直接冻结而成的冰、河冰、湖冰和冰川冰等。海冰根据运动形态可分为固定冰和浮冰。固定冰是指沿海岸形成并与海岸或海底冻结在一起，或随着潮汐涨落做升降运动的海冰；浮冰是指冰体不与海岸、岛屿冻结在一起，在风、波浪、海流和潮汐的作用下能够产生漂移、破碎、重叠、堆积、重新冻结的海冰。此外，海冰根据冰表面特征又可分为平整冰、重叠冰、堆积冰等。平整冰是指未受变形作用影响的海冰，冰面平整或冰块外缘仅有少量冰瘤及其他挤压冻结痕迹的海冰；重叠冰是指在动力作用下，一层冰叠到另一层冰上形成的冰面比较平坦的海冰，有时甚至三四层冰相互重叠而成，但其重叠面的倾斜角度不大，冰面仍较平坦；堆积冰是指在动力作用下，冰块杂乱无章地堆积在一起，表明凸凹不平，融化时外观像山丘的海冰。

中国海冰区域主要包括渤海和北黄海区域。由于地理位置的不同以及气象条件的影响，中国海冰的冰期、冰情等存在显著的区域差异和时间特征。若以中国海冰的整体空间分布进行考虑，渤海北部的冰情重于南部；辽东湾东岸附近冰情重于西岸附近；莱州湾西岸附近冰情重于东岸附近；黄海北部鸭绿江口附近的冰情较为严重；沿辽东半岛南岸往西逐渐减轻；海岸附近的冰情重于海上；深水区以及渤海中部海域，海冰主要由岸边漂移而来，重冰年可以生成尼罗冰。若以盛冰期间中国海冰的整体类型分布进行考虑，辽东湾以灰白冰、灰冰和白冰为主；黄海北部以灰白冰、灰冰和初生冰为主；渤海湾以灰冰、灰白冰和尼罗冰为主；莱州湾以灰冰、灰白冰和初生冰为主。此外，辽东湾北部、东北部以及渤海湾西部、南部较易出现重叠冰和堆积冰。根据中国国家海洋局制定的《中国海冰情预报等级》[14]，渤海和北黄海可分为 5 个等级，即轻冰年（1 级）、偏轻冰年（2 级）、常冰年（3 级）、偏重冰年（4 级）和重冰年（5 级），如表 3-3 所述。根据资料记载，20世纪期间，中国北部海域曾发生 5 次严重冰情，其中 1936 年 1—2 月渤海严重大冰封，1947 年 1—2 月辽东湾严重冰封，1966 年 2 月莱州湾严重冰封，1969 年 2—3 月渤海特大冰封，该次灾害是 20 世纪以来最严重的一次冰情，整个渤海几乎全部被海冰覆盖。

表 3-3　中国海冰情预报等级[14]

冰情等级	辽东湾			渤海湾		
	冰厚（cm）		范围（km）	冰厚（cm）		范围（km）
	一般	最大		一般	最大	
轻冰年	<15	30	<65	<10	20	<9
偏轻冰年	15~25	45	65~120	10~20	35	9~28
常冰年	25~40	60	120~167	20~30	50	28~65
偏重冰年	40~50	70	167~232	30~40	60	65~120
重冰年	>50	100	>232	>40	80	>120

冰情等级	莱州湾			黄海北部		
	冰厚（cm）		范围（km）	冰厚（cm）		范围（km）
	一般	最大		一般	最大	
轻冰年	<10	20	<9	<10	20	<19
偏轻冰年	10~15	30	9~28	10~20	35	19~28
常冰年	15~25	45	28~46	20~30	50	28~46
偏重冰年	25~35	50	46~65	30~40	65	46~56
重冰年	>35	70	>65	>40	80	>56

对于海洋工程设计，须根据可能对该工程构成风险的海冰类型和工程所处海域海冰特征确认冰型。按照工程所处的局部海域特征，冰型可分为固定冰区、过渡冰区和浮冰区。对于固定冰区，起控制作用的特征冰型包括平整冰或堆积冰；对于过渡冰区，在冰脊存在的海域，起控制作用的特征冰型包括固结冰脊或未固结冰脊；对于浮冰区，起控制作用的特征冰型包括重叠冰或堆积冰。中国海洋石油行业根据相关研究和生产需要，将渤海和北黄海划分为 21 个海冰区域[15]。

海冰特性主要分为物理特性和力学特性。

1. 海冰的物理特性

海冰的密度主要取决于海冰的温度、盐度和空隙（冰内气泡）含量，密度沿垂直方向上的变化较小。渤海和黄海北部平整冰的密度为 750~950kg/m³，主要集中在 840~900kg/m³，堆积冰的密度相比减少 5%~15%；渤海和黄海北部平整冰的温度为−2~−9℃，主要集中在−3~−5℃；渤海和黄海北部平整冰的盐度为 3~12，主要集中在 4~7。

2. 海冰的力学特性

海冰的力学强度远低于海上结构物的材料强度，因此海冰在结构物上的作用荷载主要取决于海冰自身强度以及运动时的加速度等。海冰的抗压强度是其最重要的力学参数，与海冰密度、温度、盐度等多种因素有关。总体而言，海冰密度越大，其抗压强度越高；海冰温度越低，其抗压强度越高；海冰盐度越低，其抗压强度越高。当冰温从 0℃ 降低至 −10℃ 时，海冰的极限抗压强度可以增加 1 倍。同时，海冰的抗压强度还与加载速率有关，试验数据表明，当加载速率增大时，海冰的极限抗压强度明显降低，不同的加载速率获得的抗压强度差别可达到 2~3 倍。此外，海冰的抗压强度沿着垂直方向呈现从上到下逐渐降低的趋势，工程设计中通常采用海体沿垂直方向强度的平均值。

海冰的抗拉强度与海冰温度、冰的空隙度以及加载速率等因素的相关性较小。海水冰的抗拉强度通常低于淡水冰，海水冰的抗拉强度可达到 1MPa，淡水冰的抗拉强度可达 2MPa。分析倾斜结构或具有锥型外缘结构物的冰荷载作用时，海冰的抗弯强度参数更加关键。海冰的抗弯强度是其在弯矩作用下，因受拉破坏时的强度，海冰的抗弯强度低于抗压强度，约为抗压强度的 1/4~2/5。《中国海冰条件及应用规定》给出了渤海和北黄海 21 个冰区的海冰抗压强度、抗弯强度的推荐值，分别如表 3-4 和表 3-5 所示。其中，18 个冰区 50 年重现期的抗压强度为 2.15MPa，抗弯强度为 712kPa，抗弯强度约为抗压强度的三分之一。DNV（挪威船级社）规范给出了北海南部和 Baltic 海西南部海冰的力学参数[12]，如表 3-6 和表 3-7 所示。

表 3-4　渤海和北黄海各冰区海冰抗压强度（推荐值）

参数		抗压强度（MPa）						
重现期（年）		1	5	10	20	25	50	100
冰区	1	2.05	2.16	2.29	2.32	2.34	2.35	2.37
	2	2.03	2.1	2.21	2.24	2.26	2.3	2.33
	3	1.95	2.01	2.09	2.13	2.14	2.15	2.16
	4	1.98	2.03	2.13	2.17	2.18	2.19	2.24
	5	1.86	1.9	1.95	2.01	2.02	2.07	2.1
	6	1.85	1.9	1.92	1.99	2.01	2.06	2.1
	7	1.85	1.86	1.9	1.96	1.98	2.03	2.07
	8	1.82	1.85	1.89	1.95	1.97	2.01	2.06
	9	1.81	1.84	1.87	1.92	1.95	1.99	2.01
	10	1.83	1.85	1.95	1.96	1.97	2.02	2.03
	11	1.8	1.85	1.93	1.96	1.99	2.04	2.07
	12	1.82	1.85	1.9	1.95	1.96	1.99	2.04
	13	1.89	1.98	1.9	2.07	2.1	2.12	2.13
	14	1.88	1.97	2.05	2.07	2.08	2.11	2.12
	15	0	1.81	1.83	1.9	1.93	1.98	2.02
	16	0	1.77	1.81	1.85	1.86	1.9	1.94
	17	1.84	1.84	1.87	1.93	1.96	1.98	2.03
	18	1.88	1.99	2.09	2.1	2.11	2.15	2.16
	19	1.93	2.05	2.14	2.2	2.22	2.27	2.28
	20	0	1.75	1.78	1.8	1.83	1.85	1.87
	21	0	1.76	1.78	1.81	1.83	1.85	1.88

表 3-5　渤海和北黄海各冰区海冰抗弯强度（推荐值）

参数		抗弯强度（kPa）						
重现期（年）		1	5	10	20	25	50	100
冰区	1	657	718	291	814	821	835	840
	2	648	686	750	767	776	803	817
	3	597	628	684	707	708	712	719
	4	612	647	701	722	728	737	742
	5	548	565	596	640	642	664	687
	6	538	564	583	627	638	661	686
	7	538	545	569	602	617	645	667
	8	524	543	564	596	610	638	659
	9	516	533	552	581	594	619	636
	10	528	544	596	599	613	640	649
	11	516	544	587	608	622	651	665
	12	524	544	574	595	605	626	658
	13	561	616	659	671	682	693	705
	14	559	611	654	666	677	688	697
	15	0	516	526	566	584	613	613
	16	0	495	518	540	547	569	557
	17	534	537	573	588	601	615	647
	18	558	622	679	683	690	712	721
	19	588	653	709	745	754	784	791
	20	0	481	499	515	525	541	549
	21	0	489	498	519	526	542	555

表 3-6　DNV 建议的海冰抗压强度

重现期（年）	抗压强度（MPa）	
	北海南部 Skagerrak，Kattegat	Baltic 海西南部
5	1.0	1.0
10	1.5	1.5
50	1.6	1.9
100	1.7	2.1

表 3-7　DNV 建议的海冰抗弯强度

重现期（年）	抗弯强度（kPa）	
	北海南部 Skagerrak，Kattegat	Baltic 海西南部
5	—	250
10	—	390
50	500	500
100	—	530

此外，海冰的弹性模量与加载速率密切相关，通常采用有效弹性模量来表征，在准静力加载速率下，海冰的有效弹性模型为 3~5GPa，泊松比约为 0.3；当加载速率很小时，有效弹性模量降低至 1GPa。值得说明的是，只有海洋结构物在结构设计过程中考虑海冰发生弯曲和屈曲破坏时，海冰的弹性模量才会对设计产生一定的影响。

3.4.2　海冰荷载

海冰与海洋结构物之间的相互作用分为静力作用和动力作用，动力作用导致结构物在动冰力作用下产生振动，引起结构物产生冰激振动和疲劳损伤。海冰荷载与海洋结构物的相互作用存在明显的耦合效应，对于不同结构特征的海洋结构物，海冰的破坏模型和冰荷载大小存在显著差异。

对于海上风电场而言，机组机位布置通常依据风速和风向的分布规律来确定，考虑到海洋环境中多种环境因素之间存在极大的关联性，海冰条件的分布与冬季风场的分布规律具有较强的一致性。海上风电场机位排布通常以捕捉局部风场最大能量为目标，因此海上风电场基础结构也就面临着局部最大的海冰荷载作用。此外，相对于海洋油气平台，海上风电场机组支撑结构属于高耸结构物，部分海上风电场风电机组轮毂高度超过 100m，因此海上风电场机组支撑结构具有较大的柔性，其动力响应更加敏感，动力响应行为更加复杂。冰激振动是冰区海洋结构物面临的工程技术难题，也是影响结构安全的重要因素，由于发电机组轮毂高度较高，冰激振动一方面导致机组支撑结构顶部产生明显的动力响应放大效应，进而导致机组运动响应过大诱发停机，影响冰期海上风电场的发电效益，另一方面长期冰激振动引起支撑结构（基础和塔筒）的结构疲劳，降低了结构抗力。

海冰的作用形式可分为四类：一是大面积冰排在海流和风作用下整体移动，与基础结构接触后发生破坏或滞留在结构前产生冰荷载，海冰在基础结构前发生挤压破碎时通常呈现周期性变化，伴随振动现象；二是漂泊的海冰在风、海流作用下自由运动时对基础结构的冲撞力；三是冻结在基础结构周围的海冰因水位变化产生的向上或向下的竖向力；四是冻结在冰中的结构物因温度变化产生的膨胀力。

移动的冰排与基础结构相接触可能产生的破坏类型包括屈曲破坏、纵向剪切破坏和弯曲破坏。海冰屈曲破坏是指大面积冰排与基础结构接触时，冰排由于受压而失稳，在结构前隆起，然后发生破坏。海冰纵向剪切破坏是指冰排的剪应力达到极限强度时，产生与运动方向平行的裂缝，然后发生破坏，主要出现在薄冰的情况下。海冰弯曲破坏是指当冰排与具有一定坡度的基础结构接触时，形成受弯的梁或板，冰沿着坡面移动至一定高度后发生弯曲折断。对于天然海冰而言，由于抗弯强度约为抗压强度的三分之一，因此冰排发生弯曲破坏时产生的冰荷载低于同等冰条件下发生挤压破坏时产生的冰荷载。此外，破碎的海冰在结构物之间堆积会对结构物产生较大威胁，如图 3-5 所示。

3.4.2.1　直立桩的静冰荷载

竖直桩结构所承受的冰荷载通常采用 ISO 规范《石油和天然气工业—北极海上结构（ISO 19906：Petroleum and natural gas industries – Arctic offshore structures）》[16] 建议的挤压冰力计算公式：

$$F_G = P_G hw \qquad (3-107)$$

图 3-5　海洋结构物中的海冰破坏

$$P_G = C_R \left(\frac{h}{h_1}\right)^n \left(\frac{w}{h}\right)^m \qquad (3-108)$$

式中：F_G 为总挤压冰力（MN）；P_G 为冰与结构接触面上的平均压力（MPa）；h 为冰的厚度（m）；w 为结构在来冰方向投影面的宽度（m）；C_R 为冰的强度参数（MPa）；h_1 为参考冰的厚度，可以取 1m；m 为经验系数，ISO 推荐值为 -0.16；n 为经验系数，当冰厚小于 1m，ISO 推荐值为 -0.16；当冰厚大于或等于 1m，推荐值为 -0.3。

《港口工程荷载规范》（JTS 144-1—2010）[17] 同样给出了大面积冰场对桩结构产生极限冰压力标准值的计算公式：

$$F_G = ImkBH\sigma_c \qquad (3-109)$$

式中：F_G 为总挤压冰力（MN）；I 为局部挤压系数，按表 3-8 取值；m 为结构迎冰面形状系数，按表 3-9 取值；k 为冰与结构的接触系数，取值建议为 0.32；B 为结构迎冰面的投影宽度（m）；H 为单层平整冰计算厚度（m）；σ_c 为海冰的单轴抗压强度标准值（MPa）。

表 3-8　海冰的局部挤压系数

B/h	局部挤压系数 I
≤0.1	4.0
0.1<B/h<1.0	在 2.5~4.0 之间线性插值
1.0	2.5
1<B/h≤2	$\sqrt{1+5B/h}$

表 3-9　海洋结构迎冰面形状系数

迎冰面形状	方形	圆形	棱角形的迎冰面夹角				
系数	—	—	45°	60°	75°	90°	120°
m	1.0	0.9	0.54	0.59	0.64	0.69	0.77

3.4.2.2 锥体的静冰荷载

图 3-6 为海上风电单桩基础上的抗冰锥结构。冰排在基础结构上部锥体结构的引导下，破坏形式由挤压破坏变为弯曲破坏（图 3-7），此时海冰将对锥体产生水平力和竖向力。锥体按照结构型式可分为正锥体和倒锥体，两种结构的海冰荷载计算方法略有区别。对于锥体坡面与水平面夹角不超过 65°的工况，《滩海环境条件与荷载技术规范》（SY/T 4084—2010）[18] 和《海上风电机组基础结构设计（Design of offshore wind turbine structures)》（DNV-OS-J101)[19] 推荐采用 Ralston 公式进行计算。

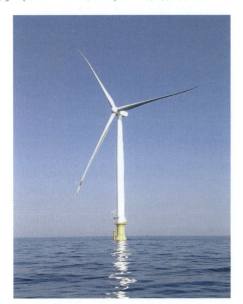

图 3-6　海上风电抗冰锥结构

图 3-7　锥径处海冰弯曲破坏及产生的环向裂纹

（1）正锥体的水平和垂直冰力标准值：

$$F_{H1} = [A_1\sigma_f H^2 + A_2\rho_w gHD^2 + A_3\rho_w gH_R(D^2 - D_T^2)]A_4 \qquad (3-110)$$

$$F_{V1} = B_1 F_{H1} + B_2\rho_w gH_R(D^2 - D_T^2) \qquad (3-111)$$

式中：F_{H1} 为锥体上的水平冰荷载（kN）；F_{V1} 为锥体上的垂直冰荷载（kN）；A_1、A_2、A_3、A_4、B_1、B_2 为无因次系数，取值参照图 3-8；ρ_w 为海水密度（kg/m³）；σ_f 为单层冰

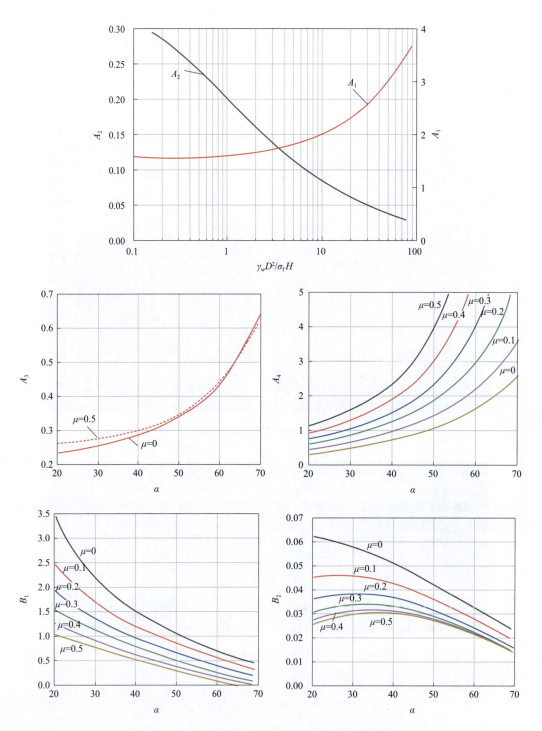

图 3-8 A_1、A_2、A_3、A_4、B_1、B_2 为无因次系数取值

的弯曲强度（kPa）；H 为冰厚（m）；H_R 为冰上爬的高度（m）；D 为水面处锥体的直径（m）；D_T 为锥体顶部直径（m）；g 为重力加速度（m/s^2）。

（2）倒锥结构的水平和垂直冰力标准值：

$$F_{H2} = \left[A_1\sigma_f H^2 + \frac{1}{9}A_2\rho_w g H D^2 + \frac{1}{9}A_3\rho_w g H_R(D^2 - D_T^2) \right] A_4 \tag{3-112}$$

$$F_{V2} = B_1 F_{H1} + \frac{1}{9}B_2\rho_w g H_R(D^2 - D_T^2) \tag{3-113}$$

对于设置正锥体和倒锥体的抗冰锥结构，当海冰作用在锥体交接处时，需要对海冰力计算结果进行修正。交接处为尖顶结构时，修正系数取值为 2.0，圆体结构的修正系数取 3.0[20]。

3.4.2.3 群桩结构的冰荷载

对于无堵塞情况，无锥体结构的群桩冰力可按下式计算：

$$F_T = k_s k_n k_j F_A \tag{3-114}$$

式中：F_T 为多腿结构上的总冰力（kN）；k_s 为不考虑桩腿之间相互影响的系数，当桩腿间距足够大时，k_s 为桩腿数量，对于典型的 4 桩结构，k_s 的取值范围为 3.0~3.5；k_n 为考虑非同时破坏时的系数，最大值取 0.9；F_A 为单根桩腿结构的冰力（kN）。

对于堵塞情况，作用于群桩结构上的总冰力为堵塞区冰力与所有桩腿的冰力之和。冰力计算需考虑桩腿之间的相互影响，位于迎冰桩腿后方，在破碎带内桩腿上的冰力为零，但不在破碎带内桩腿上的冰力按 0.5 的系数折减。堵塞区的冰力应根据桩腿数均分加到结构上。

3.4.2.4 风和水流耦合作用下的冰荷载

风和水流耦合作用下的极限冰压力的计算公式如下：

$$H = \frac{1}{2}C_w\rho_w u_w^2 + \frac{1}{2}C_c\rho_c u_c^2 + PL \tag{3-115}$$

式中：H 为风和水流产生的极限冰压力（Pa）；C_w 为风拖曳系数，可取 0.004；ρ_w 为空气密度（kg/m^3）；u_w 为冰面上方 10m 处的风速（m/s）；C_c 为海流拖曳系数，可取 0.006；ρ_c 为海水密度（kg/m^3）；u_c 为冰下表面 1m 处的水流速度（m/s）；P 为浮冰堆积产生的每米的冰压力（N/m^3）；L 为海冰相互作用的宽度（m）。

3.4.2.5 动冰荷载

移动浮冰与海洋结构物的相互作用产生的荷载呈现交变特征，即一种交变动力作用，柔性结构在这种动力作用下通常会产生一定幅值的振动现象，称为冰激振动。中国渤海及北黄海的海冰特征所导致的冰激振动问题比北极区国家更加显著。现场监测和模型试验均发现，冰力作用下结构物的振动会存在"频率锁定"现象，即结构物振动达到一种类似"共振"的稳定振动状态。在一定的参数范围内，结构物在冰力作用下产生自激振动是发生"频率锁定"现象的主要原因。"频率锁定"是结构在周期荷载激励下发生共振时的一种特殊现象，当外界干扰的频率与结构固有频率接近时，结构振动会导致外界干扰的频率在一定范围内固定在结构的固有频率附近，而不按外界干扰的自身频率变化，外界干扰的频率则被锁定在结构的固有频率上。频锁与自振的区别在于外干扰的作用机理，在频锁过程中，结构的反馈作用仅是导致外干扰本身周期性的改变，而不是将一个不具有周期性的外载改变为具有周期性的干扰。

《风力发电机组 第3部分：海上风力发电机组设计要求（IEC 61400-3. Wind turbines-Part3：Design requirements for offshore wind turbines）》[5] 给出了产生锁频冰激振动的判断条件，如计算公式所示：

$$I = \frac{u_{ice}}{t_{ice}f_n} > 0.3 \tag{3-116}$$

式中：u_{ice} 为海冰速度（m/s）；t_{ice} 为海冰厚度（m）；f_n 为结构物的一阶自振频率（Hz）。

HUANG 等学者也给出了锁频冰激振动的判断条件[21]，并指出当相互作用系数 I 处于 20~45 之间时，将产生锁频冰激振动。

$$I = -\ln\left(\frac{K}{E_{ice}t_{ice}}\right) \cdot \ln\left(\frac{Df_n}{u_{ice}}\right) \cdot \frac{D}{t_{ice}} \tag{3-117}$$

式中：K 为结构物刚度（N/m）；E_{ice} 为海冰弹性模量（N/m²）；D 为结构物直径（m）。

HUANG 等[21] 给出的相互作用系数 I 包含了海冰的弹性因子、冰速因子、几何尺寸因子，能够合理地反映海冰与结构物的相互作用。

对于直立的海洋结构物，其动冰荷载可分为准静态模式、稳态振动模式和随机振动模式。

1. 准静态模式

直立结构的准静态模式发生在极慢冰速下，理想情况冰荷载时程曲线如图 3-9 所示。该模型中，F_{max} 为最大冰荷载，可按直立桩水平挤压冰荷载公式计算；T 为冰荷载周期，可根据试验或实测分析资料获取。

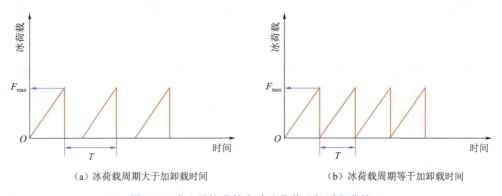

(a) 冰荷载周期大于加卸载时间　　　　　　　(b) 冰荷载周期等于加卸载时间

图 3-9　直立结构准静态动冰荷载理想时程曲线

直立结构的冰激振动存在多种形式，且与冰速、冰厚及其他物理力学参数有关。振动类型包括稳态振动和随机振动。稳态振动导致结构发生强烈振动，海冰发生间歇性的挤压破坏是一种频率锁定现象。

2. 稳态振动模式

直立结构在稳态振动模式下的冰荷载时程曲线如图 3-10 所示，图中 T 为冰荷载周期（s），F_{max} 为冰荷载最大值，可通过直立桩挤压冰荷载公式计算得到，F_{min} 为冰荷载最小值，F_{mean}为冰荷载平均值（kN），频率f可根据结构的基频确定，α为加载阶段系数，在没有资料的情况下可取0.8。

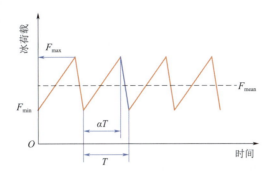

图3-10 直立结构稳态振动模式下的冰荷载时程曲线

$$\Delta F = qF_{max} \tag{3-118}$$

式中：ΔF为最大与最小冰荷载之差，与结构的固有模态和冰速有关；q为与冰速相关的系数，一般取0.1~0.5。

3. 随机振动模式

随机振动模式中结构的响应幅值没有规律，冰荷载时程可采用经过修正及延伸的模型试验获得的冰荷载时程、实测的冰荷载时程或者通过相应的随机冰荷载谱进行拟合得到的冰荷载时程，随机冰荷载谱可根据工程场址及附近海域实测数据或相关研究确定。随机振动模式下，海冰可能发生连续的挤压破坏，也可能发生间歇性的弯曲、屈曲破坏，通常不会引起稳态振动。随机振动通常不会引起结构产生较大的振动。

对于冰区海洋结构物，通常安装抗冰锥降低冰荷载作用，此时海冰的破坏模式为弯曲破坏。通常认为冰排在锥体前的破碎长度与冰厚成正比，冰排破碎长度与冰厚的比例关系决定了锥体上的冰荷载具有稳定的周期特征。

海冰在锥型结构前的破碎频率与结构自振频率通常不具有相关性，其频率可以通过下式计算得到：

$$f_{ice} = \frac{u_{ice}}{L} \tag{3-119}$$

式中冰排断裂长度L通过下式求解得到：

$$L = 0.5\rho D \tag{3-120}$$

$$\rho = \gamma_w D^2 / \sigma_f t_{ice} \tag{3-121}$$

式中：D为锥型结构在水线面的直径（m）；γ_w为海水重力密度（kN/m³）；σ_f为海冰的弯曲强度（kN/m²）。

在无实测资料或试验数据时，确定性动冰荷载可以简化为若干个脉冲函数，简化的冰荷载时程曲线可按下式计算：

$$F(t) = \begin{cases} F_0\left(1 - \dfrac{t}{\tau}\right) & (0 \leqslant t \leqslant \tau) \\ 0 & (\tau \leqslant t < T) \end{cases} \tag{3-122}$$

式中：F_0为海冰弯曲强度极值（kN/m²），可按照弯曲静冰荷载计算得到；τ为海冰与锥体作用时间（s），可根据实测或试验冰力资料得出，在没有其他资料的情况下，渤海海区取值为冰力周期的三分之一；T 为冰力周期（s），由海冰的破碎长度和冰速决定。

冰力周期 T 的计算公式如下：

$$T = \frac{L_b}{v} = \frac{kh}{v} \tag{3-123}$$

式中：L_b 为破碎长度（m）；H 为浮冰冰厚（m）；v 为浮冰冰速（m/s），受冰厚、强度、结构直径和海冰漂流速度的影响；k 为海冰破碎长度系数，在没有资料的情况下，渤海海区近似取值为 7.3。

在无实测资料或试验数据时，锥体结构受到的随机性弯曲动冰荷载可以简化如图 3-11 所示。图 3-11 中，F_0 为极限冰力，可认为服从正态分布，均方根值分布范围为 0.2~0.6，极值冰力的最大值 $F_{0,max}$ 可按照静冰荷载计算得到；F_{min} 为最小冰荷载，可由海洋结构物前的冰堆积引起，根据渤海冰区多座平台的实际观测结果（锥体直径小于 4m），$F_{min} < 0.1F_{0,max}$，$F_{0,max}$ 为极值冰力最大值；τ 为海冰与锥体作用时间；T 为冰力周期。

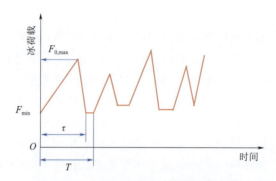

图 3-11　随机性弯曲动冰荷载时程曲线

考虑到不高于 95% 的最大超越概率，极值冰力平均值 $F_{0,mean}$ 可按照下式计算得到：

$$F_{0,mean} = F_{min} + 0.56(F_{0,max} - F_{min}) \tag{3-124}$$

锥体结构通常发生随机振动，随机冰荷载的脉冲形式为等腰三角形，冰与锥体作用时间取冰荷载周期的三分之一（见图 3-12）。

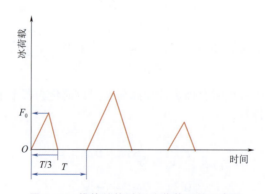

图 3-12　锥体结构随机冰荷载函数示意图

3.4.2.6　浮冰冲撞荷载

浮冰对直立桩的冲撞荷载标准值 F_z 可按照《港口工程荷载规范》（JTS 144 - 1—2010）[17] 给出的公式进行计算：

$$F_z = 2.22hv\sqrt{IkA\sigma_c} \tag{3-125}$$

式中：h 为单层平整冰的冰厚（m）；v 为浮冰冰速（m/s）；I 为冰的局部挤压系数，可按照表 3-8 取值；k 为冰与直立桩的接触条件系数，可取 0.32；A 为冰块的平面面积；σ_c 为冰的单轴抗压强度标准值。

3.5　地震作用

地震是指从震源释放的能量以波的形式向各方向传播，引起岩土体强烈运动，导致原先静止的结构物发生强迫振动。地震波包括纵波和横波，两者合称体波。纵波是指由震源向外传递的压缩波，质点振动方向与波的传播方向相同。横波是指剪切波，质点振动方向与波的传播方向垂直。体波传递至地面后，又沿着地面传播，这种波动又称为面波。因此，地震作用包括水平地震作用和竖向地震作用。纵波传播速度快，振动频率高，但衰减较快，当传播至地表时，引起地面结构物发生竖向震动，竖向震动的加速度导致产生结构物的竖向地震力。横波传播速度小于纵波，振动频率为纵波的 1/3～1/2，因此衰减相对较慢，但传播面大，横波导致地面结构物发生横向振动，横向震动的加速度引起结构物的水平向地震力。由于纵波和横波传播速度的差异，两者通常不会同时达到，因此竖向地震力和水平向地震力可以分别考虑。但对于地质构造复杂的地层，由于波在传播过程中会发生反射、绕射、干涉等现象，纵波和横波可能会同时出现，造成两种地震波的重叠，这种情况通常发生于高烈度地区。

对于基本烈度Ⅶ～Ⅸ度海域的海上风电工程，应开展抗震强度和抗震稳定性验算。作用于海上风电机组-塔筒-基础整体结构上的地震作用包括地震惯性力、动水压力等。对于当前海上风电机组整体结构而言，机组支撑结构的高度通常在 120m 以上，远超《建筑抗震设计规范》（GB 50011—2010）[23] 的相关规定，属于高耸结构物，且机舱和叶轮质量集中在塔筒顶部，因此底部剪力法等简化方法不再适用，水平地震作用下常采用振型分解反应谱法进行计算，反应谱采用《水运工程抗震设计规范》（JTS 146—2012）[24] 规定的地震影响系数曲线。

1. 地震惯性力

沿机组-塔筒-基础整体结构高度作用于质点 i 的 j 振型的水平向地震惯性力标准值：

$$F_{ji} = CK_H\beta_j\gamma_jX_{ji}G_i \tag{3-126}$$

$$\gamma_j = \frac{\sum_{i=1}^{n}X_{ji}G_i}{\sum_{i=1}^{n}X_{ji}^2G_i} \tag{3-127}$$

式中：C 为综合影响系数，取值为 0.3；K_H 为水平向地震系数；β_j 为 j 振型，反应谱采用《水运工程抗震设计规范》（JTS 146—2012）[24] 规定的地震影响系数曲线进行取值。γ_j 为 j 振型的参与系数；X_{ji} 为 j 振型，i 质点的水平相对位移；G_i 为集中于质点 i 的重力标准值；n 为质点总数；m 为振型总数。

对于抗震设防烈度为Ⅷ度和Ⅸ度海域的海上风电机组基础结构设计，抗震验算应同时考虑水平向和竖向地震作用。竖向地震惯性力系数取水平向地震惯性力系数的 2/3，并乘以 0.5 倍的组合系数。

沿机组-塔筒-基础整体结构高度作用于质点 i 的竖向地震惯性力标准值：

$$F_{vi} = CK_v\alpha_i G_i \tag{3-128}$$

$$K_V = \frac{2}{3}K_H \tag{3-129}$$

式中：K_H 为竖向地震系数；α_i 为加速度沿高度的分布系数。

2. 地震动水压力

地震时，基础结构与周围水体相互作用产生地震动水压力，即静水压力以外的附加水压力。

作用在海上风电机组基础上的总动水压力标准值为：

$$P = C_1 CK_H \gamma_w Ad \tag{3-130}$$

式中：P 为作用在基础结构上的总动水压力标准值，其作用点至水面的距离为 $0.48d$（kN）；C_1 为圆柱基础的附加质量系数，取值参考表 3-10；C 为综合影响系数，取 0.25；γ_w 为海水重度（kN/m³）；A 为基础截面面积（m²）；d 为水深（m）。

水面深度 z 处单位高度上的动水压力标准值的计算公式：

$$p_z = \frac{1.08P}{d}\left(\frac{z}{d}\right)^{0.08} \tag{3-131}$$

表 3-10　附加质量系数取值

d/D	0.5	1.0	2.0	3.0	4.0	5.0	6.0	7.0	8.0
C_1	0.43	0.62	0.74	0.82	0.84	0.87	0.89	0.90	0.91

3.6　靠泊荷载

船舶撞击过程是船舶动能转化为应变能的过程。船舶撞击力的计算理论主要有三种：动量理论、动能理论和振动理论。《港口工程荷载规范》（JTS 144-1—2010）[17] 采用动能理论来计算船舶靠泊码头时的撞击力，即船舶撞击码头时产生的有效撞击能量，通过防撞设施、码头和船舶的变形全部转化为外力做功。对于海上风电机组基础的船舶碰撞分析，目前很难准确计算出船舶撞击力。在计算分析海上风电机组基础结构的船舶撞击力时，需考虑允许的最严苛风浪流海洋环境条件以及附加质量的影响。海上风电机组基础的船舶撞击分析主要包括两类：一是船舶正常操作碰撞分析（ULS 工况），二是船舶事故碰撞分析（ALS 工况）。两种工况需要对永久荷载、船舶撞击荷载、海洋环境荷载和风电机组正常工作荷载进行组合计算，其中海洋环境荷载包括风荷载、波浪荷载、水流荷载、水位荷载。参考 DNVGL 规范《风力发电机支撑结构（Support structures for wind turbines）》（DNVGL-ST-0126）[22]，ULS 工况和 ALS 工况的荷载分项系数取值如表 3-11 所示。

表 3-11　ULS 工况和 ALS 工况的荷载分项系数

工况	荷载种类			
	永久荷载	船舶撞击荷载	环境荷载（风、浪、流）	机组荷载
ULS	1.25	1.25	1.0	1.0
ALS	1.0	1.0	1.0	1.0

根据《海上风电场工程风电机组基础设计规范》（NB/T 10105—2018）[13]，靠泊荷载计算公式如下：

$$F = \gamma v \sin\alpha \sqrt{\dfrac{W}{C_1 + C_2}} \tag{3-132}$$

式中：F 为撞击力（kN）；γ 为动能折减系数，斜向撞击时取 0.2，正向撞击时取 0.3；v 为船舶撞击时的速度（m/s）；α 为船舶驶向方向与结构撞击处切线所成夹角（°）；W 为船舶重量；C_1 和 C_2 分别为船舶弹性变形系数和墩台坞工的弹性变形系数，缺乏资料时，可假定 C_1 和 $C_2 = 0.0005$（m/kN）。

3.7　荷载组合

海上风电机组基础设计荷载工况，包括承载能力极限工况、正常使用极限工况、偶然极限工况（包括地震工况、偶然船舶碰撞工况等）和疲劳工况。承载能力极限工况应考虑荷载效应的基本组合，正常使用极限工况和疲劳工况应考虑荷载效应的标准组合，偶然极限工况应考虑荷载效应的偶然组合。基础设计过程中，风荷载、波浪荷载、水流荷载作为基本可变荷载进行组合，荷载组合中考虑可能出现的最不利水位及风、浪、流的作用方向，主要的荷载组合工况如下：

施工工况：考虑自重+风荷载+波浪力+水流力+靠泊力组合，如考虑施工期单桩基础稳定情况。

极端状态工况 1：自重+风荷载+极端风况下风电机组荷载+50 年一遇潮位范围下 $H_{1\%}$ 波高引起的波浪力×组合系数+水流力×组合系数。

极端状态工况 2：自重+风荷载+极端风况下风电机组荷载×组合系数+50 年一遇高潮位范围下 $H_{1\%}$ 波高引起的波浪力+水流力×组合系数。

正常使用极限工况：自重+风荷载+正常运行情况下风电机组荷载+50年一遇潮位范围下 $H_{13\%}$ 波高引起的波浪力+水流力。

地震工况：自重+正常运行情况下风电机组荷载+地震力。

疲劳工况：风电机组疲劳荷载+年有效波高引起的波浪力+平均潮流力、平均潮位。

船舶撞击工况：考虑自重+风+波浪力+水流力+正常运行时的风电机组荷载与船舶撞击力的组合。

荷载分项系数取值主要参照《海上风电场工程风电机组基础设计规范》（NB/T 10105—2018）[13]，见表 3-12。

表 3-12　荷载分项系数取值

状态	状况	计算内容		风电机组荷载分项系数	风荷载分项系数	波浪荷载分项系数	海流荷载分项系数	地震荷载分项系数	冰荷载分项系数	自重荷载分项系数	荷载组合系数
承载能力极限状态	极端状况	结构强度验算：应力、截面抗弯、抗剪、抗冲切、冲剪		1.50	1.35	1.35	1.35	—	—	0.90/1.10	0.70
						—			1.35	1.35	
		地基承载力验算		1.00	1.00	1.00	1.00		—	0.90/1.10	0.70
						—			1.00		
		地基稳定验算		1.35	1.35	1.35	1.35		—	1.00	0.70
						—			1.35		
		桩基承载力验算	压	1.35	1.35	1.35	1.35		—	1.10	0.70
						—			1.35		
			拔			1.35	1.35		—	0.90	0.70
						—			1.35		
			水平	1.35	1.35	1.35	1.35		—	0.90/1.10	0.70
						—			1.35		
	地震状况	结构强度，包括应力、截面抗弯、抗剪、抗冲切验算		1.50	1.35	—	1.35	1.35	—	0.90/1.10	0.70
									1.35	1.10	
		地基承载力验算		1.00	1.00	—	1.00	1.00	—	0.90/1.10	0.70
									1.00		
		地基稳定验算		1.35	1.35	—	1.35	1.35	—	0.90/1.10	0.70
									1.35		
		桩基承载力验算	压	1.35	1.35	—	1.35	1.35	1.35	1.10	0.70
			拔				1.35	1.35	1.35	0.90	0.70
			水平	1.35	1.35		1.35	1.35	1.35	0.90/1.10	0.70
	疲劳状况	结构疲劳验算		1.00	1.00	1.00	1.00	—	—	1.00	1.00
									1.00		

续表

状态	状况	计算内容	荷载分项系数							荷载组合系数
			风电机组荷载分项系数	风荷载分项系数	波浪荷载分项系数	海流荷载分项系数	地震荷载分项系数	冰荷载分项系数	自重荷载分项系数	
正常使用极限状态	正常使用极端状况	变形验算	1.00	1.00	1.00	1.00	—	—	0.90/1.10	0.70
					—			1.00		
		裂缝宽度验算	1.00	1.00	1.00	1.00		—	0.90/1.10	0.70

注：0.9/1.1 表示自重荷载对结构安全有利时，分项系数取 0.9；对结构安全不利时，分项系数取 1.1。

参 考 文 献

[1] 中华人民共和国住房和城乡建设部，中华人民共和国国家质量监督检验检疫总局．建筑结构荷载规范：GB 50009—2012 [S]．北京：中国建筑工业出版社，2012.

[2] 中华人民共和国国家质量监督检验检疫总局．风电场风能资源评估方法：GB/T 18710—2002 [S]．北京：中国质检出版社，2002.

[3] 国家市场监督管理总局，中国国家标准化管理委员会．风力发电机组设计要求：GB/T 18451.1—2022 [S]．北京：中国标准出版社，2022.

[4] 国家市场监督管理总局，中国国家标准化管理委员会．海上风电场热带气旋影响评估技术规范：GB/T 38957—2020 [S]．北京：中国标准出版社，2020.

[5] International Electrotechnical Commission. Wind turbines-Part3：Design requirements for offshore wind turbines：IEC 61400-3 [S]．London：IEC，2019.

[6] GL. Guideline for the certification of offshore wind turbines：GL—2012 [S]．2012.

[7] 国家能源局．浅海钢质固定平台结构设计与建造技术规范：SY 4094—2012 [S]．北京：石油工业出版社，2012.

[8] 中华人民共和国交通运输部．海港水文规范：JTJ 145-2—03 [S]．北京：人民交通出版社，2013.

[9] 中华人民共和国船舶检验局．海上移动式钻井船入级与建造规范 [S]．北京，1982.

[10] 中华人民共和国船舶检验局．海上固定平台入级与建造规范 [S]．北京，1993.

[11] 胡毓仁，李典庆，陈伯真．船舶与海洋工程结构疲劳可靠性分析 [M]．哈尔滨：哈尔滨工程大学出版社，2010.

[12] 王伟，杨敏．海上风电机组地基基础设计理论与工程应用 [M]．北京：中国建筑工业出版社，2014.

[13] 国家能源局．海上风电场工程风电机组基础设计规范：NB/T 10105—2018 [S]．北京：中国水利水电出版社，2019.

[14] 国家海洋局．中国海冰情预报等级 [S]．北京，1973.

[15] 中国海洋石油总公司．中国海海冰条件及其应用规定：Q/HSn 3000—2002 [S]．北京，2002.

[16] ISO. Petroleum and natural gas industries—Arctic offshore structures：ISO 19906 [S]．2019.

[17] 中华人民共和国交通运输部．港口工程荷载规范：JTS 144-1—2010 [S]．北京：人民交通出版社，2010.

［18］ 国家能源局 . 滩海环境条件与荷载技术规范：SY/T 4084—2010［S］. 北京：石油工业出版社，2010.

［19］ DNV. Design of offshore wind turbine structures：DNV-OS-J101［S］. DNV，2014.

［20］ 林毅峰，李帅，范可，黄俊 . 海上风电机组支撑结构与地基基础一体化分析设计［M］. 北京：机械工业出版社，2020.

［21］ HUANG Y，SHI Q Z，SONG A. Model test study of the interaction between ice and a compliant vertical narrow structure［J］. Cold Regions Science and Technology，2007（49）：151-160.

［22］ DNVGL. Support structures for wind turbines：DNVGL-ST-0126［S］. DNV，2021.

［23］ 中华人民共和国住房和城乡建设部，中华人民共和国国家质量监督检验检疫总局 . 建筑抗震设计规范：GB 50011—2010［S］. 北京：地震出版社，2016.

［24］ 中华人民共和国交通运输部 . 水运工程抗震设计规范：JTS 146—2012［S］. 北京：人民交通出版社，2012.

第 4 章

海上风电场地质勘察

海上风电场工程地质勘察是指根据海上风电场建设要求，利用地质学和岩土工程相关的知识理论和试验方法，探明、分析、评估风电场场区海洋地质环境、工程地质条件、水文地质条件和岩土体物理力学特征，是开展所有海洋风电工程设计的前提。

海上风电场工程地质勘察可分为 5 个阶段：规划阶段、预可行性研究阶段、可行性研究阶段、招标设计阶段和施工详图设计阶段。规划阶段：主要是收集地质、地震和重大地质灾害相关资料，确定风电场建设的适宜性。预可行性研究阶段：①通过调查场区地形地貌、地层和地质构造等情况，初步查明风电场的工程地质条件和主要工程地质问题，并对影响风电场场址选择的主要工程地质问题做出初步评价。②通过开展少量标贯、静力触探、动力触探等现场试验和钻孔取样并开展室内试验，初步查明场址区的地层组成、分层厚度及风电机组基础持力层的埋藏深度，为选定风电场址提供工程地质资料，对风电机组基础型式和地基处理提出初步建议。可行性研究阶段：①通过物探、现场试验和室内试验等，查明风电场的地层组成、各分层厚度、特殊岩土体的分布特征、风电机组基础持力层的埋藏深度及其物理力学指标，复核确定场地的地震动参数，为风电机组布置提供工程地质资料，对风电机组基础型式提出建议。②查明风电场的工程地质条件和主要工程地质问题，并对影响风电机组布置的主要工程地质问题做出评价。③对升压站、场内道路和集电线路进行地质调查。招标设计阶段：①对风电场开展详细工程地质勘察，查明风电场每台风电机组基础、升压站、集电线路等建（构）筑物的工程地质条件。②对主要工程地质问题做出评价，提出处理措施及建议，提出各地层物理力学建议值。施工详图设计阶段：在详勘基础上进行工程地质勘察，补充查明详勘阶段遗留或设计变化的工程地质问题或地质条件，补充查明风电场设计变化或遗留的工程地质问题，论证风电场中专门的工程地质问题，进行施工地质工作。

对于场区地质条件简单或比较熟悉海域的风电场，可根据具体条件，将预可行性研究阶段勘察过程统一至可行性研究阶段，直接开展该阶段的工程地质勘察。海上风电场地质勘察各阶段内容包括区域地质情况调研、地球物理勘探、岩土工程勘察等 3 个方面。

4.1 区域地质情况调研

区域地质情况主要包括工程区域的地质构造和沉积环境，以及反映其形成过程的地质历史和沉积历史，具体内容包括区域性的土层分布、主要土层类别、主要地层界面的均匀性及不整合状况、区域内的地质活动性及机制等。区域内的地质活动性及机制主要包括地震、冲刷、淤积、固结、滑坡、断层、沉陷、火山等。地质数据一般通过钻井与测井、地震历史记录、年代测定（包括 C14 和氧同位素测定等方法）、矿物成分测定（包括 X 光衍射实验等方法）等方法获得，为研究区域内工程地质灾害的触发机制和失稳形态、区域内沉积物的矿物组成和一般工程特性提供了基本信息，有助于定性地确定区域海洋土体的工程力学特性。

对于海上风电场地质勘察项目，与工程相关的地质数据一般通过调研已有资料，从区域性的地质构造和古环境研究中获得。区域地质情况调研需收集和处理所有现有的和可访问的资料和数据，通常包括现场环境条件的信息，例如水深、海洋气象、岩土和地球物理条件、现场存在人为因素（运行或废弃的电缆或管道、沉船、未爆炸弹药、海底或掩埋的其他障碍物）、捕鱼活动、通航交通、休闲划船活动、野生动物/保护区等，对于已有资料的调研，应保证识别主要灾害和相关风险。

在评估某些海上风电基础的技术可行性和对整个项目的经济效益时，区域地质情况调研研究结论可能至关重要，因此应具体地描述以下地质条件及其可能引起的风险，主要包括断裂带、古深谷线、地震灾害、砂土的液化性、浅层气、边坡稳定性、岩溶、空洞、流动性表层沉积物、特殊岩土体（碳酸盐岩、火山岩等）、存在巨砾等大尺寸块体或硬化区以及可能会影响基础的建造和安全运行的地基土。区域地质情况的信息应使用来自专业组织的文件和技术出版物以及科学档案。

4.2 地球物理勘探

地球物理勘探简称物探，物探以地质体内部的各种物理性质差异为基础，运用适当的物理学原理和相应的仪器设备，通过分析研究观测到的物理场特征，对地质体进行推断解释的勘探方法。物探目的是建立水深测量和海底形态，确定岩性单位和构造结构，提供建立地层档案所需的数据，并与岩土工程勘察数据进行空间关联。

海上风电工程物探中常见的技术方法包括波速测试、电阻率测量、单波束或多波束回声测深仪、侧扫声呐和高分辨率地震勘探（浅层剖面探测）、海洋磁力测量等，下文将对以上技术方法进行介绍。

4.2.1 波速测试

波速测试包括单孔法、跨孔法和瑞利波法，如图 4-1 所示。波速测试是通过测定压缩波、剪切波和瑞利波在岩土体中的传播速度，确定海上风电场区岩土体类型，确定场区断层破碎带、地层厚度和岩体质量等，同时也可根据波速测试结果推算出岩土体部分力学参数如剪切模量、动弹性模量等。

4.2.2 电阻率测量

电阻率测量方法是利用海床地基中各种岩土体之间的导电性的不同，通过测量与研究在海床地基内创建的稳定电流场的分布特点，确定地层分布、地质构造以及探测可能存在的工程地质问题。根据探测设备电极排列方式和分析方法，电阻率测量方法可分为电阻率测深法（简称电测深法）和电阻率剖面法（简称电剖面法），如图 4-2 和图 4-3 所示。

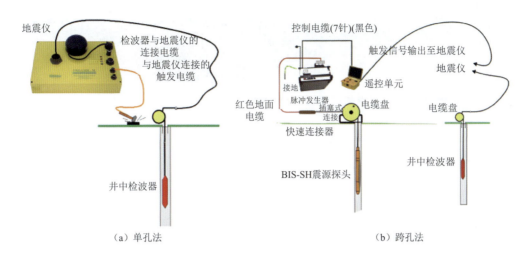

（a）单孔法　　　　　　　　　　　　　　　　（b）跨孔法

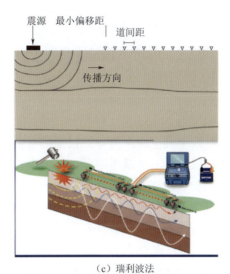

（c）瑞利波法

图 4-1　波速测试方法

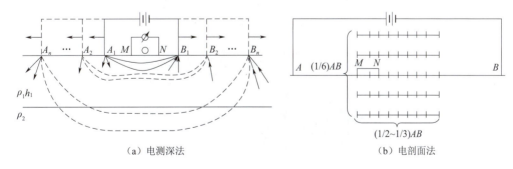

（a）电测深法　　　　　　　　　　　　　（b）电剖面法

图 4-2　电阻率测量

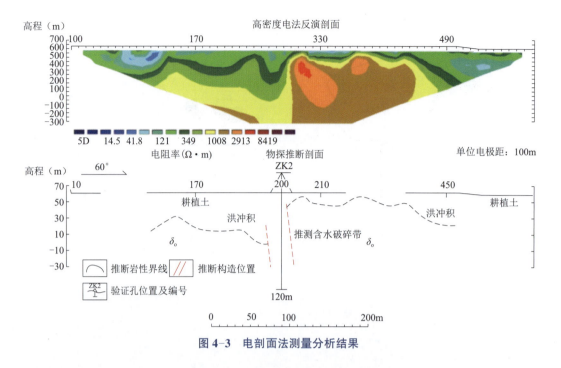

图 4-3 电剖面法测量分析结果

4.2.3 多波束回声测深仪

多波束回声测深仪是通过收发多波束回声信号，根据信号变化测量海底地形轮廓和海水水深的装置。多波束回声测深仪包括三个基本部分：声波收发射器、信号处理装置和工作站，如图 4-4 所示。声波收发射器或探头安装在探测船底部的龙骨上，声波以"扇面"的形式向海底发射数十或数百束，随后通过声波接收传感器接收从海底反射回来的声波，并利用电缆将接收到的声波信号传输到仪器的信号处理部分进行分析处理，再通过图形处理与显示软件，将处理过的声波信号绘制成水深图或海底地形图，如图 4-5 所示。

图 4-4 多波束回声测深设备

图 4-5　多波束回声测深示意图

根据多波束回声测深仪的用途可分为深水型和浅水型两种：深水型测深范围可达12 000m，精度为水深的 0.5%；浅水型测深范围 0~500m 至 1000m，精度可达水深的 0.3%。为提高测深精度，多波束回声测深仪一般配有船姿补偿仪和声速校正系统。

4.2.4　侧扫声呐

侧扫声呐也称"旁侧声呐"或"海底地貌仪"，依据回声测深原理可实现海底地貌和水下物体的探测。

侧扫声呐系统由甲板系统和拖鱼系统两个子系统组成，如图 4-6 所示。甲板系统包括声呐处理器（声呐工作站）、声呐接收机和记录器。声呐处理器包括计算机、数据采集控制器、扩展输入和输出接口板、采集控制卡、智能通信接口卡、显示器、轨道球、键盘、光盘驱动器、软件仓等。声呐接收机包括 GPS 接收机、四通道侧扫接收机、测高接收机等。拖鱼系统包括电缆绞车、吊杆、滑轮、拖缆（同轴拖缆或光纤拖缆）、拖鱼。拖鱼包括四路侧扫发射机、测高发射机、双频换能器线阵（左、右各一个换能器线阵）、测高换能器（在拖鱼底部测量拖鱼至海底的高度）。

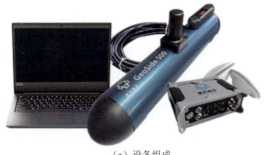

（a）设备组成

（b）测量概念图

图 4-6　侧扫声呐

　　侧扫声呐的换能器阵一般装在勘测船内或船下拖曳体中，船体航行时，声呐系统向船体侧下方发射扇形的声脉冲波束。声脉冲波束所在平面基本垂直于船体航行方向，波束沿航行方向束宽非常窄，开角一般小于2°，以保证高分辨率测量；而垂直于航线方向的波束束宽较宽，开角一般在20°~60°，从而保证一定的扫描勘测宽度。侧扫声呐工作时，发射出的声波投射在海床上呈长条矩形分布，换能器阵可以接收来自照射区各处的反向散射声波信号，经过信号放大、处理和记录，将海底详细样貌图呈现在记录纸上。声波信号与目标图像关系原理为：当回波信号较强时，表明目标图像较黑，而声波照射不到区域的影像图色调较淡，同时可根据影像的长度大致计算目标物体的高度。侧扫声呐的作业频率通常在数十千赫到数百千赫之间，声脉冲信号持续时间较短，一般小于1ms，仪器有效作用距离通常在300~600m，拖曳体的工作航速一般设定在3~6节，最高可达16节。

　　侧扫声呐图像根据目标不同可分成四类，具体包括目标图像、海底地貌图像、水体图像和干扰图像。目标图像一般指的是沉船、沉雷、礁石、海底管线、鱼群，以及其他水中妨碍航行的物体和已有的构筑物的图像。海底地貌图像包括海底起伏形态图像、海底底质类型分布图像。水体图像包括水体散射、温度跃层、尾流、水面反射等图像。干扰图像包括拖鱼横向、纵向和首向摇摆的干扰图像，海底和水体的混响干扰图像，各种电气仪器及交流电产生的干扰图像。

4.2.5　高分辨率地震勘探

　　海洋高分辨率地震勘探是利用地震波在海水、海床地层中的船舶速度差异以及密度差异，通过观测、处理和分析海床的不同地层在接收到人工激发地震波后发生的反射响应，研究地震波在地层中的传播规律，推断海床下岩土体性质、地层结构的一种海洋地震测量方法，如图4-7所示。该种勘测方法可以识别出地层中存在的浅层气、埋藏古河道、新构造、背斜及断裂构造等结构痕迹。对于500~1000m以内的浅地层的地质勘探，高分辨率地震勘探技术是一种优选的且经济有效的方法。相较于二维常规地震勘探，高分辨率地震勘探具有更高的地层分辨率，可识别出二维常规地震方法无法呈现的较薄的地层、小构造及年轻的新构造痕迹，具有二维地震方法无法替代的作用。

　　海洋地震探测过程包括勘测数据采集、处理和解译三部分。勘测数据采集系统主要包括卫星导航系统、地震波震源激发系统和记录系统，将以上所有仪器设备安装在地震探测专用的调查船上，进行地震探测施工时，将可激发地震波的震源和传输信号的电缆布置在船尾后方的海水中，并通过拖缆与船尾连接，由地震探测船拖曳震源和电缆按设定好的测线开展测量。震源通过船载的震源控制系统控制，实现震源保持一定间距发射地震波。地震波发出后，利用装有多个压电检波器的信号接收电缆接收由海床下地层反射回来的地震波反射信号，最终传输到地震探测船上的信号数据记录系统中。由于传输信号的电缆被探测船拖曳前进，物探业内称其为"拖缆"。卫星导航系统利用卫星定位信号，可以确定探测船只、震源及电缆的具体位置，进一步引导探测船依据设计好的探测路线航行。海洋地震探测资料采集方式是航行、激发与接收同时进行。地震探测在开展海上作业时，通过控制船体航速、电缆的羽角和气枪、电缆的沉放位置深度，提高探测质量。控制作业船速的原因主要包括保证叠加次数达到要求和防止附近的噪声对勘测结果造成干扰。控制电缆羽角的原因是在电缆拖曳过程中，偏离设定测线时，同样会引起地震反射点发生偏移，当海床下

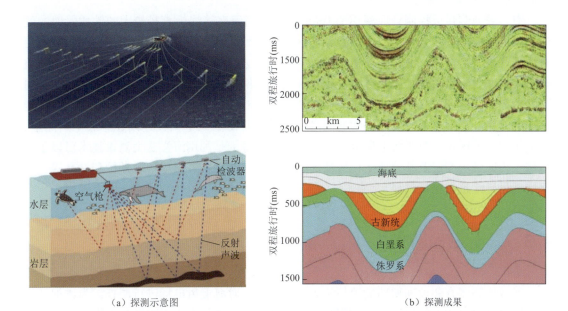

（a）探测示意图　　　　　　　　　　　（b）探测成果

图 4-7　高分辨率地震勘探

地层不平整，具有较大的倾斜角度时，或者在某些特殊构造区域，其收集数据的叠加效果将明显变差或失真，导致得到的海域地质构造特征出现严重失真。按使用规范规定，电缆羽角通常应控制在 10° 之内。控制气枪和电缆沉放位置所在的深度是为了减小水面虚反射的影响，应在保证设备提供的激发能量满足要求的前提下，控制沉放深度在较浅的水平[1]。

4.2.6　海洋磁力测量

海洋磁力测量是利用测量工作船后拖曳的质子旋进式铯光泵磁力仪或磁力梯度仪，对待勘测海域进行地磁场强度相关数据的采集，进而实现海域磁力观测，如图 4-8 所示。将观测得到的磁力值减去海域正常磁场大小，并进行地磁日变矫正，即可获取海域的磁异常。通过对海底岩石和矿石磁性差异引起的磁场异常进行分析，判断海域地质特征，进一步可探测海底铺设的线缆、油气管道、被遗弃的水雷炮弹、海底沉船残骸、矿产、地层厚度、大断裂分布和火山岩等。

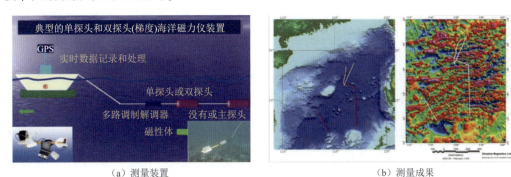

（a）测量装置　　　　　　　　　　　（b）测量成果

图 4-8　海洋磁力测量

79

海洋磁力测量可探测到埋深小于1m的海缆，当海底管线为直径较大的铁质管时，管道周围产生的磁场较大，可造成的磁异常达到几十到几百纳特，利用海洋磁力测量技术可对海底管线进行探测。海洋中被遗弃的水雷和炮弹会对海洋工程建造和服役期间构成严重威胁，在磁力测量过程中，通过布设比较密的勘察网格，可以发现遗弃的水雷、炮弹等引起的磁异常，达到对其进行前期排查处理的目的。此外，应用海洋磁力测量技术探测可能存在的海底沉船残骸等有害障碍物的同时，可避免将海上风电工程建设在海底矿产之上，造成矿产开采困难。对于海上风电工程而言，最关键的是利用海洋磁力测量技术可以了解海域工程区域内断层及其他地质构造情况，并结合其他勘察资料如地震勘探和钻孔等，对海域地质异常进行分析解释。

4.3 岩土工程勘察

区域地质调查和地球物理勘探是从大尺度空间上对海上风电场进行调查，为详细了解每个风电机组机位点的地质情况，需要进一步开展小尺度的岩土工程勘察工作，主要包括现场勘察和实验室试验。

4.3.1 现场勘察

现场勘察的目的主要在两方面：一方面是现场直接测得所需的海洋环境参数、岩土体物理力学参数等；另一方面是获取高质量岩土体试样，用于开展室内试验使用，具体包括钻孔取样、原位试验和水深测量等。

4.3.1.1 钻孔取样

1. 作业平台

1）自升式勘探平台

海上风电工程勘察中常见使用的勘探平台称为自升式勘探平台。自升式勘探平台主要由平台、桩腿和升降系统三部分构成，平台在升降系统的作用下沿着桩腿升降，故为自升式勘探平台。目前，我国自升式勘探平台以非自动力式平台为主。无论自升式勘探平台是否带动力，自升式勘探平台均是通过拖船拖至待开展勘察工作的海域。自升式勘探平台开展勘察工作的流程为：首先利用拖船将勘探平台拖至指定海域，随后通过 GPS 定位系统或勘探平台自带的定位系统定位至钻孔位置；平台桩腿下降插入海床，同时提升平台至海水面以上一定高度，避免浪潮影响；在钻孔位置进行钻探取样，并开展原位测试试验；该孔位作业结束后，下降平台至海水面以下，提升桩腿从海床土中拔出，航行至下一孔位继续开展工作。

自升式勘探平台主要有箱体式勘探平台和船体式勘探平台两类。箱体式勘探平台结构尺寸较船体式小，可在陆上进行拆装和运输，其桩腿长度较短，作业水深较浅，稳定性不如船体式平台。船体式平台在港口建造安装，建造完成后全生命周期均在海上，平台尺寸较大，桩腿长度大，作业水深较深，稳定性整体较好，通常自带动力，具有小范围自航能力，但在不同风场之间移动时需要拖航。

随着海上风电场逐渐近海走向深远海，对勘探平台的作业水深和稳定性提出了更高的要求，船体式、自带动力系统的自升式勘探平台成为我国近年来海上风电勘探平台的发展方向。以"中国三峡 101"和"华东院 306"为代表的国内海上风电勘探平台，从建造技术到平台规模均已达到国际先进水平，如图 4-9 所示。"中国三峡 101"自升式勘探平台于 2021 年服役使用，是目前国内功能最全、效率最高、作业水深最深、平台面积最大的海洋工程勘探试验平台，平台最大作业水深 58m，船长 48m，型宽 30m；甲板面积约为 3.5 个篮球场大，型深 4.2m，航速 5 节，定员 40 人，可变荷载 450t，总重量达 2200 多 t，设计使用寿命 25 年，具备高精度 DP 定位系统，可实现风电场区内快速移位和精准定位，同时具有国际先进的集智能海上钻探、精准原位测试和高级土工试验于一体的高效、智慧、节能、安全的勘探系统。2022 年，"中国三峡 101"完成国家电投山东半岛南 V 号场址海上风电勘探工程作业。"华东院 306"自升式勘探平台于 2020 年服役使用，平台工作甲板面积达到 1000m²，最大作业水深为 55m，能够提供充足的海上工程勘察和科学试验场地，在 8 级风及以下正常进行高精度定位和勘探作业，在 25m 以浅水深作业时可抵抗 100 节风，采用高精度 DP 定位系统，实现场区内快速移位和精准定位，可根据地质情况选用漂浮式或固定式作业方式，平台结构采用先进的设计理念，水下结构采用类船型结构，可大幅减少拖带阻力，降低拖带油耗，提高平台拖航安全性，并设计了平台专用的室内土工试验中心，可满足离岸距离较远场区的岩土试样采样-试验封闭式作业，大大降低由于运输造成试样的扰动，提高试验成果的精度。创新性地开发平台专用的海水淡化装置和太阳能发电装置，全面提高了平台海上作业的自存能力。为拓展本平台在各海域复杂环境中的适用性，通过对桩靴、桩腿、平台、冲桩系统等进行全方位的研究和创新，可以覆盖我国规划各海域的勘探任务。

（a）"中国三峡101"　　　　　　　　　　　　（b）"华东院306"

图 4-9　自升式勘探平台

自升式勘探平台的优点：在作业海域创造与陆上相同的工作条件，提高海上勘察作业的效率和质量；随着我国海上风电建设的不断提速，海上风电勘察在钻孔取样的同时能够开展十字板剪切试验、静力触探试验、T 型贯入仪等现场试验。对于复杂的海洋环境，自升式勘探平台能够长期运行，在恶劣海洋环境下可以暂停勘察工作，待海洋环境适宜时马上投入作业中，有效增加海上勘察作业窗口期。

自升式勘探平台的缺点：平台长距离出海作业或者换作业场区时，需要拖船拖航，拖航速度非常慢；勘察过程中需要不断插拔桩腿，插拔桩腿对风浪要求较高，通常不能超过1.5m，且插拔桩或平台升降过程中，由于海底地层复杂，操作时间长，存在平台倾覆的可能；在可能有台风天气时，受航行速度影响，平台撤离需要较多的时间，台风天气对平台作业计划影响期更长。

表4-1汇总了我国近年来建造的多艘船体式勘探平台，包括"永强壹号""华东院2号""探海1号""凯旋海勘501""华东院306"和"中国三峡101"等自升式勘探平台，适用工作水深最高可达58m。

表4-1 国内部分自升式勘探平台主要参数表[2]

主要参数	永强壹号	华东院2号	探海1号	凯旋海勘501	华东院306	中国三峡101
尺寸 长×宽（m×m）	15×15	29×22	36×20	20×20	47×29	48×30
平台类型	箱体式	箱体式	箱体式	船体式	船体式	船体式
桩腿类型	圆柱腿	圆柱腿	圆柱腿	圆柱腿	圆柱腿	圆柱腿
最大适用水深（m）	20	35	35	50	55	58
平台定位工况	小于1.2m浪高	小于1.2m浪高	小于1.2m浪高	小于1.5m浪高	小于1.5m浪高	小于1.5m浪高
作业工况	6级风以内	8级风以内	8级风以内	8级风以内	8级风以内	8级风以内
留存工况	8级风以内	10级风以内	10级风以内	12级风以内	12级风以内	12级风以内
是否自带动力	否	否	否	是	是	是
搭配钻机	传统立轴钻机	传统立轴钻机	传统立轴钻机	传统立轴钻机	传统立轴钻机	传统立轴钻机

2）勘探船

目前，我国常用的海上风电勘察船分为普通改装船和专业勘探船。普通改装勘探船一般是由货船或其他功能的船改装而成，在改造后的船舷两侧、船中建造勘探平台，保证其满足勘探作业要求，勘探船的吨位一般在几百至数千吨之间，是我国现阶段使用最多的勘探船。

普通改装勘探船的优点包括：①利用现有的船只进行改装，通过在船上安装勘探设备，无需新造船体，建造速度快，建造成本低；②可根据场区水深，选择相应吨位船舶进行改装，适用多种水深；③勘探船自带动力，转移灵活，进出场速度快，相比自升式勘探平台，勘察成本相对较低；④搭载波浪补偿系统的普通勘探船，对海洋环境的适应能力更强，可以在波高2m以内的海洋环境中进行勘探作业，其钻孔取样质量优于普通立轴式钻机。

普通改装勘探船的缺点是受海洋环境影响较大，稳定性差，在台风、暴雨等极端条件下存在走锚的风险，通常只能在6级风以下作业，因此对海洋环境要求较高，勘探作业窗口期相对较短。同时，我国常用的普通改装船通常搭载普通海洋钻机，不具备波浪补偿功能，勘探过程中钻机随船只起伏变动大，取样长度、土样质量和原位试验准确度等容易受到影响，作业速度也会受到影响，勘探质量和勘探效率降低。此外，现阶段普通改装勘探船大多没有搭载可实现孔内交替式静力触探设备，不具备开展高质量现场原位试验的能力，限制了勘探船的勘探能力。

专业的勘察作业船是根据勘探作业场区环境而专门设计建造的勘察作业船。目前，我国现有专业勘探船主要有"南海 503""海洋石油 707""海洋石油 708""海洋地质十号""勘 407""滨海 66""滨海 67"等，主要参数如表 4-2 所示。

表 4-2　国内专业勘探船主要参数表[2]

主要参数	南海 503	海洋石油 707	海洋石油 708	海洋地质十号	勘 407	滨海 66	滨海 67
建造年份（年）	2011	2015	1979	2017	1979	2019	2021
船型 长×宽×深（m×m×m）	105×23.4×9.6	80×18×7.6	76×15×4.6	75.8×15.4×7.6	55×11.6×3.8	46.7×10×3.65	—
总吨位（t）	7847	4102	1778	3400	930	496	—
自持力（d）	70	35	28	70	50	60	60
床位（人）	90	56	60	58	39	39	40
定位系统	DP-2	DP-2	4 点锚泊	DP-2	4 点锚泊	4 点锚泊	4 点锚泊
钻机工作水深（m）	3000	300	300	1000	100	300	300
钻井钻深（m）	600	600	150	400	240	200	200
静力触探工作水深（m）	2000	600	200	1000	—	300	300
取芯方式	绳索取芯	绳索取芯	绳索取芯	绳索取芯	绳索取芯	绳索取芯	绳索取芯

"海洋地质十号"勘察作业船由我国自主设计建造，集成海洋地质、地球物理、水文环境等多功能调查手段为一体的综合地质调查船，总长 75.8m，宽 15.4m，深 7.6m，吃水 5.2m，排水量约 3400t，续航力 8000n mile，如图 4-10 所示。勘察作业船采用电力推进全回转舵桨、二级动力定位等世界先进航行及控制系统，可以实现在全球无限航区开展海洋地质调查工作。该船配置自主研制的举升式海洋钻探系统，通过设计优化及技术创新，钻探能力可拓展一倍。船舶建造过程中，采用模块化科考设备布局，配置有无人无缆深潜器、综合导航定位系统、海洋重力和磁力测量系统、单波束和多波束测量系统、浅地层剖面测量系统、海床静力触探系统、大能量电火花震源系统、四波束侧扫声呐测量系统、超短基线水下声学定位系统、温盐深探测系统、深水多普勒海流测流测像系统和数字罗经系统等国际主流、前端调查设备 20 台套，体现出高精度、多功能、综合作业能力强等特点。

滨海勘察测绘有限公司在 66 船基础上优化、改进并独资建造了"滨海 67"勘察作业船（见图 4-11），主要用于近海区的海上静力触探，海上风电、海底隧道、跨海大桥、码头工程地质勘察，地球物理勘探，水文、化学、生物、环境等多学科综合调查。"滨海 67"船上配有先进的导航定位设备，能满足 60 天的续航，配置 4 锚定位系统，搭载专业的波浪补偿钻机，采用双榀门梁式井架，满足静力触探、钻探及其他可入月池设备的下放需求，可用于 500m（水深+孔深）范围内的勘测调查作业，同时搭载范登堡钻孔式静力触探测试系统和 8~10t 的海底基盘，可独立完成静力触探测试。

专业勘探船的优点：船体动力系统强大，船体调动速度快，对海洋环境应对反应快；专业勘探船搭配附带波浪补偿系统的钻机，能够在 2m 以内的浪高环境下作业；采用绳索取芯技术，相比于钻杆取芯，大大降低了取芯时间；此外，专业勘探船自带 DP 定位系统，无需通过抛锚定位，更是大大地节约钻孔作业时间。多数专业勘探船能够开展现场孔

图 4-10　"海洋地质十号"勘察作业船

图 4-11　"滨海 67"勘察作业船

内交替式的静力触探作业，现场勘察功能齐全，勘察功能强大。目前，国内专业勘探船数量较少，勘察成本高。

2. 钻机

当前常见的钻探方式为海上勘探平台+常规钻机、勘探船+波浪补偿钻机、勘探船+常规钻机、勘探船+旋转钻机配以液压升沉补偿系统。

1）XY-2 型常规钻机

XY-2 型常规钻机属于中浅孔系列，机械传动、液压给进的立轴式岩心钻机，可用于工程地质勘察、水文水井钻探以及大口径工程施工钻探，如图 4-12 所示。XY-2 型常规钻机主要特点为：①回转器具有八级正转和二级反转，调整范围较合理，便于一机多用；②钻机重量较轻（不含动力机，垂 9500N），可拆性能好，机体可拆成八大零件，最大部件重量 1400N，适应山区和水田搬迁；③给进行程较长为 600mm，有利于提高钻进效率，减少事故；④液压系统采用双联泵供油，改善了系统工作状况，功率消耗降低；⑤钻机可进行高速钻进，也可进行大口径低速钻进。

XY-2 型常规钻机的钻杆参数包括 100mϕ73mm 钻杆、200mϕ60mm 钻杆、380mϕ50mm

图 4-12　XY-2 型常规钻机

钻杆、530mϕ42mm 钻杆；立轴转速包括正转 65r/min、114r/min、180r/min、248r/min、310r/min、538r/min、849r/min、1172r/min，反转 51r/min、242r/min；外形尺寸（长×宽×高）为 2150mm×900mm×1690mm；钻机重量（不含动力机）为 950kg。

2）HD-600 型波浪补偿钻机

HD-600 型波浪补偿钻机，最大钻孔深度可达 100m，可适用于较大的波浪，从而有效提高海上钻探效率和取样质量，如图 4-13 所示。

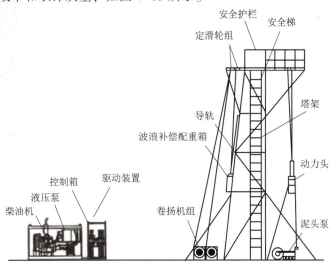

图 4-13　波浪补偿钻机示意图

钻机主要特点：①钻机推进行程大，大大提高了钻进效率，仪器仪表配备齐全，设计有转速、压力、油温、泵压及动力系统等内容的数显和监控系统，可清晰地了解各个设备的工作情况及钻进情况，降低孔内意外事故的发生；②钻机搭配了波浪补偿装置，即蓄能器和油缸补偿器，可有效预防取样过程中断芯，其中波浪补偿蓄能器通过控制补偿油缸中液压油的储存和释放，有效避免了由于波浪引起的船体起伏造成钻具对钻孔取样的扰动，大大提高了成孔及取芯质量，油缸补偿器可以确保由于海上波浪起伏的影响，引起船舶甲板跟随海洋波浪上下移动时使钻具钻头始终触于孔底，避免断芯情况的发生；③钻机工作条件的水深大于80m，风速小于7级，浪高小于2.0m。

3）XY-2B型旋转钻机与液压升沉补偿系统

XY-2B型旋转钻机不仅具备XY-2型钻机的各种技术性能、结构特点和用途，还将立轴通孔直径加大至96mm。

液压升沉补偿系统是指在海洋钻探系统装置中，能保证所有钻具在开展钻进时不受船体升沉影响的系统设备。升沉补偿装置的组成部分包括：①液缸，两个液缸用上框架与游动滑车相连，随平台升沉而上下运动；②活塞，两个液压缸中的活塞通过活塞杆与安装于大钩上的下框架相连，大钩载荷由活塞下面的液压支承；③储能器，储能器和液缸相贯通，内有活塞结构，其下部分液体通过柔性管与液缸相连通，其上部分的气体通过管线与储气罐相通，储能器中气体决定液缸中液体压力，通过调节气体压力进而改变液体压力；④锁紧装置，可以将上下两个框架锁紧成一体，从而使游动滑车与大钩连接在一起，进行下钻工作。

3. 取样器

可根据土类型选择合理的取样器，减小土样扰动，如图4-14所示。对于未扰动软黏

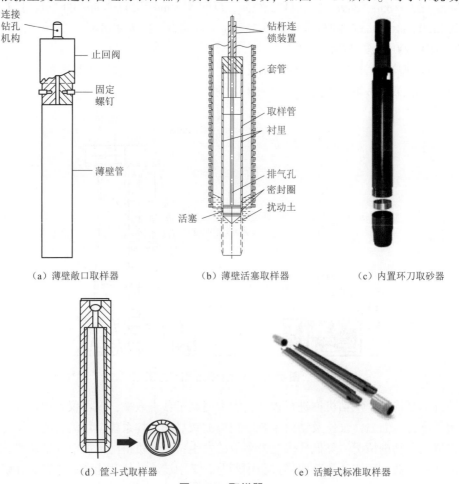

（a）薄壁敞口取样器　　　　　（b）薄壁活塞取样器　　　　　（c）内置环刀取砂器

（d）筐斗式取样器　　　　　（e）活瓣式标准取样器

图4-14　取样器

土，可选用依靠钻杆自重进入的薄壁敞口取样器或薄壁活塞式取样器，其中薄壁活塞式取样器取土时，可在土样后面产生真空，有利于土样应力状态恢复。对于未扰动硬黏土，可选用薄壁敞口取样器，取样器利用落锤锤击进入硬黏土中进行取样。对于砂土层采用内置环刀取砂器获取原状样。对于黏性成分含量很少或者没有的沉积物，可选用筐斗式取样器；对于硬黏土或大颗粒土的扰动样，可通过活瓣式标准取样器获取。

此外，还可根据取样深度选取取样器。海床面以下 15m 以内浅层土是区域地质勘察的重要部分，对于一些小型海底构筑物或设施，浅层土样可以提供基础设计所需的海洋土参数。用于深海浅层取样的设备包括抓斗式取样器、箱型岩土芯取样器、重力岩土芯取样器、振动取样器，如图 4-15 所示。对于海床面以下超过 15m 的深层土取样，钻井和取样作业通常在固定平台、自升式平台、锚泊船、常规船舶或动态定位船舶上进行，最通用和最经济的方法是利用锚泊船进行钻孔取样，钻孔是利用安装在船甲板中心孔上方的旋转钻机进行钻进，钻头通过旋转钻杆进入海床土，同时沿钻杆泵送钻井液，钻井液可将土屑带到海床表面，钻头和套管被推进到需要取样的深度后，提出钻杆完成取样。该种方法常见的取样器类型包括锤击式取样器和推进式取样器，如图 4-16 所示。其中，锤击式取样器通过连续锤击来推进取样器，取得的土样往往扰动较大，但其经济性较好，并且可为桩基

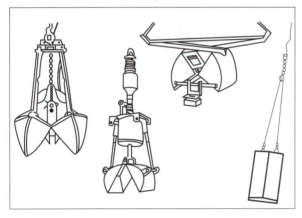

（a）抓斗式取样器

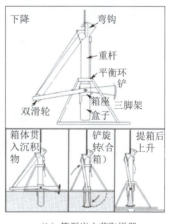

（b）箱型岩土芯取样器

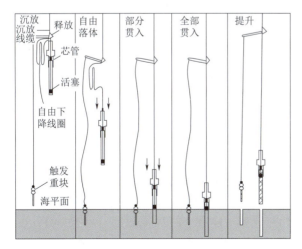

（c）重力岩土芯取样器

（d）振动取样器

图 4-15　浅层取样器示意图

础设计提供充分信息；推进式取样器以连续运动方式推进取样器，减少了对土样的扰动。然而，由于船舶在海上的晃动会通过钻杆传递给取样器，所以推进式取样器的操作需要在海面较为平静时进行。

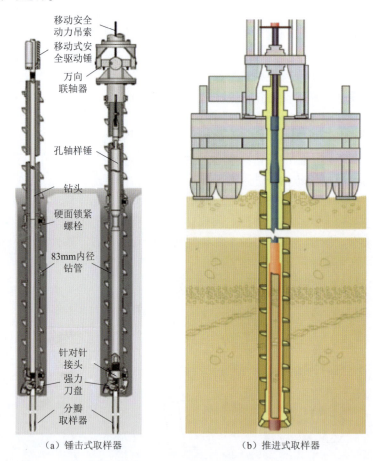

（a）锤击式取样器　　　　（b）推进式取样器

图 4-16　深层取样器类型

近年来，海洋地质勘察行业提出多种高级取样器，如大型活塞取样器（Jumbo Piston Core，JPC），适用于软黏土到坚硬黏土。JPC 取样器包含一个 40kN 重的芯头和 21m 长的套筒。JPC 取样器利用一个具有 102mm 内径的塑料内衬管和外径 146mm 的钢管提取土样，如图 4-17 所示。YOUNG 等[3] 对比了钻孔取样和 JPC 取样器取得土样的物理和工程特性，发现 JPC 取样器取得的土样具有更高质量。LUNNE 和 LONG[4] 提出一种名为 STA-COR 的重力取样器，其取得的土样质量比其他库伦堡活塞取样器或钻孔活塞取样器更好，如图 4-17 所示。

4. 勘探孔布置

勘探工作开展前应根据前期地质调查和物探情况，大致了解场区的地层分布、地层特性、断层破碎带的分布和不良地质情况。开展勘探钻孔设计时，要保证各个地层地貌单元、主要的地质构造和不良地质情况处均布置有一定数量的勘探点。

对于海上风电场区，要保证各个勘探点之间的距离小于 4000m。根据微观选址确定的风电机组机位确定具体勘探点位置，勘探要求为每台风电机组机位点需要布置 1 个主孔，钻孔中心距离风电机组基础中心位置不宜超过 3m；如有需要可在沿风电机组基础轴线或

  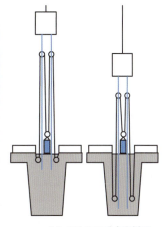

（a）JPC取样器　　　　　　　　　　　　　　　　（b）STACOR重力取样器

图 4-17　新型取样器

对角线 10m 到 12m 处布设辅孔或坑槽，从而较为清晰地探测每个风电机机位附近的工程地质条件、岩土工程条件和水文地质条件。其中，工程地质主要包含地质构造、自然（物理）地质现象和地形地貌条件等，尺度较大；岩土工程一般指的是利用地质学、土力学、岩石力学等，对地基土和岩石地基等进行岩土勘探、岩土工程设计、岩土灾害、岩土工程检测等，尺度较小；水文地质是水流速、水位、水温、水物理化学性质等动力和静动态特征。

钻孔分为一般性钻孔和控制性钻孔，其中控制性钻孔数量不应少于总孔数的 1/3，桩基础的控制性钻孔应占勘探点总数的 1/3~1/2。

5. 钻孔深度的确定

对于海床，钻孔深度的确定应按以下规定进行：控制性勘探孔的钻进深度需超过计算得到的地基变形深度。当已知条件不足无法计算地基变形大小时，控制性勘探孔的钻进深度计算如式（4-1）所示：

$$d_c = d + \alpha_c \beta b \tag{4-1}$$

式中：d_c 为控制性勘探孔的设计钻进深度（m）；d 为基础设计埋深（m）；α_c 为根据土的压缩性试验确定的经验系数，根据地基条件的不同，常见土层类型可按表 4-3 取值；β 为与基础底部应力相关的经验系数，对场区地基级别为一级的海上风电场取 1.1；b 为基础宽度，对截面为圆形的基础，根据最大直径确定（m）。

一般性勘探孔的设计深度需要超过海床地基主要受力层一定深度，如果以天然海床为基础，一般性勘探孔可根据式（4-2）计算：

$$d_g = d + \alpha_g \beta b \tag{4-2}$$

式中：d_g 为一般性勘探孔的设计深度（m）；α_g 为根据土的压缩性试验确定的经验系数，根据海床地基下地层情况的不同，其取值主要根据表 4-3 确定。

表 4-3　经验系数 α_c、α_g 值

值别	碎石土	砂土	粉土	黏性土	软土
α_c	0.5~0.7	0.7~0.9	0.9~1.2	1.0~1.5	2.0
α_g	0.3~0.4	0.4~0.5	0.5~0.7	0.6~0.9	1.0

对于一般性勘探孔，在设计深度范围内，有性质比较稳定且厚度大于 3m 的坚硬地层时，可设计适当的钻探深度钻入该层，以准确地判定该层的地层名称和特性；当在预先设计的探入深度内存在软弱地层，需要加深探入深度或贯穿软弱夹层。当在海床下基岩、浅层岩溶等岩体发育地区，基础下方的土层厚度小于计算得到的地基变形深度时，一般性钻孔需要钻探至岩面以下；控制性钻孔钻探至岩面以下 3~5m。对于评价砂土地震液化、确定场地覆盖层深度等钻孔深度，应按有关规范的要求确定。

对于端部承载的桩基础，钻孔深度应满足下列要求：①当桩端的持力层为全风化或强风化这类有较大压缩性的地层时，钻孔深度需要满足沉降要求，控制性钻孔钻探深度应进入设计桩端持力层以下 5~10m 或者 6~10d（其中 d 为桩径，对于大直径桩基取 6d，对于小直径桩基取 10d），一般性钻孔的钻探深度需要进入设计桩端下 3~5m 或 3~5d；②对一般岩性地基的嵌岩桩，控制性钻孔应钻进设计的嵌岩面下 3~5d，若岩体质量较高，钻进深度可适当减小，一般性钻孔深度应钻进预先设计的嵌岩面下 1~3d；③对以花岗岩作为桩基持力层的嵌岩桩，控制性钻孔钻入深度应进入微风化岩层 5~8m，一般性钻孔钻入深度应进入微风化岩 3~5m；④对于岩溶、岩层破碎的地层，钻孔应穿过以上地层，进入稳定地层，钻进深度需要到达 3d，同时不小于 5m；⑤对于多韵律薄层状的沉积岩或变质岩，当基岩中不同风化强度互层出现时，对于计划以微风化岩作为桩基持力层的情况，钻进微风化岩体内的深度需要不小于 5m。

对于摩擦型桩，勘探孔的预先设计深度应满足以下要求：①一般性勘探孔的钻进深度应钻进至预先设计的桩端持力层或超过预先设计的最大桩端入土深度 3m 以上；②控制性勘探孔的钻进深度至少超过群桩桩基（假象的实体基础）计算得到的沉降深度 1~2m，群桩桩基的沉降深度设计计算时，需要以桩端平面下方的附加应力为上覆土有效自重压力 20% 计算得到的深度，或直接依据桩端平面下 1~1.5b（b 为假象实体基础宽度）深度确定。

6. 钻探作业

在浅部土层开展钻探作业，钻探方法包括小口径麻花钻（或提土钻）钻进、小口径勺形钻钻进或洛阳铲钻进，成孔口径需达到取样、现场测试和钻进工艺的要求。

深层土进行钻探作业的方法如表 4-4 所示。深层土开展钻探应满足以下要求：①确定钻探孔的深度和岩土层厚度时，精度要控制在 ±5cm；②需要严格控制不连续钻探时的回次进尺，保证分层精度达到要求；③对于完整和较完整岩体钻探，其岩芯获取率不应低于 80%，对于较破碎和破碎岩体，其岩芯获取率不应低于 65%；对需重点探明的部位（滑动带、辄马夹层等），需要采用双层岩芯管进行连续取样；④当需计算所取岩石质量指标 RQD 时，需采用 75mm 口径（N 型）的双层岩芯管和金刚石钻头。

表 4-4　钻探方法适用范围

钻探方法		钻进地层					勘察要求	
		黏性土	粉土	砂土	碎石土	岩石	直观鉴别，采取不扰动试样	直观鉴别，采取扰动试样
回转	螺旋钻探	适用	部分适用	部分适用	不适用	不适用	适用	适用
	无岩芯钻探	适用	适用	适用	部分适用	适用	不适用	不适用
	岩芯钻探	适用	适用	适用	部分适用	适用	适用	适用

钻探方法		钻进地层					勘察要求	
		黏性土	粉土	砂土	碎石土	岩石	直观鉴别，采取不扰动试样	直观鉴别，采取扰动试样
冲击	冲击钻探	不适用	部分适用	适用	适用	不适用	不适用	不适用
	锤击钻探	适用	适用	适用	部分适用	不适用	适用	适用
振动钻探		适用	适用	适用	部分适用	不适用	部分适用	适用
冲洗钻探		部分适用	适用	适用	不适用	不适用	不适用	不适用

钻孔的记录和编录的要求包括：①野外记录需要进行过专业训练的工作人员负责；应实事求是及时记录，依据钻进回次逐段填写，严禁勘探结束后追记；②钻探现场可采用肉眼鉴别和手触方法，有条件或勘察工作有明确要求时，可采用微型贯入仪等定量化、标准化的方法；③钻探地层结果的记录可通过制作钻孔柱状图或地层分层表形成，岩土样可根据工程要求进行适当数量的储存，也可以对岩芯、土芯进行相机拍照，收录进勘察成果资料。

7. 取样

在海上风电场勘察场区开展取岩土样、水样和原位测试应满足的要求包括：①取得的未扰动原状土样和开展原位测试的勘探点位数量不应少于全部勘探点数的 2/3；②从主要土层中获取的未扰动原状土样的数量或进行原位测试孔的数量不少于 6 个；③对于海床地基中的主要受荷层，若存在厚度超过 0.5m 的薄夹层，需要获取未扰动原状土样或开展原位测试；④当地层土质均匀性较差时，需要适当增加取样数或原位测试数；⑤对于嵌岩桩要嵌入的持力层，需要获取不少于 6 组的岩石样，开展岩石天然、饱和单轴极限抗压强度测试试验，若现场勘察遇到特殊性土，勘探取样和试验的规定需按有关要求开展；⑦获取代表性的地下水和地表水应不少于 6 组（件），进行水质分析。

取样器取土操作建议：取样器所包含的取样管最小外径为 76mm，外径与管壁厚度比值应大于 45，保证管壁足够薄，且管底部具有锋利的边缘。建议选用黄铜、不锈钢或涂层（镀锌或环氧）钢等材料制成的新型取样管，以减轻取样管的腐蚀。优选使用固定式活塞取样器，有效控制进入取样管的土量，同时提取取样器时也可更好地保留土样，活塞式取样器土样回收率和质量比推进式取样器要好得多。取样管推进海床土后，停留时间让黏土部分黏结到管道上，然后缓慢旋转管两圈剪切土壤，最后缓慢提升以取出土样。获得取样管后，清除顶部的弃土和底部约 2cm 的土体后，密封取样管。

为了减少对已取得土样的扰动，取样过程结束后必须尽快进行现场处理保存以便装运。对于浅层取样，若使用重力岩土芯取样器，处理时建议将内衬管抽出，并切割成 1～2m 长的小段，每一段尾管的顶部和底部以及芯中的位置应在衬垫上标明。内衬管的末端先用塑料帽和电工胶带密封，再进行适当的蜡封。若使用箱型岩土芯取样器，由于金属取样器不防水，保持箱型岩土芯取样器土样的天然含水量非常困难，对于质量较好的土样，应尽快在船上进行二次取样，需快速推出箱型取样器内大直径衬筒到储存盒。当所有衬筒都被推入储存盒后，各衬筒外围附着的土体需清理下来，并保存在储存罐或塑料袋中，以进行一些可利用扰动样开展的试验，最后将衬筒中的土样密封并做上标记。

对于深层取样，取得的黏性土土样可在勘探船上推出，并被切割成长度为三倍直径的若干段，每部分都用蜡纸和铝箔包裹后，用蜡封在塑料容器里。如果取样器有衬筒，衬筒可用线锯切割分段，然后用塑料盖、胶带和蜡密封每段衬筒。由于在取样过程中受到扰动，取得的无黏性土通常松散地储存在袋或罐中。钻孔取得的大块状土样需分别储存在塑料袋中，再将储存某个钻孔大体积土样的所有塑料袋整体存放在一个更为结实的塑料袋里。所有未受干扰的土样都用不褪色的墨水标记，标明项目名称、钻孔编号、日期、土样编号、地下深度和取样器贯入深度等。

目前，在开展土工试验前对土样进行储存的方法在业界尚存争议，通常最好的方法是对土样进行竖直存放，以维持土样的自然方向，并防止土样混合或应力条件发生变化。同时应使用减震装置保护土样不受震动。土样储存适宜温度在 3~7℃，适宜相对湿度在 100% 左右，需避免阳光直射，防止土样内生物生长或发生其他物理变化。

土样应在勘探船舶到港后尽快送往室内实验室。未受干扰的土样移运的最佳方法是"手提"，土样可作为随身行李放在飞机上或私人车辆上。对于量较大的土样，建议空运，以减少运输时间，同时减少振动对土样带来的额外扰动。土样运输至实验室后，应尽快开展试验，防止土样随时间发生物理力学特性的显著变化。

需要注意的是，土样处理及储运过程中，尽量避免在现场将土样从取样管中推出，最佳选择是将土样留在原取样管中，并进行包装运输，因为取样管的成本远低于在扰动土上进行固结和强度试验所需成本。图 4-18 分别为推出土样和取样管内储存土样，由于现场环境和技术人员操作影响，土样推出储存时土样质量难以保证。

（a）推出土样储存　　　　　　　　　（b）取样管内土样储存

图 4-18　土样储存

4.3.1.2　原位试验

原位试验方法应结合场区岩土体特点、风电基础设计参数需求、海域经验和试验方法的适用性等因素确定。依据现场原位试验测得结果，采用海域通常的经验参数计算岩土体物理力学参数和对岩土工程问题做出评价时，需要同室内试验测得的结果和工程实际反推结果进行对比，检验原位试验测试结果的可靠性。原位试验所用仪器设备需要按规定定期检验标定。分析原位试验成果资料时，应注意仪器设备、试验条件、试验方法等对试验的影响，结合地层条件，剔除异常数据。

1. 圆锥动力触探试验

圆锥动力触探试验根据仪器规格型号可分为轻型、重型和超重型三类，各型号仪器及其适用土类见表 4-5。

表 4-5　圆锥动力触探类型

类　型		轻型	重型	超重型
落锤	质量（kg）	10	63.5	120
	落距（cm）	50	76	100
探头	直径（mm）	40	74	74
	锥角（°）	60	60	60
探杆直径（mm）		25	42	50~60
指标		贯入 30cm 的读数 N_{10}	贯入 10cm 的读数 $N_{63.5}$	贯入 10cm 的读数 N_{120}
主要适用岩土		浅部的填土、砂土、粉土和黏性土	砂土、中密以下的碎石土、极软岩	密实和很密的碎石土、软岩和极软岩

圆锥动力触探试验开展技术流程包括：①使用可自动落锤的装置；②触探杆允许的最大偏斜程度应不超过 2%，贯入过程应进行连续锤击，锤击过程中应防止锤击偏心、探杆倾斜和侧向晃动，始终保持探杆垂直，每分钟锤击次数宜为 15~30 击；③探杆每贯入 1m，将其转动一圈半，当探杆贯入深度超过 10m 后，建议探杆每贯入 20cm 转动一次；④利用轻型动力触探仪开展试验，当 N_{10}>100 或贯入 15cm 所需锤击数超过 50 次，可结束试验。利用重型动力触探仪开展试验，当连续三次锤击 $N_{63.5}$>50 时，可结束试验或改用超重型动力触探仪。

圆锥动力触探试验结果包括：①单孔连续圆锥动力触探试验需要绘制锤击次数与贯入深度关系曲线；②分析单孔分层贯入指标时，应注意剔除临界深度以内的数值、超前和滞后影响范围内的异常值；③计算各孔分层的贯入参数平均值和变异系数时，需要用考虑各地层厚度的加权平均去计算。

根据圆锥动力触探测得的岩土体各个参数指标和海域场区经验，可对海床地基土进行力学分层，评定土的均匀性和物理性质（状态、密实度）、土的强度、变形参数、地基承载力、桩基承载力，查明土洞、滑动面、软硬土层界面，检测地基处理效果等。试验成果在工程上是否需要修正及采用的修正方法应当依据当次试验建立的统计关系的具体情况确定。

2. 标准贯入试验

标准贯入试验可在砂土、粉土和一般黏性土中开展。标准贯入试验的设备规格应符合表 4-6 的规定。

表 4-6　标准贯入试验设备规格

落锤		锤质量（kg）	63.5
		落距（mm）	76
贯入器	对开管	长度（mm）	>500
		外径（mm）	51
		内径（mm）	35
	管靴	长度（mm）	50~76
		刃口角度（°）	18~20
		刃口单刃厚度（mm）	1.6

落锤	锤质量（kg）	63.5
	落距（mm）	76
钻杆	直径（mm）	42
	相对弯曲	<1/1000

标准贯入试验的操作流程包括：①标准贯入试验孔设定为回转钻进，为保证岩土体钻孔壁稳定，需要用泥浆护壁，钻孔至标贯试验位置处以上15cm处时，对孔底碎土进行处理，随后进行标贯试验；②使用自由落锤法进行锤击，注意减小导向杆与落锤之间的摩阻力，避免锤击发生偏心和导向杆晃动，确保贯入器、探杆、导向杆始终保持垂直，锤击次数保持在每分钟30次以内；③贯入器贯入土中15cm后，对以后每贯入10cm需要的锤击数进行记录，将累计贯入30cm的锤击数记为标准贯入试验锤击数N。当锤击数已达50次，而贯入深度仍小于30cm时，则依据50次击数的贯入深度，按式（4-3）计算成相当于30cm的标准贯入试验锤击数N，并终止试验。

$$N = 30 \times \frac{50}{\Delta S} \qquad (4-3)$$

式中：ΔS为击数为50次时的贯入度（cm）。

标准贯入试验成果中的贯入次数N可编制在工程地质各个地层的剖面图上，也可绘制于各个孔标准贯入击数N与深度关系曲线或直方图。统计分析各地层标贯击数平均值时，应剔除异常值。

依据标准贯入试验结果，可对砂土、粉土、黏土地层的物理状态进行分析，同时可对土的强度、变形参数、地基承载力、桩基承载力、砂土和粉土的液化、成桩的可能性等做出评价。试验成果应用于工程是否需要修正及修正方法，应当依据当次试验建立的统计关系的具体情况确定。

3. 十字板剪切试验

十字板剪切试验一般应用于测定饱和软黏土（$\varphi \approx 0$）的不排水抗剪强度和灵敏度。进行十字板剪切试验点的深度分布设计，对于均质土，沿深度的间距可设定为1m；对非均质或夹薄层粉细砂的软黏土，应当先开展静力触探，依据静力触探获取的土层变化，选择软黏土层进行试验。

十字板剪切试验设备条件、相关操作和技术要求包括：①十字板叶片形状为矩形，叶片旋转直径和高度之比为1:2，叶片厚应该为2~3mm；②十字叶片插入钻孔底的深度应在钻孔或套管直径的3~5倍以上；③十字板叶片插入至试验深度后，需保持静止2~3min，随后再开始试验；④十字板扭转剪切转动速率应在（1°~2°）/10s左右，当剪切测得的强度达到峰值后要继续测记1min；⑤在测试强度达到峰值或稳定值后，需按扭转方向继续转动6圈，测定重塑软黏土的不排水抗剪强度；⑥对安装有开口钢环的十字板剪切仪，需要修正轴杆与软黏土之间摩阻力的影响。

十字板剪切试验结果分析包括：①计算各试验位置处软黏土的不排水抗剪峰值强度、残余强度、重塑土强度和灵敏度；②绘制十字板剪切试验中软黏土的不排水抗剪峰值强度、残余强度、重塑土强度和灵敏度随深度的变化曲线，需要时绘制抗剪强度与扭转角度的关系曲线；③根据土层条件和地区经验，对实测的十字板不排水抗剪强度进行修正。十字板剪切试验成果可按地区经验确定地基承载力、桩基承载力等，判定软黏性土的固结历史。

4. 孔压静力触探试验

静力触探试验适用于软土、一般黏性土、粉土、砂土和含少量碎石的土。静力触探可根据工程需要采用单桥探头、双桥探头或带孔隙水压力量测的单、双桥探头，可测定比贯入阻力（p_s）、锥尖阻力（q_c）、侧壁摩阻力（f_s）和贯入时的孔隙水压力（u）。

静力触探试验的技术要求包括：①探头圆锥锥底截面积应采用 $10cm^2$ 或 $15cm^2$，单桥探头侧壁高度应分别采用 57mm 或 70mm，双桥探头侧壁面积应采用 $150\sim300cm^2$，锥尖锥角应为 $60°$；②探头贯入土中时应匀速进行，贯入速率应为 1.2m/min；③探头上安装的传感器进行定期标定时，应和现场试验使用的仪器、电缆一体进行，室内探头标定测力传感器的非线性误差、重复性误差、滞后误差、温度漂移、归零误差均应在 1%FS 以内，现场试验标定的归零误差应在 3% 以内，标定时的绝缘电阻应大于 500MΩ；④深度测定误差应小于触探深度的 ±1%；⑤当贯入深度大于 30m，或贯入过程中存在由厚层软土进入硬土层情况时，应注意防止孔斜或断杆，或配置测斜探头，随时观测探头倾斜角度，及时采取措施纠偏，并校正土层边界深度；⑥开展贯入试验前，应在室内对孔压探头进行饱和，确保探头应变腔内气泡完全排出，同时采取一定措施保证现场试验开始前探头处于饱和状态，直至探头入水，在孔压静力触探试验贯入过程中不能上提探头；⑦当在设定深度进行孔压消散试验时，应测定记录不同时间的孔压值，记录时间间隔由短到长合理安排，试验过程中探杆不能发生松动。

静力触探试验成果分析包括：①绘制多种贯入参数随深度变化的曲线，单桥和双桥探头应绘制 p_s、q_c、f_s 和 R_f 随深度变化的曲线，带孔压的探头还需绘制 u_i、q_t、f_t 和 B_q 随深度变化的曲线以及孔压消散曲线（u_t-lgt）。R_f 为摩阻比，u_i 为孔压探头贯入土中测量的空隙水压力（即初始孔压），q_t 为经孔压修正的锥头阻力，f_t 为经孔压修正的侧壁摩阻力，B_q 为静力触探孔压系数，u_t 为孔压消散过程时刻 t 的孔隙水压力；②根据贯入试验测得各参数沿深度变化特征，结合孔位附近钻孔资料和海域地质资料，对土层和土类进行划分判定，计算各土层静力触探试验结果中各数据的平均值，或对数据进行统计分析，提供静力触探数据的空间变化规律。

根据静力触探资料，利用地区经验，可进行力学分层，估算土的塑性状态或密实度、强度、压缩性、地基承载力、桩基承载力、沉桩阻力，进行液化判别等。根据孔压消散曲线可估算土的固结系数和渗透系数。

利用静力触探划分土层，应结合钻探资料或当地经验，确定上层名称、状态等特性。根据静力触探结果，对土体进行分类的标准见表 4-7。表中 I_c 计算公式为：

$$I_c = \left[(3.47 - \log Q_m)^2 + (\log F_r + 1.22)^2 \right]^{0.5} \tag{4-4}$$

式中：Q_m 为归一化锥尖贯入阻力，F_r 为归一化摩阻力，具体计算方法详见《孔压静力触探技术规程》（DB32/T 2977—2016）[5]。

表 4-7 基于土类指数的土体分类

分区	中国国标土分类	土类指数 I_c
1	淤泥与淤泥质土	$I_c > 3.45$
2	黏土	$2.9 < I_c < 3.45$

分区	中国国标土分类	土类指数 I_c
3	粉质黏土	$2.65 < I_c < 2.9$
4	粉土	$2.32 < I_c < 2.65$
5	粉砂	$2.1 < I_c < 2.32$
6	细砂	$1.87 < I_c < 2.1$
7	中砂	$I_c < 1.87$

静力触探数据可用来计算饱和软黏土不排水抗剪强度 s_u，根据《孔压静力触探技术规程》（DB32/T 2977—2016），饱和软黏土不排水抗剪强度可按式（4-5）计算：

$$s_u = \frac{q_t - \sigma_{v0}}{N_{kt}} \tag{4-5}$$

式中：q_t 为不排水抗剪强度（kPa）；N_{kt} 为锥端阻力系数，不同地区取值有差异，建议为 11~19，平均值为 16。

根据上海市《静力触探技术规程》（DG/T J08-2189—2015）[6]，饱和软黏土不排水抗剪强度可按式（4-6）计算：

$$s_u = \frac{p_s}{N_{kt}} \tag{4-6}$$

式中：p_s 为比贯入阻力，N_{kt} 取值建议为 15~25，对于大多数软黏土地区，可取 20。

根据《工程地质手册（第五版）》[7]，饱和软黏土不排水抗剪强度可按式（4-7）计算：

$$s_u = 30.8 Q_c + 4 \tag{4-7}$$

式中：Q_c 根据工程经验为 $1.1 q_c$，该公式适用于 $Q_c \geq 0.1 \text{MPa}$ 的土体。

地基土液化判别：对存在液化可能的饱和地基土进行判别，当静力触探实测计算的周期阻力比 CRR 小于等效周期应力比 $CSR_{7.5}$，可判别为液化土，否则为非液化土。静力触探实测计算的周期阻力比 CRR 和等效周期应力比 $CSR_{7.5}$ 计算方法可见《孔压静力触探技术规程》（DB32/T 2977—2016）。

可根据静力触探试验结果计算桩基竖向承载力，桩基竖向极限承载力宜按式（4-8）计算：

$$Q_u = q_p A_p + \pi D \sum_0^n f_{pi} d_i \tag{4-8}$$

式中：Q_u 为单桩竖向极限承载力（kN），q_p 为单桩桩端极限阻力（kPa），A_p 为桩端横截面积（m²），D 为桩径（m），f_{pi} 为第 i 层土的单位桩侧极限摩阻力（kPa），d_i 为桩身穿过的第 i 层土的厚度（m）。

单位桩端极限阻力 q_p 可按式（4-9）计算：

$$q_p = \xi_c q_{ca} \tag{4-9}$$

式中：ξ_c 为端承系数，根据桩的类型和土类锥尖阻力，按表 4-8 确定；q_{ca} 为桩端附近等价平均锥尖阻力，计算桩端深度处上下 1.5 倍桩径范围内 q_c 的平均值。

基于静力触探数据，还可以计算土体的多种物理力学参数指标，如土体重度、土侧压力系数、小应变剪切模量、固结系数、渗透系数、超固结比、压缩模量和砂土密实度等，详见《孔压静力触探技术规程》（DB32/T 2977—2016）[5]。

表 4-8　端承系数与摩阻力系数取值

土类	q_c（kPa）	端承系数 ξ_c	摩阻系数 ξ_f	最大极限值 f_p（kPa）
软黏土、淤泥	<1000	0.5	90	15
黏性土	1000~5000	0.45	40	35（80）
粉土、松散砂土	≤5000	0.5	60	35
密实粉土	>50000	0.55	60	35（80）
中密砂土	50 000~12 000	0.5	100	80（120）
密实砂土	>12 000	0.4	150	120（150）

注：对于施工质量控制较好的工程，f_p 最大极限值取括号内的值。

5. 旁压试验

旁压试验可用于黏性土、粉土、砂土、碎石土、残积土、极软岩和软岩等岩土体特性测定。

旁压试验选择在具有代表性的位置和深度处进行，旁压器的量测腔应处于同一土层内。试验点的沿深度方向的间距应根据地层特性和工程要求确定，一般应大于 1m，旁压试验孔和已有钻孔的水平间距应大于 1m。

旁压试验的技术要求包括：①预钻式旁压试验要确保成孔的质量，钻孔直径与旁压器直径合理选择搭配，防止孔壁土体发生坍塌，自钻式旁压试验的自钻钻头、钻头转速、钻进速率、刃口距离、泥浆压力和流量等规格参数应满足相关规定的要求；②加荷等级建议设计在预期临塑压力的 1/5~1/7，初始阶段加荷等级可取小值，必要时，可做卸荷再加荷试验，测定再加荷旁压模量；③每级压力维持时间一般为 1min 或 2min，随后再施加下一级压力，维持 1min 时，加荷后 15s、30s、60s 测读变形量，维持 2min 时，加荷后 15s、30s、60s、120s 测读变形量；④当量测腔发生扩张的体积达到量测腔的固有体积值或压力达到仪器的容许最大压力时，应终止试验。

旁压试验结果处理分析包括：①对各级压力和相应的扩张体积（或换算为半径增量）分别进行约束力和体积的修正后，绘制压力与体积变化曲线，需要时可做蠕变曲线；②根据压力与体积曲线，结合蠕变曲线确定初始压力、临塑压力和极限压力；③根据压力与体积曲线的直线段斜率，按式（4-10）计算旁压模量：

$$E_m = 2(1+\mu)\left(V_c + \frac{V_0}{2} + \frac{V_f}{2}\right)\frac{\Delta p}{\Delta V} \tag{4-10}$$

式中：E_m 为旁压模量（kPa）；μ 为泊松比；V_c 为旁压器量测腔初始固有体积（cm³）；V_0 为与初始压力 p_0 对应的体积（cm³）；V_f 为与临塑压力 p_f 对应的体积（cm³）；$\Delta p/\Delta V$ 为旁压曲线直线段的斜率（cm³/kPa）。

根据初始压力、临塑压力、极限压力和旁压模量，结合地区经验可评定地基承载力和变形参数。根据自钻式旁压试验的旁压曲线，可以计算土的原位水平应力、静止侧压力系数、不排水抗剪强度等。

6. T 型/球型贯入试验

T 型/球型（T-bar/Ball-bar）贯入试验可以获得海洋土强度沿深度连续分布，如图 4-19 所示。Einav 和 Randolph（2005）[8] 提出，相较于孔压静力触探试验，T 型/球型贯入仪具备贯入阻力，具有塑性理论解析解，受软土上覆土压力、应力历史、土体刚度等

因素影响小的优点。以 T-bar 贯入试验为例,软黏土不排水抗剪强度可利用式(4-11)计算得到:

$$s_u = \frac{q_{T-bar}}{AN_{T-bar}}$$ (4-11)

式中:q_{T-bar} 为 T-bar 贯入阻力;A 为 T-bar 探头投影面积;N_{T-bar} 为 T-bar 贯入阻力系数,取 10.5。T-bar、Ball-bar 可与 CPTU 共用探杆,其探头阻力最大量程可达 50kN,以 20×5cm^2 规格 T 型探头为例,其可测量量程为 0~475kPa。

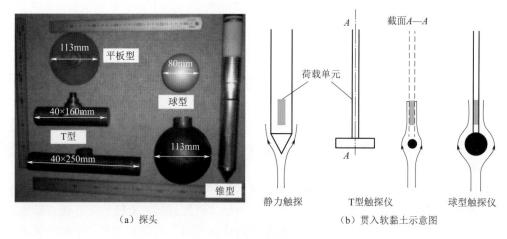

（a）探头　　　　　　　　　　　　　　　（b）贯入软黏土示意图

图4-19　T型/球型贯入仪

原位试验成果应结合地区工程经验综合分析合格后取用,原位试验项目包括标准贯入试验、动力触探试验、静力触探试验、十字板剪切试验等,勘察过程中根据工程类别、岩土条件和现场作业条件等,按表4-9选择试验方法。

表4-9　海上风电场岩土工程勘察中原位试验项目

试验项目	测定参数	试验目的
标准贯入试验	标准贯入锤击数 N	土层划分、地基液化等级判别、估算地基土承载力和压缩模量、估算砂土密实度和内摩擦角、估算单桩承载力、判断沉桩可能性等
圆锥动力触探试验	动力触探锤击数 N_{10}、$N_{63.5}$、N_{120}	土层划分、估算地基承载力和压缩模量、估算单桩承载力等
孔压静力触探试验	锥尖阻力 q_c、侧摩阻力 f_s 和孔隙水压力 u	土层划分、软黏土不排水抗剪强度和灵敏度
十字板剪切试验	不排水抗剪强度和残余不排水抗剪强度	软黏土不排水抗剪强度和灵敏度、判断软黏土的应力历史

4.3.1.3　水深测量

钻孔位置处的水深测量可以采用超短基线水下声学定位系统(USBL),该系统是一种水下定位技术,如图4-20所示。超短基线定位系统包括发射换能器、应答器、接收基阵等部分。发射换能器和接收基阵布置在船体上,应答器安装于水下载体。发射换能器发射出一道声脉冲,应答器接收后,回发出一道声脉冲,接收基阵接收后,可测量计算出 X、

Y两个方向的脉冲相位差，并结合声波的到达时间推算出水下装置到基阵的距离，从而计算出水下探测器在设定坐标系中的位置和水下探测器的深度。

图 4-20　超短基线水下声学定位系统

声波是最有效的水下远距离传播的信息载体。声学定位系统可分为长基线、短基线和超短基线三类。超短基线的接收传感器就类似于人类的耳朵，两耳之间的距离就相当于基线；长基线系统的信标之间的距离可达几千米到几十千米，基线长度越长，测得精度越高。然而，利用潜水器进行水下精确作业时，需要在海底布阵，工作繁琐且对布置的环境条件要求高。

超短基线定位系统的工作原理，就是在水下被定位的目标上安装声信标，在勘探船上安装超短基线基阵，声信标发出声波信号，超短基线系统接收到声波信号后，进一步分析计算出水下目标的方位及距离。

4.3.2　实验室试验

在海上风电勘察中，获取岩土体工程特性的室内试验按测定参数类型可分为物理特性试验和力学特性试验，按开展地点可分为离岸试验和室内试验。各种试验的操作技术规程和试验仪器应符合现行国家标准《土工试验方法标准》（GB/T 50123—2019）[9]和国家标准《工程岩体试验方法标准》（GB/T 50266—2013）[10]的规定。在利用室内试验结果对岩土工程进行评价时，应与相应的原位试验结果或工程监测反分析结果进行比较，经修正后确定。

所需开展的试验项目及采取的试验方法应根据工程需求和场区岩土性质的特点进行确定。开展试验时应考虑岩土工程现场原位应力场和应力历史，以及工程活动过程中形成的新应力场和新边界条件，使试验条件尽可能接近实际，同时应注意岩土体的非均质性、非等向性和不连续性。对特殊的试验项目，应制定针对性的试验方案。

1. 土的物理特性试验

各种类型岩土样分类指标和物理性质指标为：砂性土为颗粒级配、密度、天然含水量、天然密度、最大和最小密度；粉土为颗粒级配、液限、塑限、密度、天然含水量、天然密度和有机质含量；黏性土为液限、塑限、密度、天然含水量、天然密度和有机质含量。

对砂土，当取得试样的质量较差时，无法获得《岩土工程勘察规范》（GB 50021—2001）（2009 年版）[11] 中的Ⅰ级、Ⅱ级、Ⅲ级土试样时，可只进行颗粒级配试验。外观观察鉴定土样中无有机质时，可不开展有机质含量测定工作。

2. 土的力学特性试验

土的力学特性试验包含静力力学特性试验和动力力学特性试验。

实验室中可开展的静力力学特性试验包括固结试验、微型十字板试验、直剪试验、无侧限抗压强度试验、静三轴试验、静单剪试验等。若工程设计需要分析动力响应，则需要获取土体的动力特性参数，动力力学特性试验包括动三轴试验、动单剪试验或共振柱试验。不同试验方法和试验仪器可加载的动应变大小不同，应根据需要采用相应的仪器。动三轴试验和动单剪试验能够测得的土体动力参数包括动弹性模量、动阻尼比及其与动应变的关系，一定循环次数后动应力与动应变关系，饱和土的液化剪应力与动应力循环次数关系。共振柱试验可用于测定小动应变情况下土体动弹性模量和动阻尼比。

3. 离岸试验

离岸试验是在勘探船或者勘探平台上，利用钻孔取得的土样对土体物理力学特性进行测量，和室内试验相比，离岸试验所用土样没有经历储运过程，土样扰动小，测试结果更接近原状土。离岸试验包括常规物性试验、固结试验、微型十字板试验、直剪试验、无侧限抗压强度试验、三轴不固结不排水剪切试验等。离岸试验中试验项目名称、测定参数和试验目的如表 4-10 所示。

表 4-10　海上风电场岩土工程勘察中离岸试验项目

试验项目	测定参数	试验目的
常规物性试验	含水量、液塑限、重度、土颗粒粒径等	土类型判别
固结试验	压缩系数、压缩模量、回弹系数、前期固结压力等	判断软黏土应力历史、地基土沉降变形
微型十字板试验	不排水抗剪强度和残余不排水抗剪强度	软黏土不排水抗剪强度和灵敏度、判断软黏土的应力历史
直剪试验	黏聚力、摩擦角等抗剪强度指标	估算地基承载力、评价地基稳定性等
无侧限抗压强度试验	峰值强度、残余强度和破坏应变	软黏土不排水抗剪强度和灵敏度、判断软黏土的应力历史
三轴不固结不排水剪切试验	不排水抗剪强度	获取土体总应力强度指标、估算地基土承载力、沉桩分析等

4. 室内试验

岩土工程勘察中在室内实验室开展的土工试验项目种类非常多，通常可分为常规物理力学特性试验和高级力学特性试验两种试验类型。与离岸试验相比，室内试验项目更加丰富，可满足海上风电勘察中高级土工试验的需求，室内试验各试验项目名称、测定参数和试验目的如表 4-11 所示。

表 4-11　海上风电场岩土工程勘察中室内试验项目

试验类型	试验项目	测定参数	试验目的
常规物理力学特性试验	常规物性试验	含水量、液塑限、重度、土颗粒粒径等	土类型判别
	含盐度试验	多种盐离子含量	腐蚀性分析、矿物质含量等
	X 光拍照试验	土样完整度	判断土样质量
	固结试验	压缩系数、压缩模量、回弹系数、前期固结压力等	判断软黏土应力历史、地基土沉降变形
	微型十字板试验	不排水抗剪强度和残余不排水抗剪强度	软黏土不排水抗剪强度和灵敏度、判断软黏土的应力历史
	直剪试验	黏聚力、摩擦角等抗剪强度指标	估算地基承载力、评价地基稳定性等
	无侧限抗压强度试验	峰值强度、残余强度和破坏应变	软黏土不排水抗剪强度和灵敏度、判断软黏土的应力历史
	三轴不固结不排水剪切试验	不排水抗剪强度	获取土体总应力强度指标、估算地基土承载力、沉桩分析等
高级力学特性试验	静单剪试验	孔压、抗剪强度和剪切模量等数据	估算原状软黏土强度、不同应力水平下软黏土抗剪强度分析
	动单剪试验	不同动应力幅值下土体动强度包络线	分析不同动荷载（风、波浪、水流及地震作用）组合下海上基础设施的动剪切特性、砂土抗液化性能分析
	单剪蠕变试验	达到不同应变水平所需时间、破坏时剪应力和剪应变等	海洋岩土工程的长期稳定性分析
	恒应变速率固结试验	压缩系数、回弹系数、固结系数、先期固结压力和孔隙比及孔压变化等	研究海洋黏土的固结沉降特性（海洋软黏土含水率高、压缩性大、渗透性能较差，与传统分级加载固结试验相比，恒应变速率固结试验可以大幅缩短试验时间）
	K_0 固结三轴试验	土体在复杂应力条件下强度、变形和应力-应变关系等特性	估算原状软黏土强度，复杂应力条件下海洋岩土工程承载特性研究
	三轴压缩蠕变试验	达到不同应变水平所需时间、破坏时剪应力和剪应变等	海洋岩土工程的长期稳定性分析
	动三轴试验	动剪切模量、动弹性模量、阻尼比和土体动强度包络线等	动荷载作用下海洋岩土工程地基稳定性和变形研究、土的动强度特性研究、液化特性研究
	共振柱试验	小应变循环荷载作用下土体在剪切模量及阻尼比随剪应变的衰变规律	小应变下土体动力特性研究、海洋工程场地抗震分析及地基动力反应研究

4.4　岩土工程特性参数确定

对于海上风电机组的固有频率和确定设计荷载，需要了解岩土体两个基本参数，包括变形模量（剪切模量或弹性模量）和阻尼，应尽可能获取高精度参数。变形模量和阻尼不仅决定基础型式选择，而且还关系到基础上部结构型式设计，尽量避免 1 阶、3 阶、6 阶甚至 9 阶频率的共振发生。

4.4.1　岩土参数确定

《岩土工程勘察规范》（GB 50021—2001）（2009 年版）[11] 指出，岩土参数应根据工程特点和地质条件选用，并按下列内容评价其可靠性和适用性：①取样方法和其他因素对试验结果的影响；②采用的试验方法和取值标准；③不同测试方法所得结果的分析比较；④测试结果的离散程度；⑤测试方法与计算模型的配套性。

《水利水电工程地质勘察规范》（GB 50487—2008）中针对岩土物理力学参数确定方法有以下规定：

岩土物理力学参数取值要求包括：①收集工程区域地质资料，掌握岩土体的均质和非均质特性，充分了解工程设计意图；②岩土物理力学参数应根据有关的试验方法标准，通过原位测试、室内试验等直接或间接的方法确定，并应考虑室内、外试验条件与实际工程岩土体的差别等因素的影响；③应进行工程地质单元划分和工程岩体分级，在此基础上根据工程问题进行岩土力学试验设计，确定试验方法、试验数量以及试验布置；④试验成果整理可按相关岩土试验规程进行；⑤收集岩土试验样品的原始结构、颗粒成分、矿物成分、含水率、应力状态、试验方法、加载方式等相关资料，分析试验成果的可信程度；⑥按岩土体类别、岩体质量级别、工程地质单元、区段或层位，采用数理统计法整理试验成果，在充分论证的基础上舍去不合理的离散值；⑦岩土物理力学参数应以试验成果为依据，以整理后的试验值作为标准值；⑧根据岩土体岩性、岩相变化、试样代表性、实际工作条件与试验条件的差别，对标准值进行调整，提出地质建议值。⑨设计采用值应由设计、地质、试验三方共同研究确定。对于重要工程以及对参数敏感的工程应做专门研究。

土的物理力学参数标准值选取规定包括：①各参数的统计宜包括统计组数、最大值、最小值、平均值、大值平均值、小值平均值、标准差、变异系数；②当同一土层的各参数变异系数较大时，应分析土层水平与垂直方向上的变异性，当土层在水平方向上变异性大时，宜分析参数在水平方向上的变化规律，或进行分区（段），当土层在垂直方向上变异性大时，宜分析参数随深度的变化规律，或进行垂直分带；③土的物理性质参数应以试验算术平均值为标准值；④地基土的允许承载力可根据载荷试验（或其他原位试验）、公式计算确定标准值；⑤地基土渗透系数标准值应根据抽水试验、注（渗）水试验或室内试验确定；⑥土的压缩模量可从压力-变形曲线上，以建筑物最大荷载下相应的变形关系选取，或按压缩试验的压缩性能，根据其固结程度选定标准值，对于高压缩性软土，宜以试验压缩模量的小值平均值作为标准值；⑦土的抗剪强度标准值可采用直剪试验峰值强度的小值平均值。

当采用有效应力进行稳定分析时，地基土的抗剪强度标准值的取值规定：对三轴压缩试验测定的抗剪强度宜采用试验平均值；对黏性土地基，应测定或估算孔隙水压力，以取得有效应力强度。当采用总应力进行稳定分析时，地基土抗剪强度的标准值取值规定：对排水条件差的黏性土地基，宜采用饱和快剪强度或三轴压缩试验不固结不排水剪切强度；对软土可采用原位十字板剪切强度；对上、下土层透水性较好或采取了排水措施的薄层黏性土地基，宜采用饱和固结快剪强度或三轴压缩试验固结不排水剪切强度；对透水性良好，不易产生孔隙水压力或能自由排水的地基土层，宜采用慢剪强度或三轴压缩试验固结排水剪切强度。

当需要进行动力分析时，地基土抗剪强度标准值取值规定：对地基土进行总应力动力分析时，宜采用动三轴压缩试验测定的动强度作为标准值；对于无动力试验的黏性土和紧密砂砾等非地震液化性土，宜采用三轴压缩试验饱和固结不排水抗剪测定的总强度和有效应力强度中的最小值作为标准值；当需要进行有效应力动力分析时，应测定饱和砂土的地震附加孔隙水压力、地震有效应力强度，可采用静力有效应力强度作为标准值。

如何依据勘察试验结果获取设计所需的岩土体物理力学参数，勘察规范提出了多项要求，以保证勘察结果的可靠性、严谨性。这些要求可分为两类：一是从统计学知识出发，通过分析多组勘察试验结果的标准差、变异系数等，剔除不合理的试验结果，利用更具代表性和更加合理的勘察试验结果确定岩土体物理力学参数取值。二是从岩土工程问题角度出发，基于勘察试验结果，充分考虑工程设计意图、勘察试验方法、岩土体原位状态特性等，综合确定岩土体物理力学参数取值。

4.4.2　确定方法

由于剪应力对海洋土的破坏起控制作用，所以土体强度通常是指其不排水抗剪强度，海洋土抗剪强度是分析计算地基及建筑物稳定性所必需的重要力学参数，海洋土强度估计偏高或偏低，将直接影响工程的经济性和安全性。下面以黏性土不排水抗剪强度参数的确定过程为例进行详细说明。

土体强度测试试验分原位试验和实验室试验，原位试验包括现场孔压静力触探试验、现场十字板剪切试验和 T 型/球型贯入仪试验等。用于测量土体抗剪强度参数的实验室试验包括直剪试验、单剪试验和三轴试验等，根据排水条件又可分为不固结和不排水试验、不排水条件或排水条件下各向同性固结和剪切试验、在不排水条件或排水条件下各向异性固结和剪切试验。在排水或不排水条件下，样品也可能在拉伸中剪切。表 4-12 为原位试验和实验室试验的优缺点对比。

表 4-12　原位试验和实验室试验的优缺点

	原位试验	实验室试验
优点	适用于绘制土体强度沿深度连续变化图 （1）更经济、省时； （2）可连续（半连续）记录数据； （3）可获得自然状态环境下土体的响应	适用于确定多种土体工程特性参数 （1）可很好定义应力应变边界条件； （2）可控排水和应力条件； （3）可确定土体类型和结构
缺点	需要依赖经验公式确定土工程特性参数 （1）难以定义应力应变边界条件； （2）不能控制排水条件； （3）不能明确仪器设备安装引起的扰动和加载速率等试验条件的影响	难以获取土体强度沿深度连续变化结果 （1）价格昂贵，测试时间久； （2）试验土样小，结果不连续； （3）应力释放不可避免，存在不同程度扰动

针对以上原位试验和实验室试验存在的问题，可以通过多种土体强度测试方法，提出黏性土不排水抗剪强度综合确定方法。

1. 原位试验

孔压静力触探试验（简称"静力触探试验"）成果应用范围极广，可应用于土层分类、土体物理力学参数计算、砂土液化分析和桩基础承载力分析等。静力触探试验对土体扰动小，其试验结果能反映土体的真实状态，在海洋地质勘察中必不可少。然而，静力触探试验数据分析多依靠经验公式，不同地区海洋土经验系数取值不同。

根据静力触探试验结果，式（4-5）为计算软黏土不排水抗剪强度 s_u 的常见方法。式中 N_{kt} 具体取值取决于多种因素，包括现场土应力历史、灵敏度、贯入速率等，该系数需根据其他勘察试验结果进行综合确定。但考虑到土样扰动的影响，常规室内试验测试结果偏低，确定 N_{kt} 取值时需保证静力触探试验结果覆盖室内试验结果，同时需可代表其他现场试验结果。

现场十字板剪切试验结果能代表未扰动土强度，图 4-21 最右侧曲线为海上风电场某

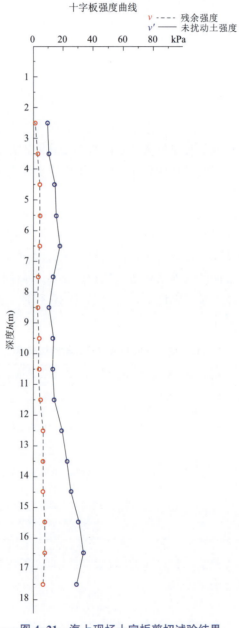

图 4-21　海上现场十字板剪切试验结果

钻孔现场十字板试验结果，试验深度间隔为 1m，可以看到十字板结果为离散点。

T 型/球型贯入仪试验可以获得海洋土强度沿深度连续分布。需注意的是，目前 T 型/球型贯入仪试验可获取土体参数较少，基于其测试原理，一般只用来获取软黏土不排水抗剪强度，且不适合在砂土层中开展测试。此外，对于 T-bar 试验，由于 T 型探头结构特征，块石土或不明物体的存在对测试结果影响大，甚至可能导致探杆探头破坏，因此 T 型探头更适用于较为均质的软黏土不排水强度的测定。

图 4-22 为软黏土中 T 型探头循环贯入试验结果，根据初次贯入阻力计算得到的强度为未扰动土不排水抗剪强度，经过多次循环贯入，待贯入阻力不再发生变化后，根据残余贯入阻力计算得到的残余强度为重塑土不排水抗剪强度。

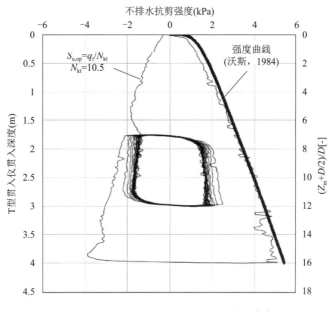

图 4-22　T 型探头循环贯入试验结果[12]

2．实验室试验

离岸微型十字板剪切试验（Miniature Vane，MV）是在勘察平台或勘察船上，针对现场获取的 1m 长度原状样，在土样两端 65mm 范围开展十字板剪切试验。由于不存在储运扰动，MV 试验可以获得更为真实的土体强度，利用 MV 试验结果计算不排水抗剪强度的方法与 FVT 试验相同。MV 试验可获取软黏土原状强度、残余强度和重塑强度，一般试验中测得的土体残余强度略大于完全重塑土强度，导致 MV 试验中依据残余强度得到的灵敏度小于室内试验通过重塑土强度计算得到的灵敏度。

离岸三轴不固结不排水剪切试验（Unconsolidated Undrained triaxial test，UU）是在勘察平台或勘察船上，针对现场获取的原状土样，开展土体强度测试。与 MV 试验相同，由于不存在储运扰动，离岸 UU 试验可以获得更为真实的土体强度。离岸 UU 试验可以获得土体原状强度、残余强度和重塑土强度，同时与室内 UU 试验结果可以互相弥补验证。

测试土体强度的室内试验包括常规静力试验（无侧限剪切试验、直剪试验、室内微型十字板剪切试验、三轴不固结不排水剪切试验等）和高级静动力试验（K_0 固结三轴不排水剪切试验、静/动单剪试验、单剪蠕变试验、恒应变速率固结试验、三轴蠕变试验、三轴循环试验等）。一般情况下，室内试验测试方法难以避免土样扰动引起的土体强度降低。

针对软黏土不排水抗剪强度测试，为解决扰动对土体强度影响的问题，当前有几种进行针对性设计的试验和数据分析方法，这些试验方法可实现通过室内试验获取未扰动土体强度。这些可获取未扰动土体强度的室内试验方法包括：考虑土体应力历史和工程特性的方法（Stress history and normalized soil engineering properties，SHANSEP）、不排水抗剪强度和固结压力关系方法（Undrained shear strength and consolidation pressure，SP），以及不排水抗剪强度、固结压力和含水量关系方法 Undrained shear strength, consolidation pressure and water content，SPW 法）。

SHANSEP 法是克服土样扰动评估软黏土不排水抗剪强度的一种方法，SHANSEP 法通过开展室内 K_0 固结静单剪试验或 K_0 固结三轴压缩/拉伸试验，从而获取黏土不排水抗剪强度与固结压力的关系。如果海床地质条件均匀，应力历史明确，根据不排水抗剪强度与固结压力的关系，可推算不同钻孔、不同深度处土体抗剪强度，从而获得强度随深度连续变化曲线[13]。

SHANSEP 法试验流程[14]：首先，计算试验土样原位超固结比（Over Consolidation Ratio，OCR），可以采用逐级加载一维固结试验、等应变速率固结试验（CRS）或静力触探测试数据计算得出。其次，根据试验土样原位超固结比 OCR 和上覆有效应力 σ'_{v0}，计算出静单剪试验的初始固结压力，一般初始固结压力为 2 倍的前期固结压力。再次，在 2 倍前期固结压力下固结稳定后，再分别卸载至 OCR = 1、2、4 等，待回弹稳定后，进行等体积不排水剪切试验，得到无量纲不排水抗剪强度 $s_{u,DSS}/\sigma'_{vc}$ 与 OCR 关系曲线。最后，根据 $s_{u,DSS}/\sigma'_{vc}$ 与 OCR 的关系式，对任意 OCR 和上覆压力 σ'_{v0} 海洋软黏土，可求出其原位不排水抗剪强度。

SHANSEP 法的静单剪试验中软黏土的无量纲不排水抗剪强度 $s_{u,DSS}/\sigma'_{vc}$ 与超固结比 OCR 之间的关系式为：

$$\left(\frac{s_{u,DSS}}{\sigma'_{vc}}\right)_{OCR} = \left(\frac{s_{u,DSS}}{\sigma'_{vc}}\right)_{nc} OCR^m \tag{4-12}$$

式中：$(s_{u,DSS}/\sigma'_{vc})_{nc}$ 为静单剪试验中软黏土正常固结强度比；$(s_{u,DSS}/\sigma'_{vc})_{OCR}$ 为静单剪试验中软黏土超固结强度比；σ'_{vc} 为静单剪试验竖向有效应力（kPa）；m 为拟合系数。

依据图 4-23 对式（4-13）中参数确定方法进行说明，首先根据 OCR 等于 1 土样的静单剪试验结果确定正常固结土无量纲不排水抗剪强度 $s_{u,DSS}/\sigma'_{vc}$，该值即图 4-23（b）中曲线与纵轴的交点，也即式（4-13）中 OCR = 1 时 $(s_{u,DSS}/\sigma'_{vc})_{nc}$，随后根据图 4-23（b）曲线拟合得出参数 m。

利用 SHANSEP 法获取不排水抗剪强度分两步：第一步根据软黏土应力历史开展恒应变速率固结试验，然后开展 K_0 固结静单剪试验获取无量纲不排水抗剪强度参数；第二步利用下式计算现场不排水抗剪强度 s_{u0}，计算公式为：

$$s_{u0} = \left(\frac{s_{u,DSS}}{\sigma'_{vc}}\right)_{nc} \sigma'_{v0} OCR^m \tag{4-13}$$

基于三轴压缩或拉伸试验方法，利用 SHANSEP 法可获取软黏土压缩或拉伸不排水抗剪强度（s_u^C 或 s_u^E）与竖向固结压力 σ'_{vc} 的关系，从而计算出对应的原位海洋软黏土强度，方法思路与静单剪试验一致。

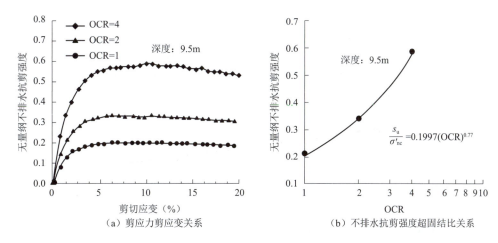

图 4-23 SHANSEP 方法拟合系数确定

SP 法是通过开展室内 K_0 固结静单剪试验或 K_0 固结三轴压缩/拉伸试验，获取软黏土不排水抗剪强度 s_u 与竖向固结压力 σ'_{vc} 之间的关系；SPW 法是通过开展室内 K_0 固结静单剪试验或 K_0 固结三轴压缩/拉伸试验，获取软黏土不排水抗剪强度 s_u 与竖向固结压力 σ'_{vc} 和含水量 w_c 之间的关系，两种方法的试验步骤与 SHANSEP 法相同[15]。以 K_0 固结静单剪试验为例，阐述两种方法的分析应用过程。

对于正常固结软黏土，SP 法中无量纲不排水抗剪强度与竖向固结压力之间关系为：

$$(s_{u,DSS})_{nc} = a(\sigma'_{vc})^b \tag{4-14}$$

式中：$(s_{u,DSS})_{nc}$ 为 K_0 固结静单剪试验中软黏土正常固结不排水抗剪强度（kPa），即无量纲不排水抗剪强度；σ'_{vc} 为静单剪试验竖向有效应力（kPa）；a 和 b 为拟合系数。对于正常固结海洋土，可用原位上覆有效应力 σ'_{v0} 代替室内试验中竖向固结压力 σ'_{vc}，从而计算得到现场某一深度处软黏土不排水抗剪强度。

如图 4-24 所示，将试验测得的不排水抗剪强度和竖向固结压力绘制到图中，拟合得到式（4-14）中参数 a 和 b。

对于超固软黏土，SP 法中不排水抗剪强度与竖向固结压力之间关系为：

$$(s_{u,DSS})_{OCR} = a(\sigma'_{vc})^b OCR^m \tag{4-15}$$

式中：$(s_{u,DSS})_{OCR}$ 为 K_0 固结静单剪试验中超固结软黏土不排水抗剪强度（kPa）；σ'_{vc} 为静单剪试验竖向有效应力（kPa）；a、b 和 m 为拟合系数。

对于正常固结软黏土，SPW 法中无量纲不排水抗剪强度与固结压力、含水量之间的关系式为：

$$(s_{u,DSS})_{OCR} = a\left(\frac{\sigma'_{vc}}{w_c}\right)^b \tag{4-16}$$

式中：$s_{u,DSS}$ 为静单剪试验中正常固结软黏土不排水抗剪强度（kPa）；σ'_{vc} 为静单剪试验竖向有效应力（kPa）；w_c 为室内剪切开始前试验土样含水量；a 和 b 为拟合系数。对于正常固结土，可用原位上覆有效应力 σ'_{v0} 代替室内试验中竖向固结压力 σ'_{vc}，从而计算得到现场某一深度处黏土不排水抗剪强度。

如图 4-25 所示，将试验测得的不排水抗剪强度和竖向固结压力含水量之比绘制到图中，可拟合得到式（4-16）中参数 a 和 b。

107

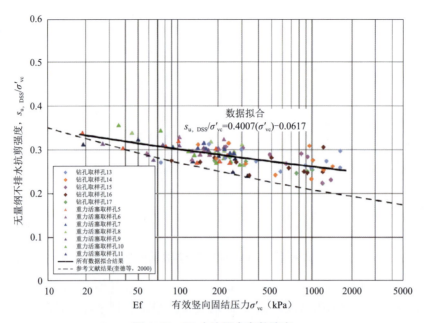

图 4-24 SP 方法拟合参数确定

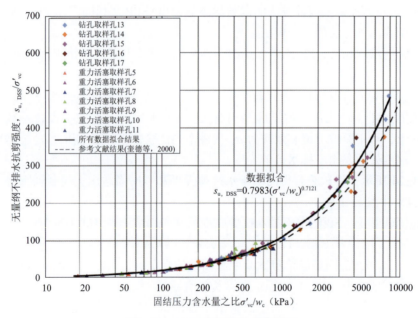

图 4-25 SPW 方法拟合参数确定

对于超固结软黏土，SPW 法中不排水抗剪强度与固结压力、含水量之间的关系式为：

$$\left(s_{\mathrm{u,DSS}}\right)_{\mathrm{OCR}} = a\left(\frac{\sigma'_{\mathrm{vc}}}{w_{\mathrm{c}}}\right)^b OCR^m \tag{4-17}$$

式中：$\left(s_{\mathrm{u,DSS}}\right)_{\mathrm{OCR}}$ 为 K_0 固结静单剪试验中超固结软黏土不排水抗剪强度（kPa）；σ'_{vc} 为静单剪试验竖向有效应力（kPa）；w_{c} 为室内剪切开始前试验土样含水量；a、b 和 m 为拟合系数。

以 SPW 法为例，说明该方法分析计算流程：首先，确定现场有效竖向应力沿深度变化；其次，根据固结数据绘制先期固结压力沿深度变化图；再次，基于一系列按 SHAN-

SEP 法开展的静单剪试验，确定不排水抗剪强度和固结压力、含水量之间的关系；最后，根据各深度处实测含水量，估算出现场软黏土不排水抗剪强度随深度变化曲线。

图 4-26 包含 SHANSEP 法、SP 法和 SPW 法得到的软黏土不排水抗剪强度随深度变化，可见三种方法测得的强度值是大于常规室内 UU 试验的，表明以上三种方法可弥补土样扰动引起的软黏土不排水抗剪强度损失。

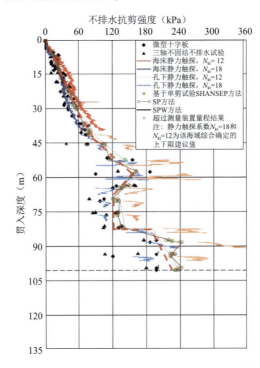

图 4-26　多种方法测得不排水抗剪强度对比[16]

3. 软黏土强度确定

根据上述可知，多种试验均可获取土体不排水抗剪强度，且不同试验方法获取的强度大小差异较大，要保证最终确定的强度值是可靠的，需在试验数据筛选、经验系数选择等方面做到有据可循，进而要求最终结果必须依据原位试验、离岸试验和室内试验结果综合确定。

原位试验以最常见的静力触探试验为例，该种测试方法是在海洋土处于原位真实的应力状态下开展的，但由于利用测试结果计算强度指标过程存在计算方法中经验系数取值不确定的问题。室内试验可直接测得特定应力条件下土体强度指标，但试验所用土样的应力历史、结构性等难以做到与原位自然状态下海洋土一致。所以需要依据大量的离岸、室内试验结果去确定现场静力触探试验的经验系数，同时利用静力触探试验结果计算出的土体强度解决室内试验数据离散且难以代表原位状态下海洋土的问题。为了使静力触探试验结果涵盖离岸、室内试验多数可靠的离散点结果，利用静力触探试验计算土体强度时，经验系数 N_{kt} 可选取两个值，使静力触探试验结果有上下限两种取值，该取值范围内强度结果可代表现场、离岸、室内试验结果，是精确可靠的。综合现场原位试验、离岸试验和室内试验，精确可靠地确定海洋土强度随深度变化后，可针对不同基础型式给出强度设计值。总结以上强度综合确定流程如图 4-27 所示。需要说明的是，并不是所有项目都会开展所有种类的原位、离岸、室内强度测试试验，但强度确定过程要保证将项目内开展的所有强度测试试验考虑在内，并根据图 4-27 中强度综合确定流程来综合判定土体强度。

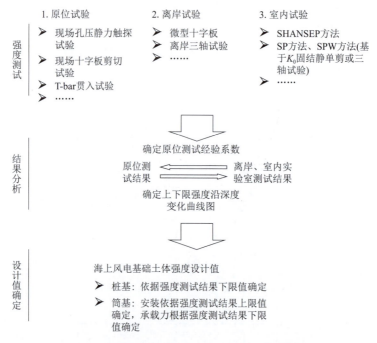

图 4-27　强度综合确定流程（桩基础和筒型基础）

对于桩基础而言，强度设计值选取时需考虑桩基础承载能力设计余量。建议强度设计值取值接近但略小于室内 SHANSEP 方法、SP 方法、SWP 方法测得的结果，即依据强度综合方法中静力触探结果的下限值确定一连续变化曲线为桩基础强度设计值曲线，如图 4-28 中红色虚线。

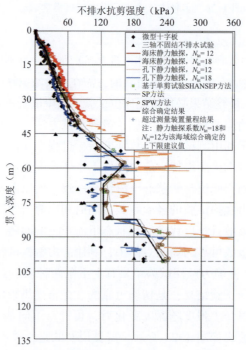

图 4-28　桩基础强度设计值（横轴为不排水抗剪强度，纵轴为海床面以下深度）[16]

对于筒型基础，为避免沉贯安装过程出现沉贯不到位的情况，沉贯设计时强度需选取土体强度较大值，即依据强度综合确定方法中静力触探结果的上限值，确定筒型基础安装时的强度设计值见图 4-29 中黑色实线；对于筒型基础承载力强度设计思路与桩基础相同，承载力设计的强度值见图 4-29 中黑色虚线。

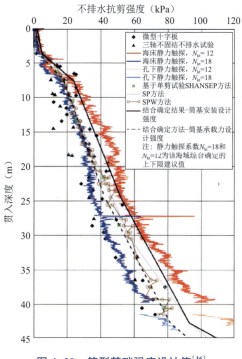

图 4-29　筒型基础强度设计值[16]

参 考 文 献

[1]　杨文达，刘望军．海洋高分辨率地震技术在浅部地质勘探中的运用［J］．海洋石油，2007，27（2）：8．

[2]　汪华安，郑文成，王占华，等．广东海上风电岩土勘察平台和船只适应性研究［J］．红水河，2021．

[3]　YOUNG A G, HONGANEN C D, SILVA A J, et al. Comparison of Geotechnical Properties from Large-Diameter Long Cores and Borings in Deep Water Gulf of Mexico［C］. Paper presented at the Offshore Technology Conference, Houston, Texas, May 2000.

[4]　LUNNE M, LONG M. Review of long seabed samplers and criteria for new sampler design［J］. Marine Geology, 2006, 226（1）: 145-165.

[5]　江苏省交通运输厅．孔压静力触探技术规程：DB32/T 2977—2016［S］．2016．

[6]　上海岩土工程勘察设计研究院有限公司．静力触探技术规程：DG/TJ 08-2189—2015［S］．上海：同济大学出版社，2016．

[7]　常士骠，张苏民．工程地质手册［M］．北京：中国建筑工业出版社，2007．

[8]　EINAV, I & RANDOLPH, M F. Combining upper bound and strain path methods for evaluating penetration resistance［J］. International Journal for Numerical Methods in Engineering, 2005, 64（14）:

1991-2016.

［9］ 原水利电力部. 土工试验方法标准：GBJ 123—88［S］. 北京：中国计划出版社，1989.

［10］ 原中华人民共和国电力工业部. 工程岩体试验方法标准：GB/T 50266—99［S］. 北京：中国计划出版社，2013.

［11］ 原中华人民共和国建设部. 岩土工程勘察规范：GB 50021—2001（2009 年版）［S］. 北京：中国建筑工业出版社，2009.

［12］ HODDER M S, WHITE R J, CASSIDY R J. Analysis of Soil Strength Degradation during Episodes of Cyclic Loading, Illustrated by the T-Bar Penetration Test［J］. International Journal of Geomechanics, 2010, 10（3）：117-123.

［13］ 王淑云，顾小芸. SHANSEP 方法的试验研究［C］//海洋工程学术会议. 2003.

［14］ 周松望，周杨锐，李亚，等. 利用单剪 SHANSEP 试验方法评价海洋黏性土强度［J］. 海洋通报，2014, 33（3）：5.

［15］ QUIRÓS G W, LITTLE R L, GARMON S. A Normalized Soil Parameter Procedure for Evaluating In-Situ Undrained Shear Strength［C］// Offshore Technology Conference Offshore Technology Conference - Houston, Texas, 2000.

［16］ FUGRO. Final report of deepwater geotechnical investigation in Lakach Area Gulf of Mexico［R］. Mexico, 2009.

第5章

海上风电机组基础承载力分析

海上风电机组基础结构不仅需要承受风电机组、塔筒和基础结构等自重荷载，还需要承载风荷载、波浪荷载、海流荷载、海冰荷载、地震作用等多种水平向荷载耦合形成的循环作用。

5.1 桩基础

按照承载能力极限状态进行结构分析计算，能够获得极端海洋环境荷载作用下桩顶最大轴向荷载和水平荷载设计值。根据《码头结构设计规范》（JTS 167—2018）[1] 中的方法计算打入钢管桩和嵌岩桩的承载力。

5.1.1 水平承载力

桩基水平向承载力计算方法包括理论分析方法、数值仿真方法和现场试桩试验。其中，现场试桩试验是最可靠、最理想的方法，但存在费用高、工期长、难度大等问题。数值仿真方法能够充分考虑桩与土体的非线性接触作用，再现现场环境，但计算精度与土体本构模型、土体参数、桩土接触面模型选择密切相关。最常用的理论分析方法是地基反力系数法，主要为海洋油气平台设计 API 规范推荐的 p-y 曲线法，但存在力学机制、关键经验参数不适用等问题。地基反力法使用 Winker 地基模型，该方法将土体离散为一系列独立的弹簧，地基反力法的微分方法：

$$EI \frac{\mathrm{d}^4 y}{\mathrm{d} x^4} + p(x, y) = q(x, y) \qquad (5-1)$$

式中：E 为桩体材料的弹性模量（kN/m²）；I 为桩界面惯性矩（m⁴）；$p(x, y)$ 为单位桩长上地基土体反力（kN/m）；$q(x, y)$ 为单位桩长的水平荷载（kN/m）。

地基反力 $p(x, y)$ 的计算方式包括弹性地基反力法、p-y 曲线法等。弹性地基反力法将土体假定为弹性，桩按照梁的弯曲理论对桩的水平抗力进行求解。根据地基系数中参数选取的不同，包括为张氏法、k 法、m 法和 c 法。其中，张氏法假定桩侧地基系数沿深度为常数，这种方法仅适用于地基为坚固的岩石情况；k 法假定水平地基系数存在弹性零点，即位移地面处，随着深度逐渐增大至 k 值保持常数不变；m 法假定桩侧水平地基系数沿土层深度的增加而线性增加，当水平荷载较小时，可以较好地反映桩土相互作用；c 法水平地基系数随深度变化呈现抛物线形式。p-y 曲线法认为长桩顶部受水平荷载作用时，桩周土体从表面开始逐渐屈服，塑性区逐渐向下扩展，计算方式为在塑性区使用极限地基反力法，在弹性区则应采用弹性地基反力法。

对于海上风电桩基础，通常采用考虑循环荷载影响的 p-y 曲线法进行计算，该 p-y 曲

113

线参考《风力发电机支撑结构（Support structures for wind turbines）》 （DNVGL-ST-0126)[2] 相关规定。

5.1.1.1 黏土地基

1. API 规范[3] 推荐的 $p-y$ 曲线法

针对于不排水抗剪强度标准值低于 96 kPa 的黏土，短期静载工况和动力循环工况的 $p-y$ 曲线如图 5-1 所示。

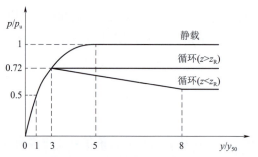

图 5-1 软黏土中的 $p-y$ 曲线

（1）短期静载工况：

$$p = \begin{cases} 0.5p_u \left(y/y_{50} \right)^{1/3} & y/y_{50} < 8 \\ p_u & y/y_{50} \geqslant 8 \end{cases} \tag{5-2}$$

（2）动力循环荷载工况：

当 $z > z_R$ 时：

$$p = \begin{cases} 0.5p_u \left(y/y_{50} \right)^{1/3} & y/y_{50} \leqslant 3 \\ 0.72p_u & y/y_{50} > 3 \end{cases} \tag{5-3}$$

当 $z \leqslant z_R$ 时：

$$p = \begin{cases} 0.5p_u \left(y/y_{50} \right)^{1/3} & y/y_{50} \leqslant 3 \\ 0.72p_u \left[1 - \left(1 - \dfrac{z}{z_R} \right) \dfrac{y - 3y_{50}}{12y_{50}} \right] & 3 < y/y_{50} \leqslant 15 \\ 0.72p_u & y/y_{50} > 15 \end{cases} \tag{5-4}$$

式中：p_u 为软黏土极限抗力（kN/m）；y_{50} 为桩周土体达到极限抗力一半时对应的水平变形（m）。

其中，p_u 和 y_{50} 通过式（5-5）至式（5-7）计算得到

$$p_u = \begin{cases} \left(3c_u + \gamma z + J\dfrac{c_u z}{D} \right)D & (z < z_R) \\ 9c_u D & (z \geqslant z_R) \end{cases} \tag{5-5}$$

$$z_R = 6D \bigg/ \left(\dfrac{\gamma D}{c_u} + J \right) \tag{5-6}$$

$$y_{50} = A_c \varepsilon_{50} D \tag{5-7}$$

式中：γ 为土体有效重度（kN/m³）；c_u 为未扰动黏土土样的不排水抗剪强度（kPa）；J 为经验常数，通常取 0.5；A_c 为经验系数，API 规范推荐值为 2.5；ε_{50} 为最大主应力差

一半时产生的应变；D 为桩径（m），在无试验值可用的情况下，可参考 Skempton 的建议进行取值，如表 5-1 所示。

对于不排水抗剪强度标准值超过 96kPa 的硬黏土，循环荷载作用下，土体刚度和强度会发生明显退化，如图 5-2 所示。

表 5-1　典型黏土 ε_{50} 取值

典型黏土	取值
黏土硬度	ε_{50}
软黏土	0.02
中等硬度	0.01
硬黏土	0.005

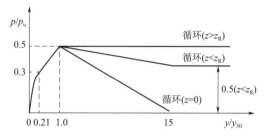

图 5-2　硬黏土中的 p-y 曲线

由式（5-2）、式（5-3）和式（5-4）可知，采用半理论半经验推导得到的黏土 p-y 曲线在 y 接近无穷小时，初始刚度为无穷大，这明显不符合客观事实。虽然这种假设对水平向极限承载性能分析等大变形工况无明显影响，但在疲劳分析、模态分析等小变形工况下，初始刚度将对计算结果产生显著影响，此时需要对 p-y 曲线的初始刚度进行相应的处理，主要处理方式包括两种，第一种方式是对 p-y 曲线初始点临近区域进行离散处理，根据求解问题的具体情况选择第一个离散点以满足初始刚度符合求解问题需要，通常将（$y/y_{50}=0.1$，$p/p_{u}=0.23$）作为第一个离散点；第二种方法是给出黏土 p-y 曲线初始刚度 $k_{ini}=\xi p_{u}/[D(\varepsilon_{c})^{0.25}]$，$\xi$ 为经验系数，对于正常固结黏土取 10，超固结黏土取 30。

2. Stevens 法

STEVENS 和 AUDIBERT[5] 开展 7 组水平受荷桩现场试验（桩径从 0.28m 到 1.5m），试验结果表明桩径会显著影响 p-y 曲线，并基于试验数据对 MATLOCK[6] 提出的软黏土 p-y 模型进行了修正，主要包括两方面。

首先，修正了黏土 p-y 模型中的位移参数 y_{50}：

$$y_{50} = 2.5\varepsilon_{50}D_{ref}\left(\frac{D}{D_{ref}}\right)^{0.5} \tag{5-8}$$

其次，修正了软黏土极限抗力：

$$p_{u} = \begin{cases} \left(5c_{u} + \gamma z + J\dfrac{c_{u}z}{D}\right)D & (z < z_{R}) \\ 12c_{u}D & (z \geqslant z_{R}) \end{cases} \tag{5-9}$$

$$z'_{R} = 7D/\left(\frac{\gamma D}{c_{u}} + J\right) \tag{5-10}$$

式中：D_{ref} 为参考桩径（m），建议取值为 0.32，对于桩径大于参考桩径的桩基础，修改后的位移参数将产生更高的水平向地基刚度；p_u 为砂土极限抗力（kN/m）。

相比于 API 规范推荐的黏土水平极限抗力，Stevens 法计算得到的海床表层黏土水平极限抗力高出 70%，深层黏土高出 30%。相对于桩径对位移参数 y_{50} 的影响，桩径对黏土水平极限抗力 p_u 的影响更加明显。目前，Stevens 法是基于桩基加载试验数据总结提出的，尚缺乏理论支持，且水平极限抗力计算公式仅适用于特定的黏土。

3. O'Neill 法

O'NEILL 和 GAZIOGLU[7] 对 MATLOCK 提出的 $p-y$ 曲线中的位移参数 y_{50} 进行了修正：

$$y_{50} = 2.5\varepsilon_{50}D^{0.5}\left(\frac{E_P I_P}{E_s}\right) \tag{5-11}$$

式中：$E_P I_P$ 为桩身抗弯刚度（kN·m²）；E_s 为土的杨氏模量（MPa）。

4. 修正 $p-y$ 曲线法

王卫等[8] 提出了一种综合考虑桩身直径和地层深度影响的黏土 $p-y$ 修正模型，并通过海上风电现场试桩试验进行了验证：

$$y_{50} = A\varepsilon_{50}D\left(\frac{D}{D_{ref}}\right)^{\alpha}\left(\frac{z}{z_R}\right)^{-\beta} \tag{5-12}$$

式中：α 为桩径影响系数；β 为地层深度影响系数，当 $z<z_R$，$\beta<0$，当 $z\geq z_R$，$\beta>0$；D_{ref} 为参考桩径（m），取值参考 Stevens 法，为 0.32m。

5.1.1.2　砂土地基

砂土地基桩基水平承载力计算通常采用 API 规范[3] 和 DNV 规范[9] 推荐的正切双曲线形的 $p-y$ 模型：

$$p = A_s p_u \tanh\left(\frac{K_i}{A_s p_u}y\right) \tag{5-13}$$

式中：A_s 为土体极限抗力修正系数；p_u 为砂土极限抗力（kN/m）；K_i 为水平向地基初始刚度（kN/m²）。循环荷载作用下，土体极限抗力修正系数取值为 0.9。

其中，A_s 和 p_u 可通过下式计算得到：

$$A_s = \max(3 - 0.8z/D, 0.9) \tag{5-14}$$

$$p_u = \gamma z\min(C_1 z + C_2 D, C_3 D) \tag{5-15}$$

式中：γ 为土体有效重度（kN/m³）；C_1、C_2 和 C_3 取决于砂土内摩擦角，取值参见 API 规范，如图 5-3 和图 5-4 所示。

K_i 的计算公式如下：

$$K_i = kz \tag{5-16}$$

$$k = 0.008085\varphi^{2.45} - 26.09 \tag{5-17}$$

式中：φ 为内摩擦角（°），介于 29°~45°之间。

图 5-5 为全球部分海上风电场采用的基础型式及单桩基础尺寸参数，可以看出单桩基础的直径在 6m 以上，最大直径超过 10m。然而，API 规范推荐的 $p-y$ 曲线法是基于海上油气平台小直径柔性桩（桩径通常小于 1.2m、桩长 30~50m）现场试桩试验总结提出的，其适用性通过小直径柔性桩现场试桩试验进行验证，国内外学者研究表明，对于当前海上风电超大直径单桩，桩的长径比已经超出现场试桩试验的参数校正空间，如图 5-6 所示。

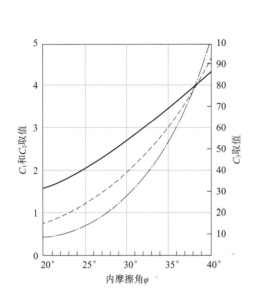

图 5-3　系数 C_1、C_2 和 C_3 与内摩擦角的关系

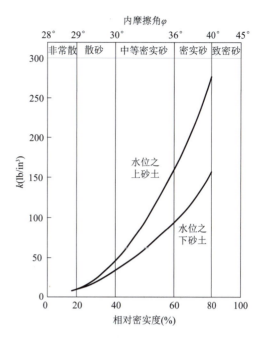

图 5-4　k 取值计算曲线

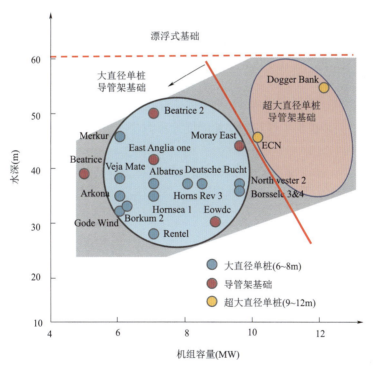

图 5-5　海上风电场水深基础及单桩基础直径

　　对于砂土地基，正常运行荷载作用下大直径桩的地基初始刚度可能会被低估，导致桩身变形被高估，然而在极端荷载作用下大直径桩的地基初始刚度又可能会被高估，导致桩身变形被低估。相比于桩径对土体极限反力的影响，国内外学者更关注桩径对砂土地基初始刚度的计算公式的影响，并基于物理模型试验和数值仿真，提出了多种修正公式。

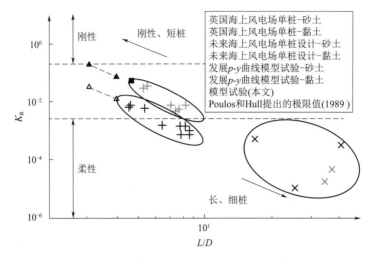

图 5-6　桩的刚度系数与长径比的关系[10]

1. Wiemann 法

WIEMANN 等[11] 提出一个桩径影响系数对 API 规范建议的地基初始模量进行修正，地基初始模量随着桩径的增大而不断减小，如式（5-18）所示：

$$k_w = k\left(\frac{D_{ref}}{D}\right)^{4(1-\alpha)/(4+\alpha)} \tag{5-18}$$

式中：D_{ref} 为参考桩径，取值 0.61m；D 为桩径（m）；α 为与土体相关的系数，对于密砂取值为 0.5，对于中密砂取值为 0.6。

2. Sørensen 法

SØRENSEN[12]基于数值模拟结果，指出桩径对地基初始刚度 K_i 有显著影响，且 K_i 与深度呈指数关系，进一步提出了修正的初始刚度计算方法，该公式主要适用于密砂中的刚性短桩。

$$K_i = 50\,000(z/z_{ref})^{0.6}(D/D_{ref})^{0.5}\varphi^{3.6} \tag{5-19}$$

式中：D_{ref} 为参考桩径，建议值为 1.0m；z_{ref} 为参考深度，建议值为 1.0m；φ 为内摩擦角（rad）。

3. Kallehave 法

KALLEHAVE 等[13] 针对海上风电单桩基础在运行荷载作用下地基初始刚度被低估的问题，修正了 API 规范推荐的砂土 $p\text{-}y$ 模型地基初始刚度计算公式。该方法采用现场试验数据对模型进行了验证，相对于 API 规范建议的砂土地基初始刚度，Kallehave 法计算结果更大。

$$K_i = kz_{ref}(z/z_{ref})^{0.6}(D/D_{ref})^{0.5} \tag{5-20}$$

式中：D_{ref} 为参考桩径，建议值为 0.61m；z_{ref} 为参考深度，建议值为 2.5m。

5.1.1.3　PISA 设计方法

2014 年，DNV 在更新的规范中明确指出了现有 $p\text{-}y$ 曲线法存在的不足[14]。2019 年，中国首部海上风力发电场国家标准《海上风力发电场设计标准》（GB/T 51308—2019）[15] 同样指出，宜适当考虑海床地基土体的特殊性，评估现行石油平台的行业标准《海上固定平台规划、设计和建造的推荐作法——荷载抗力系数设计法（增补 1）》（SY/T 10009—2002）[16]

的适用性。欧盟"LEANWIND"项目研究了传统 $p-y$ 方法（API）对致密砂层中大直径单桩水平承载力预测的准确性，研究结果表明随着桩径的增加，单桩基础的变形行为更接近于刚体，进而提高桩基的侧向阻力。与 Plaxis 数值结果相比，不考虑桩身侧摩阻力的 API 方法计算得到的桩身挠度更大。随着桩径的增大，挠度预测的差异性不断增加。

多位学者研究指出[17-19]，桩在水平荷载作用下的反应曲线取决于桩自身的刚度。根据桩-土刚度比、长径比，桩可分为刚性桩、中性桩、柔性桩，多位研究学者提出多种计算公式进行分类[20-21]。

POULOS[22] 提出桩的相对刚度计算公式：

$$K_R = \frac{E_p I_p}{E_{SL} L^4} \tag{5-21}$$

式中：$E_p I_p$ 为桩的弯曲刚度（$kN \cdot m^2$）；E_{SL} 为桩端土体的杨氏模量（kN/m^2），$E_{SL} = 2(1+\nu)G_0$。当 $K_R > 0.208$，为刚性桩；当 $K_R < 0.0025$，为柔性桩。

POULOS 和 HULL[23] 提出用刚度参数 R 进行桩的分类：

$$R = \left(\frac{E_p I_p}{E_s}\right)^{0.25} \tag{5-22}$$

式中：$E_p I_p$ 为桩的弯曲刚度（$kN \cdot m^2$）；E_s 为土体刚度（kN/m^2）。当 $L/R < 1.48$ 时，桩表现出刚性变形的行为；当 $L/R > 4.44$ 时，桩表现出柔性变形的行为。

2013—2018 年，欧洲海上风电开发商沃旭集团与牛津大学、帝国理工学院等科研院所合作，针对于海上风电超大直径单桩基础，通过开展多组现场试验和大量的数值仿真，提出了 PISA 设计方法[24-29]，如图 5-7 所示。目前，PISA 方法已经作为独立程序集成于商业化软

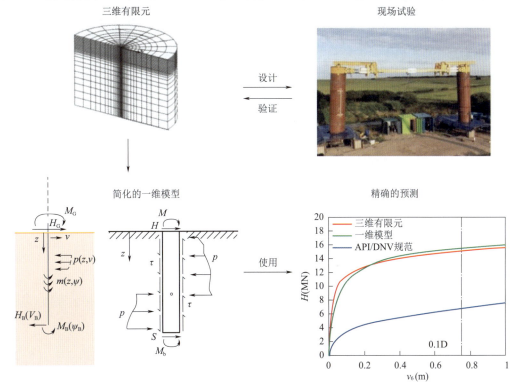

图 5-7　PISA 试验[27]

件 PLAXIS3D 中，包括经验法和数值法两种设计流程，如图 5-8 所示。PISA 设计方法中的桩土相互作用由四部分组成，分别为桩侧土体水平抗力、桩侧土体侧摩阻力形成的弯矩、桩底土体水平剪力和桩底弯矩。该项目研究结果指出，若采用 PISA 方法设计单桩基础，用钢量可减少 30%。沃旭集团准备在 Hornsea One 海上风电场及后续拟建海上风电场中使用该设计方法，并认为 PISA 设计方法代表了海洋岩土工程设计的重大转变，不仅对降低单桩基础成本有意义，还预示着采用适合海上风电的设计方法有助于海上风电的降本增效。

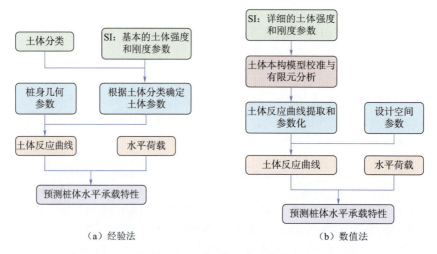

（a）经验法　　　　　　　　　　　　　　（b）数值法

图 5-8　PISA 设计方法[26]

5.1.1.4　循环荷载影响

对于海上风电单桩基础，在 25 年的全生命周期内，单桩需要承受的循环往复的水平荷载作用高达 10^8 次以上，循环荷载对桩顶位移、桩身最大弯矩以及桩身最大弯矩点的位置、土体抗力均有显著影响。目前，循环荷载作用下单桩基础的承载机制仍缺乏系统的研究，缺乏更加准确的理论指导工程设计。

循环荷载的特征参数包括循环荷载的次数和频率、荷载均值 H_m 和荷载振幅 H_c，如图 5-9 所示。

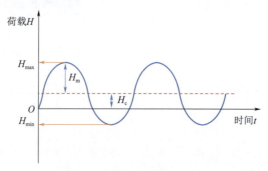

图 5-9　循环荷载特征参数

$$H_{max} = H_m + H_c \qquad (5-23)$$

$$H_{min} = H_m - H_c \qquad (5-24)$$

式中：H_{max} 为最大荷载；H_{min} 为最小荷载。当 $H_{min}/H_{max} \geqslant 0$，为单向循环；当 $H_{min}/H_{max} < 0$，

为双向循环。

循环荷载作用下的累计桩身位移和荷载通常以循环次数和初次循环桩身位移和荷载的函数来表征：

$$y_N = f(N, y_1) \qquad (5-25)$$

式中：y_N 为给定荷载 N 次循环后的桩身位移（m）；y_1 是第一次加载时的桩身位移（m）。

LITTLE 和 BRIAUD[30] 提出了对数关系式：

$$y_N = y_1 N^m \qquad (5-26)$$

式中：m 为表征循环作用下桩身变形的发生退化的经验系数。对于刚性桩，m 取值范围可以为 $0.1 \sim 0.25$[31]；对于柔性桩，m 取值范围为 $0.04 \sim 0.09$[30]。

HETTLER[32] 提出幂函数关系式：

$$y_N = y_1(1 + \alpha \ln N) \qquad (5-27)$$

式中：α 为表征循环作用下桩身变形的发生退化的经验系数。

基于特定循环荷载特征的试验，国内外研究学者提出了多种退化系数，如表 5-2 和表 5-3 所示。

表 5-2　退化经验系数 m 取值范围[33]

作者	循环荷载特征	退化系数 m	试验类型	桩	备　注
Little 1998		0.064	原位测试，6 次试验，20 次循环，松砂和中等密砂	$D = 0.51 \sim 1.065$ $L/D = 32.3 \sim 60$	—
Long 1994	$-1 < H_{min}/H_{max} < 0.5$	$0.072 \sim 0.143$	34 次试验，砂土 $N = 5 \sim 500$	柔性桩 $D = 0.145 \sim 1.43$ $L/D = 3.1 \sim 84.1$	单向循环：$M = 0.082$，密砂 $M = 0.102$，中密砂
Leblanc 2010a 2010b Abadie 2011	$-1 < H_{min}/H_{max} < 0.5$	0.3（干砂）0.31（非饱和砂）	1g 模型试验；非饱和松砂，干燥松砂（密实度 20%），1 万次	刚性桩 $D = 0.08$ $L/D = 4.5$	海上风电，桩头旋转，$\theta_N = \theta_1 \times (1 + K_b \times K_c \times N_m)$；$K_b$ 和 K_c 与砂的密实度和循环荷载特征有关
Abadie 2014	双向和单向循环	0.31	1g 模型试验，松砂（密实度 4% 和 18%）	—	海上风电，桩头旋转
Peralta 2010a	单向循环 $H_{min}/H_{max} = 0$	0.12	1g 模型试验，10 000 次中等密实度干砂	刚性桩	海上风电 M 与 H_{max} 无关
Klinkvort 2012	$0.47 < H_{min}/H_{max} < 0.54$	$0.048 \sim 0.17$	离心式试验，密砂（干燥和饱和），1 万次	刚性桩	T_c 是 H_{min}/H_{max} 的函数 T_b 随 H_{max}/H_{lim} 线性增加 $H_{min}/H_{max} = 0$，$m = 0.048 \sim 0.17$，取决于 H_{max}/H_{lim}
Roesen 2013	$-0.01 < H_{min}/H_{max} < 0.1$	$0.11 \sim 0.18$	1g 模型试验，饱和密砂，6 万次	刚性桩	海上风电，桩头旋转 $\theta_N = \theta_1 \times (1 + a \times N_m)$，系数 a 随循环荷载增加，从 0.3 增加至 0.7
Alain 2017	双向循环 $H_{min}/H_{max} = -1$ 单向循环 $0 < H_{min}/H_{max} < 9$	—	离心式试验，53 次试验 最大 1000 万次（saturated SOC clay；unsaturated OC clay）	$D = 16$ $L/D = 17.8$ 柔性桩 缩尺比 1 : 50	SOC clay $Y_n/Y_1 = 1.1 N0.5 H_c/H_{max}$ SOC clay $Y_n/Y_1 = 1.1 N0.16 H_c/H_{max}$

表 5-3　退化经验系数 α 取值范围[34]

作者	循环荷载特征	退化系数 α	试验类型	桩	备注
Bouafia 1994	单向循环 $H_{min}/H_{max}=0$	0.18~0.25	离心机试验，5 次循环干砂	2 根刚性桩	循环次数较少（4~5）
Lin 1999	$-1<H_{min}/H_{max}<0.1$	0.02~0.24	20 次试验，多种砂土 $N=100$	柔性桩 $D=0.145\sim1.43$ $L/D=3.1\sim84.1$	与土体密度和安装方式，荷载类型
Hadjadji 2002	单向循环 $H_{min}/H_{max}=0.33$	0.087	原位试验，低塑性黏土/石灰砂，10 000 次循环	—	桩在经受 1 万次循环荷载之前，经历多种侧向荷载
Verdure 2003	单向循环 $H_{min}/H_{max}=0.2$、0.4、0.6、0.8	0.04~0.18	离心机试验，50 次密砂（密实度 95%）	柔性桩 $D=0.72$ $L/D=16.7$	$=0.18$（$H_{max}-H_{min}$）/H_{max}
Li 2010	单向循环 $H_{min}/H_{max}=0$	0.17~0.25	离心式试验密砂（密实度 97%）	刚性桩	针对海上风电基础，随 H_{max} 轻微增加，荷载施加高度三倍于桩锚深
Peralta 2010	单向循环 $H_{min}/H_{max}=0$ $H_{max}<0.6H_{lim}$	0.21	1g 模型试验，10 000 次中等密实度干砂	柔性桩	针对海上风电基础，与 H_{max} 无关，柔性桩 荷载施加高度为 0.8~2 倍桩锚深
Bienen 2012	—	—	离心式试验，13 235 中等密砂	$D=2.4$ $L/D=4$、12.5	$Y_N=Y_1\times[1+t_b\times l_n(N/2+1)]$；$t_b=0.05\times(N-1)/N$
Alain 2017	双向循环 $H_{min}/H_{max}=-1$ 单向循环 $0<H_{min}/H_{max}<9$	—	离心式试验，84 次试验 最大 7.5 万次（密实度 53%、86%、100%）	$D=0.72$ $L/D=16.7$ 柔性桩 缩尺比 1：40	前几十次循环 $\alpha=0.10(H_c/H_{max})^{0.35}$

然而，式（5-26）和式（5-27）仅能够用来计算恒定振幅的循环载荷作用下的位移折减，对于真实海洋环境中的单桩基础，循环荷载具有变振幅特征。Lin 和 Liao[35] 提出了一种计算变振幅循环荷载的等效循环次数，如式（5-28）所示：

$$N_k^*=e^{\left[\frac{y_{1,k}}{y_{1,1}}(1+\alpha\ln N_k)-1\right]/\alpha} \tag{5-28}$$

式中：$y_{1,1}$ 为设计静荷载作用下桩身位移（m）；$y_{1,k}$ 为不同振幅荷载作用下桩身位移（m）；N_k 为循环次数。

不同振幅循环荷载作用下累积的桩身位移为：

$$y_{Ges}=k_{1,1}\left[1+t\ln(N_1+\sum_{k=2}^n N_k^*)\right] \tag{5-29}$$

API 规范在考虑循环荷载的影响时，黏土采用软化的 $p\text{-}y$ 曲线，砂土采用折减系数降低土体水平抗力。

5.1.2　轴向承载力

5.1.2.1　打入桩轴向受压承载力

若不进行静载荷试桩，则按承载力经验参数法确定打桩轴向极限承载力设计值。对于钢管桩，其轴向抗压承载力设计值按下式计算得到：

$$Q_d = \frac{1}{\gamma_R}(U \sum q_{fi}l_i + \eta q_R A) \tag{5-30}$$

式中：Q_d 为轴向抗压承载力设计值（kN）；γ_R 为轴向抗压承载力分项系数，取 1.5；U 为桩身截面外周长（m）；q_{fi} 为桩基第 i 层土的极限侧摩阻力标准值（kPa）；l_i 为桩身穿过第 i 层土的长度（m）；q_R 为极限端阻力标准值（kPa）；A 为桩端外周面积（m^2）；η 为桩端承载力折减系数，可按地区经验取值，无当地经验值时，可按表 5-4 取值。本次计算取值为 0.1。

表 5-4　桩端承载力折减系数 η 取值表

桩型	桩外径	折减系数	取值说明
开口钢管桩	$d>1.5$	入土深度小于 25m 时取 0；入土深度大于或等于 25m 时取 0~0.25	根据桩径、入土深度和持力层特性综合分析；入土深度较大，进入持力层深度较大，桩径较小时取大值，反之取小值

5.1.2.2　打入桩轴向抗拔承载力

若不进行静载荷试桩，打入桩的抗拔承载力设计值按式（5-31）计算得到：

$$T_d = \frac{1}{\gamma_R}(U \sum \xi_i q_{fi}l_i + G\cos\alpha) \tag{5-31}$$

式中：T_d 为轴向承载力设计值（kN）；γ_R 为轴向承载力分项系数，取 1.5；U 为桩身截面外周长（m）；ξ_i 为桩基第 i 层土的极限侧摩阻力折减系数；q_{fi} 为桩基第 i 层土的极限侧摩阻力标准值（kPa）；l_i 为桩身穿过第 i 层土的长度（m）；G 为桩重力（kN），水下部分按浮重力计；α 为桩轴线与垂线夹角（°）。

5.1.2.3　嵌岩桩轴向抗压承载力

嵌岩桩轴向抗压承载力设计值按式（5-32）计算，遇水软化岩层和饱和单轴抗压强度标准值小于 10MPa 的岩层，嵌岩桩承载力按灌注桩计算：

$$Q_{cd} = \frac{U_1 \sum \xi_{fi}q_{fi}l_i}{\gamma_{cs}} + \frac{U_2 \sum \xi_s f_{rk}h_r + \xi_p f_{rk}A}{\gamma_{cR}} \tag{5-32}$$

式中：Q_{cd} 为嵌岩桩轴向抗压承载力设计值（kN）；U_1、U_2 分别为覆盖层和嵌岩桩身截面外周长（m）；ξ_{fi} 为桩周第 i 层土的极限侧摩阻力计算系数；q_{fi} 为桩基第 i 层土的极限侧摩阻力标准值（kPa）；l_i 为桩身穿过第 i 层土的长度（m）；γ_{cs} 为覆盖层桩轴向抗压承载力抗力分项系数；ξ_s、ξ_p 分别为嵌岩段侧阻力和端阻力计算系数；f_{rk} 为岩石单轴抗压强度标准值（kPa）；h_r 为桩身嵌入基岩的长度（m）；A 为嵌入段桩端面积（m^2）；γ_{cR} 为嵌岩段桩轴向抗压承载力抗力分项系数。

5.1.2.4　嵌岩桩轴向抗拔承载力

对于未进行抗拔试验的嵌岩桩，若嵌岩深度不小于 3 倍桩径，其轴向抗拔承载力设计值可按下式计算。遇水软化岩层和 $f_{rk}<2MPa$ 的岩层，桩抗拔承载力宜按灌注桩计算。

$$Q_{td} = \frac{U_1 \sum k_i \xi_{fi} q_{fi} l_i + G\cos\alpha}{\gamma_{ts}} + \frac{U_2 \sum k_s f_{rk} h_r}{\gamma_{tr}} \qquad (5-33)$$

式中：Q_{td} 为嵌岩桩轴向抗拔承载力设计值（kN）；U_1、U_2 分别为覆盖层和嵌岩桩身截面外周长（m）；k_i 为第 i 层覆盖土的侧阻力抗拔折减系数，取 $0.7 \sim 0.8$；ξ_{fi} 为桩周第 i 层土的极限侧摩阻力计算系数；q_{fi} 为桩基第 i 层土的极限侧摩阻力标准值（kPa）；l_i 为桩身穿过第 i 层土的长度（m）；G 为桩重力（kN），水下部分按浮重力计；α 为桩轴线与垂线夹角（°）；γ_{ts} 为覆盖层桩轴向抗拔承载力抗力分项系数；k_s 为嵌岩段侧阻力计算系数；f_{rk} 为岩石饱和单轴抗压强度标准值（kPa）；h_r 为桩身嵌入基岩的长度（m）；A 为嵌入段桩端面积（m²）；γ_{tr} 为嵌岩段桩轴向抗拔承载力抗力分项系数。

桩基轴向承载力抗力分项系数按表 5-5 取值。

表 5-5　桩基轴向承载力抗力分项系数

桩的类型		静载试验法	经 验 参 数 法		
打入桩		$1.30 \sim 1.40$	$1.45 \sim 1.55$		
灌注桩		$1.50 \sim 1.60$	$1.55 \sim 1.65$		
嵌岩桩	抗压	$1.60 \sim 1.70$	覆盖层	预制桩	$1.45 \sim 1.55$
				灌注桩	$1.55 \sim 1.65$
			嵌岩层	$1.70 \sim 1.80$	
	抗拔	$1.80 \sim 2.0$	覆盖层	预制桩	$1.45 \sim 1.55$
				灌注桩	$1.55 \sim 1.65$
			嵌岩层	$2.0 \sim 2.20$	

5.1.2.5　群桩效应

对于海上风电桩基导管架基础，桩土相互作用与群桩类型密切相关。群桩极限承载力计算方式主要包括三种：一是以单桩极限承载力为基础的群桩效率法；二是以土强度为基础的极限平衡理论方法；三是以桩端阻力和桩侧阻力为参数的经验计算方法。

根据《浅海钢质固定平台结构设计与建造技术规范》（SY/T 4094—2012）[36] 相关规定，对于黏土中的群桩，当桩间距小于 8 倍桩径时应考虑群桩效应对桩基承载力和变形特性的影响，这是由于群桩承载力可能低于单根桩承载力乘以桩数；对于砂土中的群桩，可以不考虑群桩对桩基承载力的影响，这是由于群桩承载力可能高于单根桩承载力乘以桩数。

考虑群桩效应时，黏土中群桩承载力计算方法：当桩间距小于 3 倍桩径时，按照公认的整体深基础法进行计算；当桩间距为 $3 \sim 8$ 倍桩径时，群桩承载力计算公式为：

$$Q_{all} = Q_P n\eta \qquad (5-34)$$

$$\eta = \frac{1}{1 + \kappa} \qquad (5-35)$$

式中：Q_{all} 为群桩承载力（kN）；Q_P 为单根桩承载力（kN）；n 为群桩中的桩数；η 为群桩效应系数；κ 为应力折减率，取值参考表 5-6。

表 5-6　应力折减率取值

类别	桩位布置	应力折减率	符号说明
多排	图中，$M=4$，$N=3$	$\kappa = 2B_{sh}\dfrac{M-1}{M} + 2B_{sv}\dfrac{N-1}{N}$ $+ 4B_s\dfrac{(M-1)(N-1)}{MN}$ $B_{sh} = \left(\dfrac{1}{3S_h} - \dfrac{1}{2L\tan\varphi}\right)D$ $B_{sv} = \left(\dfrac{1}{4S_v} - \dfrac{1}{2L\tan\varphi}\right)D$ $B_s = \left(\dfrac{1}{\sqrt{S_h^2 + S_v^2}} - \dfrac{1}{2L\tan\varphi}\right)D$	M，N 为 S_h 和 S_v 方向的桩数；S_h 和 S_v 为桩距；L 为桩入土深度；D 为桩径；φ 为土的内摩擦角，分层土加权平均值
单排		$\kappa = 2B_{sh}\dfrac{M-1}{M}$	
圆形排列		$\kappa = \displaystyle\sum_{i=1}^{N-1}\left(\dfrac{1}{3S_i} - \dfrac{1}{2L\tan\varphi}D\right)$ 若式中某项为负数，则取其为零	

5.1.2.6　桩基轴向变形计算

t–z 曲线法[37] 给出桩侧竖向弹簧刚度与桩端竖向弹簧刚度的确定方式来计算桩基沉降的数值，关键是根据桩土特性确定合适的非线性弹簧参数。图 5-10 为桩土轴向相互作用弹簧示意图，竖向受荷桩基础轴向抗力由轴向桩–土侧壁摩擦和桩端承载力两部分组成。

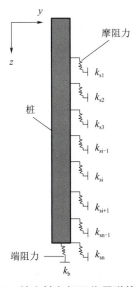

图 5-10　桩土轴向相互作用弹簧示意图

1. 轴向荷载传递位移 t-z 曲线

在任一深度处发挥的桩土剪应力传递和剪切位移的图形关系,可以用 t-z 曲线表示。图中,z 指桩的局部位移;z_{peak} 指桩土界面最大摩阻力对应的位移;t 指桩土摩阻力;t_{max} 指桩土界面最大摩阻力;t_{res} 指黏土残余摩阻强度。

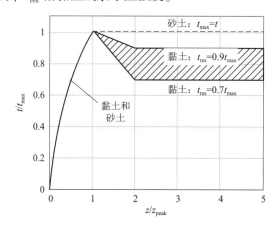

图 5-11 桩土轴向荷载传递位移 t-z 曲线

表 5-7 为桩土轴向荷载传递位移 t-z 曲线表,包括黏土和砂土地质。

表 5-7 桩土轴向荷载传递位移 t-z 曲线表

z/z_{peak}	t/t_{max}		z/z_{peak}	t/t_{max}	
	黏土	砂土		黏土	砂土
0.16	0.3	0.3	1.0	1.00	1.00
0.31	0.50	0.50	2.0	0.70~0.90	1.00
0.57	0.75	0.75	∞	0.70~0.90	1.00
0.80	0.90	0.90	—	—	—

2. 桩端阻力位移 Q-z 曲线

桩基端部承载力和桩端轴向压缩位移可以用 Q-z 曲线来表示,图 5-12 中 z 指桩尖位移;D 指桩径;Q 指桩端受力;Q_p 指桩土界面最大摩阻力。

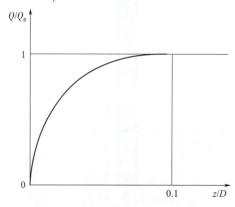

图 5-12 桩端阻力位移 Q-z 曲线

表 5-8 所示为桩端阻力与位移 Q-z 曲线表，黏土和砂土地质所用曲线相同。

表 5-8　桩端阻力与位移 Q-z 曲线表

z/D	Q/Q_p	z/D	Q/Q_p
0	0	0.073	0.90
0.002	0.25	0.100	1.00
0.013	0.50	∞	1.00
0.042	0.75	—	—

5.2　筒型基础

5.2.1　水平承载力

作为海上风电基础中的一种，筒型基础服役过程中经受水平荷载、竖向荷载和弯矩多种复杂荷载作用。根据海上风电工程经验，相对于其他受荷工况，筒型基础承受水平荷载能力最为重要。

图 5-13 为在不同的水平荷载下筒周土体作用于筒体内外壁上的土压力分布。由图 5-13 (a) 和 (b) 可知，作用于前侧外筒壁和后侧内筒壁上的被动土压力表现出随埋深先增大再减小的趋势，这与传统的重力式基础型式有着显著的区别。从图 5-13 (c) 可以看出，作用于前侧内筒壁中上部分的主动土压力分布近似等同于静土压力分布，而下半部分的土压力则随埋深的增加而迅速增大，主要是由筒体的转动破坏模式造成的。由图 5-13 (d) 可知，作用于后侧外筒壁上半部分的主动土压力由于土体出现裂缝的原因而近似为 0，下半部分的土压力分布特征与前侧内筒壁类似。

图 5-14 为筒型基础周围土抗力分布示意图，作用于外侧筒壁上的水平土体抗力服从 Winkler 假定。

在 xOz 平面内，$\theta=0$ 处，土体的径向水平抗力沿筒高呈抛物线形分布，如图 5-14 (a) 所示，其形式为：

$$\sigma_{x0}=k_x(z-z_0)\omega \tag{5-36}$$

式中：k_x 为水平向地基系数（kN/m^3），可根据 "m" 法确定，即 $k_x=mz$，m 为比例常数（kN/m^4）；ω 为筒体在水平荷载作用下的转动角（rad）。

在 xOy 平面内，$\theta\neq0$ 处，土体的径向水平抗力沿筒周呈三角函数分布，如图 5-14 (b) 所示，其形式为：

$$\sigma_r=\sigma_{x0}\theta \tag{5-37}$$

于是，土体径向水平抗力沿 x 轴方向的分量为：

$$\sigma_x=\sigma_r\cos\theta=\sigma_{x0}\cos^2\theta \tag{5-38}$$

作用于外侧筒壁上的竖向土体摩擦力与该处径向水平土体压力成正比，即在深度 z 处竖向剪应力为：

$$\tau_z=f\sigma_r \tag{5-39}$$

式中：f 为筒土之间的摩擦系数，可由筒壁材料与土的直剪试验确定。

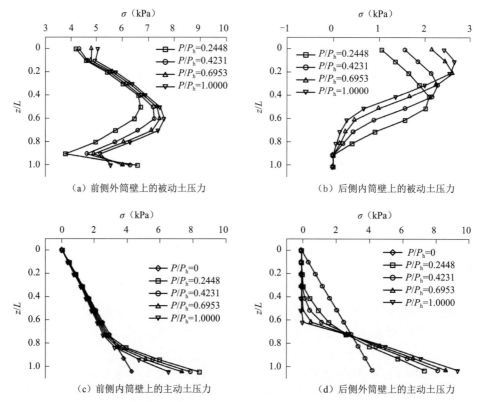

（a）前侧外筒壁上的被动土压力

（b）后侧内筒壁上的被动土压力

（c）前侧内筒壁上的主动土压力

（d）后侧外筒壁上的主动土压力

图 5-13　不同荷载水平条件下的土压力分布[38]

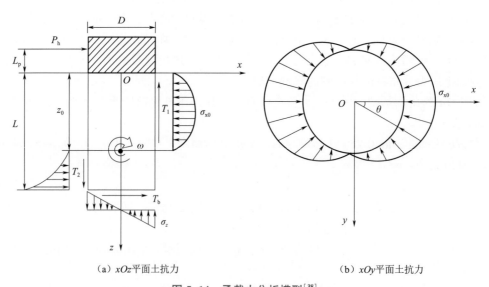

（a）xOz 平面土抗力

（b）xOy 平面土抗力

图 5-14　承载力分析模型[38]

作用于基底表面上的竖向土体抗力同样服从 Winkler 假定，如图 5-14（a）所示，其形式为：

$$\sigma_z = -k_z x \omega \theta \qquad (5-40)$$

$$k_z = (E_{sz}/E_{sx})k_x \approx 2k_x \qquad (5-41)$$

式中：k_z 为竖向地基系数（kN/m^3）；E_{sz} 为土体竖向压缩模量（kPa）；E_{sx} 为土体水平向压缩模量（kPa）。

基于以上假定，可进一步求得下列各力及弯矩分量表达式：

水平土压力合力：

$$N = \iint_{S_1} \sigma_x \mathrm{d}s = 2 \int_0^L \int_0^{\pi/2} \sigma_x R \mathrm{d}\theta \mathrm{d}z \qquad (5-42)$$

前侧外筒壁上的摩擦力合力：

$$T_1 = \iint_{S_{11}} \tau_z \mathrm{d}s = 2 \int_0^{z_0} \int_0^{\pi/2} \tau_z R \mathrm{d}\theta \mathrm{d}z \qquad (5-43)$$

后侧外筒壁上的摩擦力合力：

$$T_2 = \iint_{S_{12}} \tau_z \mathrm{d}s = 2 \int_0^L \int_0^{\pi/2} \tau_z R \mathrm{d}\theta \mathrm{d}z \qquad (5-44)$$

式中：S_1 为径向土压力作用面积（m^2）；S_{11} 为筒体前侧径向土压力作用面积（m^2）；S_{12} 为筒体后侧径向土压力作用面积（m^2）；R 为筒体半径（m）。

水平极限荷载 P_h 对转动中心的弯矩：

$$M_{P_h} = Ph(L_P + z_0) \qquad (5-45)$$

水平土压力合力 N 对转动中心的弯矩：

$$M_N = \iint_{S_1} \sigma_x (z_0 - z) \mathrm{d}s = 2 \int_0^L \int_0^{\pi/2} \sigma_x (z_0 - z) R \mathrm{d}\theta \mathrm{d}z \qquad (5-46)$$

作用于外筒壁上的摩擦力合力对转动中心的弯矩：

$$M_T = (T_1 - T_2) R \qquad (5-47)$$

作用于基底表面上的竖向土体抗力对转动中心的弯矩：

$$M_b = \iint_{S_1} \sigma_x x \mathrm{d}s = 2 \int_0^R z \sigma_z \sqrt{R^2 - x^2} x \mathrm{d}x \qquad (5-48)$$

式中：S_2 为基底面积（m^2）。

作用于基底表面上的摩擦力合力 T_b 对转动中心的弯矩：

$$M_{T_b} = T_b(z_0 - L) \qquad (5-49)$$

由水平力平衡得：

$$\sum x = P_h + N + T_b = 0 \qquad (5-50)$$

由竖向力平衡得：

$$\sum z = T_1 + T_2 = 0 \qquad (5-51)$$

由转动中心弯矩平衡得：

$$\sum M = M_{P_h} + M_N + M_T + M_b + M_{T_b} = 0 \qquad (5-52)$$

联立式（5-50）、式（5-51）和式（5-52），可以求得饱和软黏土地基中筒型基础水平承载力表达式为

$$P_h = \frac{256D^2 fLm\omega + 36DL^4 m\pi\omega + 81D^4 \pi\omega k_z}{5184(L + L_p)} \qquad (5-53)$$

5.2.2　轴向承载力

1. 沉贯阻力

筒型基础在现场施工安装时，可分为自重下沉和负压下沉阶段。首先，由于筒型基础

为大体积大质量结构，先在自重荷载作用下进行下沉，使部分筒体插入土中，筒体内部形成密封；随后，筒型基础进行负压下沉，通过在筒顶预留孔连接抽水泵将筒内水抽出，使筒内水压低于筒外，形成筒内外压差。在筒内外压差的作用下，筒体可逐步压入至海床内预定深度而完成安装。

筒型基础下沉安装过程中筒体受力示意图如图 5-15 所示，图中 z 为海床泥面以下土体深度，t 为筒体侧壁厚，D_i、D_o 和 D 分别为筒型基础内径、外径和平均直径，H_0 为筒裙高度，H 为筒体进入土体深度，H_p 为筒内土塞高度，H_w 为水深，γ_w 和 γ' 分别为水的容重和土的浮容重。筒体浮重为 W'，F 为下沉过程中除自重外施加的竖向荷载。筒型基础在下沉安装过程中，筒周土体会对筒体产生抗力，包括筒内外壁摩阻力 Q_{in}、Q_{out} 和筒底抗力 Q_{tip}。

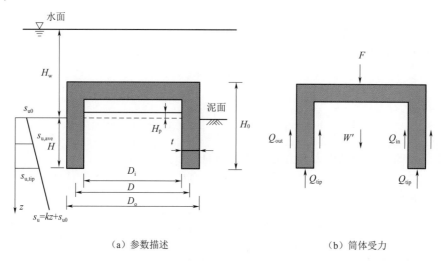

（a）参数描述　　　　　　　　（b）筒体受力

图 5-15　筒型基础下沉筒体受力示意图[39]

1）自重下沉

筒型基础在自重下沉阶段，其竖向下沉荷载为筒型基础自重，筒型基础竖向荷载的平衡方程为：

$$Ma = W' - (Q_{in} + Q_{out} + Q_{tip}) \tag{5-54}$$

式中：M 为筒型基础质量（kg）；a 为筒型基础下沉过程中的加速度（m/s²），对于匀速下沉过程加速度为 0，而实际在下沉过程，由于土体强度变化以及多种荷载变化，导致筒体难以保持匀速下沉，a 在筒型基础下沉安装过程中是在不断变化的。

（1）黏土地基。当筒型基础在黏土地基中进行下沉时，侧壁摩阻力可以通过侧摩阻力因子乘以土体不排水抗剪强度计算得出：

$$Q_{in} = (H + H_p)\alpha_i s_{u,ave}(\pi D_i) \tag{5-55}$$

$$Q_{out} = H\alpha_o s_{u,ave}(\pi D_o) \tag{5-56}$$

式中：H_p 为筒内土塞高度（m）；α_i、α_o 分别为筒内、外壁的粗糙度系数；$s_{u,ave}$ 为筒裙入土深度 H 范围内软黏土不排水抗剪强度的平均值（kPa）。

筒体底部地基土抗力可根据承载力公式得到：

$$Q_{tip} = (\gamma' H N_q + s_{u,tip} N_c)\pi D t \tag{5-57}$$

式中：N_c、N_q 为承载力系数；$s_{u,tip}$ 为筒底位置处土体不排水抗剪强度（kPa）。

（2）砂土地基。当筒型基础应用于砂性土地基，在下沉安装过程，侧壁摩擦力可以利用砂土与筒壁之间的摩擦角计算得出，即：

$$Q_{in} = \gamma'(H+H_p)^2/2K\tan\delta_i\pi D_i \tag{5-58}$$

$$Q_{out} = \gamma'H^2/2K\tan\delta_o\pi D_o \tag{5-59}$$

式中：H_p 为筒内土塞高度（m）；K 为砂土侧压力系数；δ_i 和 δ_o 分别为筒内、外壁筒土间摩擦角（rad）。

筒体底部地基土抗力可根据承载力公式得出，即：

$$Q_{tip} = (\gamma'HN_q + \gamma'tN_c/2)\pi Dt \tag{5-60}$$

式中：N_c 和 N_q 为承载力系数。

2）负压下沉

自重下沉阶段结束后，筒体下沉到泥面以下一定深度，筒内形成密封状态，随后进行筒内抽水，形成的负压使其继续下沉。筒内抽水后水压低于筒外静水压力，在筒型基础顶盖内外产生压力差，此时筒型基础不仅承受竖向自重荷载，还承受筒顶内外压差对筒顶盖形成的竖向荷载。

（1）黏土地基。筒型基础在黏性土地基中进行负压下沉时，可以忽略筒内外压差对筒壁与土体之间摩擦力的影响，因此筒壁摩擦力的计算与自重下沉中的计算相同。Houlsby 等（2005）[40] 指出，负压沉贯过程中，由于筒内外压差的影响，筒裙底边的端阻力会减小，计算筒体底部承载力时，需要减去内外压差影响，假设筒内外压差值为 s，筒底端部抗力可用式（5-61）计算得到：

$$Q_{tip} = (\gamma'HN_q - s + s_{u,tip}N_c)\pi Dt \tag{5-61}$$

此时，筒型基础受力平衡方程为：

$$Ma = W' + s(\pi D_i 2/4) - (H_p+H)\alpha_i s_{u,ave}(\pi D_i) - H\alpha_o s_{u,ave}(\pi D_o) - (\gamma'HN_q - s + s_{u,tip}N_c)\pi Dt \tag{5-62}$$

当筒型基础在负压下沉过程中为匀速下沉，负压形成的竖向荷载和筒体自重荷载组合与筒周土体抗力平衡，该种工况下筒型基础竖向荷载平衡方程为：

$$W' + s(\pi D_i 2/4) = (H_p+H)\alpha_i s_{u,ave}(\pi D_i) + H\alpha_o s_{u,ave}(\pi D_o) + (\gamma'HN_q - s + s_{u,tip}N_c)\pi Dt \tag{5-63}$$

（2）砂土地基。筒型基础在砂土地基中负压下沉时，若下沉过程为匀速，则筒型基础所受竖向荷载平衡方程为：

$$W' + s(\pi D_i^2/4) = \int_0^h \sigma'_{vo}dz(K\tan\delta)_o(\pi D_o) + \int_0^h \sigma'_{vi}dz(K\tan\delta)_i(\pi D_i) + (\sigma'_{vi}N_q + \gamma'tN_\gamma)(\pi Dt) \tag{5-64}$$

式中：σ'_{vi} 和 σ'_{vo} 分别为筒内外壁土体深度为 z 处的上覆土有效应力（kPa）。

筒型基础负压下沉达到设计深度所需负压 s_{req}，可参考挪威船级社（DNV）规范[41] 或美国石油学会（API）规范[42] 中的计算方法进行计算，其计算公式为：

$$s_{req} = (Q_{in} + Q_{out} + Q_{tip} - W')/A_{in} \tag{5-65}$$

式中：A_{in} 为筒体顶盖内部面积（m^2）。

以软黏土地基为例，s_{req} 的计算方法为：

$$s_{req} = (H_p \alpha_i s_{u,ave}(\pi D_i) + 2H \alpha_o s_{u,ave}(\pi D_o) + (\gamma' H N_q - s + s_{u,tip} N_c)\pi D t - W')/(\pi D_o^2/4)$$

$$(5-66)$$

为避免由于筒内负压过大形成巨大上拔吸力，造成筒体底部地基土发生失稳破坏，可依据地基土承载力理论，计算筒型基础负压下沉过程所允许的最大负压值 s_{allow}，计算方法如下：

$$s_{allow} = Q_{in}/A_{in} + s_{u,tip} N_c^* / F_s \qquad (5-67)$$

式中：F_s 为安全系数，一般取 1.5，而在挪威船级社（DNV）规范[41]中，选取 $s_{u,ave}$ 折减到实际值的 2/3，代替安全系数 F_s 取 1.5。N_c^* 为地基土上拔承载力系数，取 $N_c^* = 6.2 \sim 9.0$，其计算公式为：

$$N_c^* = 6.2 \times [1 + 0.34 \arctan(z_i/D)] \qquad (5-68)$$

2. 上拔承载力

当筒型基础安装服役于软黏土地基，在承受竖向上拔荷载时，一般认为筒周软黏土为不排水状态，上拔过程中筒内土塞与筒体同时上拔。按极限平衡方法，软黏土中筒型基础上拔承载力分析计算可以看作是浅基础上拔承载力问题，由筒底部抗力和筒外壁筒土间摩擦力组成，可以通过下式计算：

$$P_u = (N_u d_c s_{u,tip} + \gamma' h)\pi D_o^2/4 \qquad (5-69)$$

式中：d_c 为筒型基础嵌入地基土系数，$d_c = 1 + 0.4 \tan^{-1}(h/D_o)$；$N_u$ 为抗拔承载力系数，其值为 $8(h/D_o)^{-0.1833}$。

当筒型基础安装服役于砂土地基，承受竖直上拔荷载时，一般认为砂土地基为排水状态，筒型基础抗拔承载力构成为地基土与筒壁之间的摩擦力，计算方法为：

$$P_u = \int_0^h \sigma'_{vo} dz (K \tan\delta)_o (\pi D_o) + \int_0^h \sigma'_{vi} dz (K \tan\delta)_i (\pi D_i) \qquad (5-70)$$

5.2.3 抗倾覆稳定性

如图 5-16 所示，筒型基础在服役工作期间，不仅会受到筒体上部结构及筒体自身重量组成的竖向荷载作用，而且还会受到风、波浪引起的水平荷载与力矩荷载作用。复杂的外部荷载组合使筒型基础服役期间承受了竖向荷载 V、水平荷载 H 及力矩荷载 M 组成的复合荷载作用。对于复合荷载作用下筒型基础承载特性问题，研究学者[43-45]通过研究定义了三维破坏包络面概念，即筒型基础达到整体破坏或极限平衡状态时水平荷载 H、竖向荷载 V 和力矩荷载 M 的组合在三维荷载空间 (H, V, M) 中形成的一个外凸曲面，如图 5-17 所示。

MURFF[48]、MARTIN[49]、BRANSBY 和 RANDOLPH 等[50]基于极限分析，针对不排水条件下软黏土，确定了复合加载模式下浅基础的破坏包络面，并利用这种破坏包络面进一步分析了地基的稳定性，对各个荷载分量进行无量纲处理后得到破坏包络面方程的表达式形式为：

$$f\left(\frac{V}{As_u}, \frac{H}{As_u}, \frac{M}{ABs_u}\right) = 0 \qquad (5-71)$$

式中：s_u 为筒周软黏土不排水抗剪强度（kPa）；A 为浅基础表面面积（m^2）；B 为浅基础

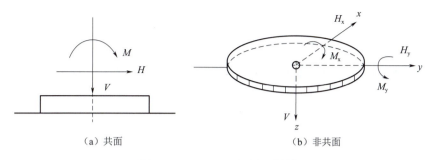

（a）共面　　　　　　　　　　　　　（b）非共面

图 5-16　V-H-M 复合加载[46]

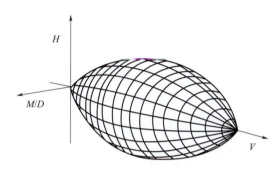

图 5-17　复合加载下筒型基础破坏包络面[47]

的宽度或直径（m）。

BRANSBY 和 RANDOLPH[51] 对土质不均匀的黏性土地基中的条形基础进行了研究，并利用有限元数值分析，基于极限分析上限法，计算得到了地基破坏时破坏包络面的计算公式为：

$$f=\left(\frac{V}{V_u}\right)^2+a_3\sqrt{\left|\frac{H}{H_u}\right|^{a_1}+\left|\frac{M^*}{M_u}\right|^{a_2}}-1=0 \tag{5-72}$$

式中：a_1、a_2、a_3 为表示软黏土地基不均匀程度的系数；V_u、H_u、M_u 分别表示在竖向荷载（kN）、水平荷载（kN）和力矩荷载（kN·m）三种荷载分量单独作用下地基的极限承载力（kN）；M^* 为通过地基旋转参考点计算得到的力矩（kN·m），如式（5-73）所示：

$$\frac{M^*}{ADS_{u0}}=\frac{M}{ADS_{u0}}-\left(\frac{z}{B}\right)\left(\frac{H}{AS_{u0}}\right) \tag{5-73}$$

TAIEBAT 和 CARTER[52] 分析过程中考虑了水平荷载和力矩荷载之间的关系，给出埋深较浅的沉箱基础的地基土三维破坏包络面的数学表达式：

$$f=\left(\frac{V}{V_u}\right)^2+\left|\frac{M}{M_u}\left(1-a_1\frac{HM}{H_u|M|}\right)\right|+\left|\left(\frac{H}{H_u}\right)^3\right|-1=0 \tag{5-74}$$

5.2.4　地基承载力

复合筒型基础承载力验算标准参照《高耸结构设计规范》（GB 50135—2006）[53] 的相关规定计算，对于承受偏心荷载的地基抗压计算规定如下：

$$p_k \leqslant f_a \tag{5-75}$$

$$p_{kmax} \leqslant 1.2 f_a \tag{5-76}$$

式中：p_k 为荷载效应标准组合下基础底面平均压应力（kPa）；p_{kmax} 为荷载效应标准组合下基础底面最大压应力（kPa）；f_a 为修正后地基承载力特征值（kPa）。

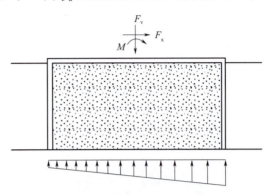

图 5-18 地基承载力计算示意图

偏心荷载在基础底面产生的偏心距 e 计算如下：

$$e = \frac{M_K}{N_K + G_K} \tag{5-77}$$

筒型基础基底压力计算可参照圆形基础基底压力计算方法，圆形基础在核心区内（$e/r \leqslant 0.25$）承受偏心荷载作用时，基底压力公式计算如下：

$$p_{kmax} = \frac{N_K + G_K}{A} + \frac{M_K}{W} \tag{5-78}$$

$$p_{kmin} = \frac{N_K + G_K}{A} - \frac{M_K}{W} \tag{5-79}$$

式中：p_{kmax}、p_{kmin} 为荷载效应标准组合下基底边缘最大、最小压力值（kPa）；N_K 为上部结构传至基础的竖向力值（kN）；G_K 为基础自重（kN）；M_K 为上部结构传至基底的力矩（kN·m）；W 为基础底面的抵抗矩（kN·m）。

圆形基础在核心区外（$e/r > 0.25$）承受偏心荷载作用时，且基底脱开地基土面积不大于全部面积的 25%（$e/r \leqslant 0.43$）时，计算如下：

$$p_{kmax} = \frac{N_K + G_K}{\xi r^2} \tag{5-80}$$

$$\alpha_c = \tau r \tag{5-81}$$

式中：r 为基底半径（m）；ξ、τ 为系数，由 e/r 根据《高耸结构设计规范》（GB 50135—2006）[53] 附录 C 查表确定，α_c 为基底受压面积宽度（m）。

参 考 文 献

［1］ 中华人民共和国交通运输部. 码头结构设计规范：JTS 167—2018 ［S］. 北京：人民交通出版社有限公司，2018.

［ 2 ］　DNV. Support structures for wind turbines：DNV-ST-0126［S］. Oslo：DNV, 2021.

［ 3 ］　American Petroleum Institute. Recommended practice for planning, designing and constructing fixed off-shore platforms-working stress design［S］. Washington, D. C.：American Petroleum Institute Publishing Services, 2005.

［ 4 ］　SKEMPTON AW. The bearing capacity of clay［C］// Proceedings of the building research congress, Division 1, London, 1951.

［ 5 ］　STEVENS JB, AUDIBERT JME. Re-examination of p-y curve formulations［C］// Proceedings of 11th annual offshore technology conference, Houston, Texas, vol I, Paper No. 3402：397-403, 1979.

［ 6 ］　MATLOCK, H. Correlation for design of laterally loaded piles in soft clay［C］// Offshore technology conference. OnePetro, 1970.

［ 7 ］　O'NEILL, M. W., GAZIOGLU, S. M. An evaluation of py relationships in clays［D］. University of Houston, Department of Civil Engineering, 1984.

［ 8 ］　王卫，闫俊义，刘建平. 基于海上风电试桩数据的大直径桩 p-y 模型研究［J］. 岩土工程学报，2021.

［ 9 ］　DNV. Design of offshore wind turbine structures：DNV-OS-J101［S］. Oslo：DNV, 2007.

［10］　ABADIE C N, BYRNE B W, HOULSBY G T. Rigid pile response to cyclic lateral loading：laboratory tests［J］. Géotechnique, 2019, 69（10）：863-876.

［11］　WIEMANN J, LESNY K, RICHWIEN W. Evaluation of the pile diameter effects on soil-pile stiffness［C］// Proceedings of the 7th German wind energy conference（DEWEK）, Wilhelmshaven, 2004.

［12］　SØRENSEN SPH. Soil-structure interaction for non-slender, large-diameter offshore monopiles［D］. Aalborg University, Denmark, 2012.

［13］　KALLEHAVE D, LEBLANC C, LIINGAARD MA. Modification of the API p-y formulation of initial stiffness of sand, offshore site investigation and geotechnics［C］// Integrated Technologies—Present and Future, Society for Underwater Technology, London, UK, pp 465-472, 2012.

［14］　DNV GL. Design of offshore wind turbine structures：DNV-OS-J101［S］. DNV GL, 2014.

［15］　中华人民共和国住房和城乡建设部. 海上风力发电场设计标准：GB/T 51308—2019［S］. 北京：中国计划出版社，2019.

［16］　国家经济贸易委员会. 海上固定平台规划、设计和建造的推荐作法——荷载抗力系数设计法（增补 1）：SY/T 10009—2002［S］. 北京：石油工业出版社，2002.

［17］　BRIAUD JL, SMITH T, MEYER BJ. ASTM STP 835：Laterally loaded piles and the pressure meter. Laterally loaded deep foundations：analysis and performance. American Society for Testing and Materials, West Conshohocken, PA, pp. 97-111, 1984.

［18］　BUDHU M, DAVIES T. Nonlinear analysis of laterally loaded piles in cohesionless soils［J］. Canadian Geotechnical Journal, 1987, 24（2）：289-296.

［19］　DOBRY R., VINCENTE E., O'ROURKE M., ROESSET J. Stiffness and damping of single piles［J］. Journal of Geotechnical Engineering, 1982, 108（3）：439-458.

［20］　RANDOLPH M F. The response of flexible piles to lateral loading［J］. Geotechnique, 1981, 31（2）：247-259.

［21］　CARTER J P, KULHAWY F H. Analysis of laterally loaded shafts in rock［J］. Journal of Geotechnical Engineering, 1992, 118（6）：839-855.

［22］　POULOS, H G. Single pile response to cyclic lateral load［J］. Journal of Geotechnical Engineering, 1982, 108（3）：355-375.

［23］　POULOS H G, HULL T. The role of analytical geomechanics in foundation engineering［C］// In Foundation Engineering：Current Principles and Practices, New York, 1989（2）：1578-1606.

［24］　BYRNE, B. W., MCADAM, R., BURD, H., et al. New design methods for large diameter piles under lateral loading［C］// Proceedings of Third International Symposium on Frontiers in Offshore Geotechics, 2015: 705−710.

[25] BURD, H. J., BYRNE, B. W., MCADAM, R. A., et al. Design aspects for monopile foundations [C]// Proceedings of TC209 workshop on foundation design for offshore wind structures, 19th ICSMGE, Seoul, the republic of Korea, 2017: 35−44.

[26] BYRNE B W, MCADAM R A, BURD H J, et al. PISA: new design methods for offshore wind turbine monopiles [C]//Offshore Site Investigation Geotechnics 8th International Conference Proceeding. Society for Underwater Technology, 2017, 142 (161): 142−161.

[27] BYRNE B W, BURD H J, GAVIN K G, et al. PISA: Recent developments in offshore wind turbine monopile design [C]//Vietnam Symposium on Advances in Offshore Engineering. Springer, Singapore, 2018: 350−355.

[28] BYRNE B W, BURD H J, ZDRAVKOVIC L, et al. PISA design methods for offshore wind turbine monopile [C]// Proceedings of the offshore technology conference, Houston, TX, USA, paper OTC−29373−MS, 2019.

[29] BYRNE B W, HOULSBY, G. T., BURD, H. J., et al. PISA design model for monopiles for offshore wind turbines: application to a stiff glacial clay till [J]. Geotechnique, 2020, 70 (11): 1030−1047.

[30] LITTLE RL, BRIAUD JL. Full scale cyclic lateral load tests on six single piles in sand [J]. Miscellaneous paper GL−88−27, Texas: Geotechnical Division, Texas A&M University, 1988.

[31] LONG JH, VANNESTE G. Effect of cyclic lateral loads on piles in sand [J]. Journal of Geotechnical Engineering (ASCE), 1994, 120 (1): 33−42.

[32] HETTLER A. Verschiebungen starrer und elastischer Gründungskörper in Sand bei monotoner und zyklischer Belastung [D]. Department of Civil Engineering, Geo and Environmental Sciences, Institute of Soil Mechanics and Rock Mechanics, University of Karlsruhe, Germany, 1981.

[33] LI W, GAVIN K, IGOE D, et al. Review of design models for lateral cyclic loading of monopiles in sand [C]//Proceedings of the 8th International Conference on Physical Modelling in Geotechnics, Perth, Australia. Rortterdam, the Netherlands: Balkema, 2014: 819−825.

[34] PUECH, ALAIN, JACQUES GARNIER. Design of piles under cyclic loading: SOLCYP recommendations [R]. John Wiley & Sons, 2017.

[35] Lin SS, Liao JC. Permanent strains of piles in sand due to cyclic lateral loads [J]. Journal of Geotechnical and Geoenvironmental Engineering ASCE, 1999, 125 (9).

[36] 国家能源局. 浅海钢质固定平台结构设计与建造技术规范: SY/T 4094—2012 [S]. 北京: 石油工业出版社.

[37] American Petroleum Institute. Geotechnical and Foundation Design Considerations: API RP 2GEO [S]. Washington, 2014.

[38] 孙曦源, 栾茂田, 唐小微. 饱和软黏土地基中桶形基础水平承载力研究 [J]. 岩土学, 2010, 31 (2): 667−672.

[39] 闫澍旺, 霍知亮, 楚剑, 等. 黏土中桶形基础负压下沉阻力及土塞发展试验 [J]. 天津大学学报: 自然科学与工程技术版, 2016, 49 (10): 7.

[40] HOULSBY G T, BYRNE B W. Design procedures for installation of suction caissons in clay and other materials [J]. Geotechnical Engineering, 2005, 158 (2): 75−82.

[41] DNV. Geotechnical Design and Installation of Suction Anchors in Clay: DNV−RP−E303 [S]. Oslo: DNV, 2005.

[42] American Petroleum Institute. Recommended Practice for Design and Analysis of Stationkeeping Systems for Floating Structures: API−RP−2SK [S]. American Petroleum Institute, 2005.

[43] HUNG L C, KIM S R. Evaluation of undrained bearing capacities of bucket foundations under combined loads [J]. Marine georesources and geotechnology, 2014, 32: 76−92.

[44] VULPE C. Design method for the undrained capacity of skirted circular foundations under combined load-

ing：Effect of deformable soil plug ［J］. Géotechnique，2015，65：669-683.

［45］ 范庆来，宫秀滨，栾茂田. 倾斜与偏心荷载作用下裙板式基础破坏包络面研究 ［J］. 岩土力学，2010，31（s2）：43-47.

［46］ 李思琦，王媛，李庆文，等. 非共面 V-H-M 复合加载模式下海上风电筒型基础破坏包络面特性研究 ［J］. 太阳能学报，2021.

［47］ 范庆来，郑静，武科. 砂土地基上圆形浅基础三维破坏包络面的理论研究 ［J］. 土木建筑与环境工程，2015（3）：67-73.

［48］ MURFF J D. Limit analysis of multi－footings foundation systems ［C］// Computer methods and advances in geomechanics，1994：233-244.

［49］ MARTIN C M. Physical and numerical modelling of offshore foundations under combined loads ［D］. University of oxford，1994.

［50］ BRANSBY F，RANDOLPH M. The effect of embedment depth on the undrained response of skirted foundations to combined loading ［J］. Journal of the Japanese Geotechnical Society，2008，39（4）：19-33.

［51］ BRANSBY F，RANDOLPH M. Combined loading of skirted foundations ［J］. Géotechnique，1998，48（5）：637-655.

［52］ TAIEBAT H A，CARTER J P. Bearing capacity of strip and circular foundations on undrained clay subjected to eccentric loads ［J］. Géotechnique，2002（1）：52.

［53］ 中华人民共和国建设部. 高耸结构设计规范 ［Code for Design of High－Rising Structures］：GB 50135—2006 ［S］. 北京：中国计划出版社，2007.

第6章

海上风电机组典型基础设计

6.1 设计原则

海上风电场工程规模、建筑物设计使用年限等根据《风电场工程等级划分及设计安全标准》（NB/T 10101—2018）[1] 进行确定，同时根据风电机组的单机容量、轮毂高度和地基复杂程度确定风电机组地基基础的设计等级。此外，根据风电场工程建（构）筑物的重要性及其破坏后果的严重性确定结构安全等级（见表 6-1），且风电机组地基基础结构安全等级与设计等级（见表 6-2）相对应。目前，海上风电场的工程等级通常为 I 等，风电机组地基基础设计级别为甲级，设计使用年限为 25 年，设计基准年限为 50 年，风电机组基础结构安全等级为一级。

表 6-1 风电场工程的主要建（构）筑物设计使用年限和设计基准期[1]

工程类型	建（构）筑物	设计使用年限（年）	设计基准期（年）
陆上风电场工程	升压站	50	50
	风电机组基础	50	50
	风电机组塔架	25	50
海上风电场工程	海上升压站	50	100
	海上风电机组基础	25	50
	海上风电机组塔架	25	50

注：海上风电场的陆上建（构）筑物设计使用年限和设计基准期与陆上风电场工程相同。

表 6-2 风电机组地基基础设计等级[1]

设计等级	单机容量、轮毂高度和地基类型
甲级	单机容量大于等于 2.5MW
	轮毂高度大于 90m
	复杂地质条件或软土地基
	极限风速超过 IEC I 类的风电机组
	海上风电机组基础
乙级	介于甲级、丙级之间的地基基础
丙级	单机容量小于 1.5MW
	轮毂高度小于 70m
	地质条件简单的岩土地基

注：1. 设计等级按照表中指标分属不同等级时，应按照最高等级确定。
    2. 采用新型基础时，设计等级宜提高一个等级。

海上风电机组基础在设计中还需要考虑地震作用，风电机组地基基础的抗震设防类别为标准设防类（丙类），并根据地区抗震设防烈度确定抗震措施和地震作用，达到在遭遇高于当地抗震设防烈度的预估罕遇地震影响时不发生倒塌或发生危及生命安全的严重破坏的抗震设防目标。抗震设防烈度和设计基本地震加速度取值标准为：若设计基本地震加速度为 $0.1g$ 和 $0.15g$，按照抗震设防烈度为 7 度进行设计；若设计基本地震加速度为 $0.2g$ 和 $0.25g$，按照抗震设防烈度为 8 度进行设计。

　　海上风电机组基础应满足基础承载力、结构强度、整体刚度和稳定性的要求，以及满足基础耐久性和运行维护条件下的安全性、功能性和经济性等方面的要求。机组基础的结构设计按照《海上风力发电场设计标准》（GB/T 51308—2019）[2]，采用以概率理论为基础的极限状态设计方法，以可靠度指标度量结构构件的可靠度，采用分项系数法进行结构分析。

6.2　设计标准

　　根据《海上风力发电场设计标准》（GB/T 51308—2019）[2] 的相关规定，海上风电机组基础设计应进行整机频率、地基承载力、地基基础变形、基础疲劳、基础结构强度和稳定性、基础抗滑稳定、基础抗倾覆稳定验算及基础安全有关的其他验算。因此，海上风电机组基础在设计中，一是对发电机组-塔筒（塔架）-基础结构-海床地基的整体结构进行模态分析，校核整体结构的自振频率，使整体结构自振频率避开风轮转动频率、叶片通过频率和塔架自振频率的共振频率范围；二是对机组基础进行极限强度分析和节点冲剪校核，使基础结构满足应力控制标准；三是对机组基础承载力进行计算校核，使结构在极端荷载作用下满足最大承载能力的安全要求；四是对机组基础进行正常使用极限状态分析，使基础结构满足变形要求；五是对风电机组基础结构进行初步疲劳分析，使机组基础满足结构的设计疲劳寿命要求。

6.2.1　整机结构频率

　　海上风电整体结构是一个高耸柔性结构物，风和波浪是其承受的主要动力荷载（见图 6-1）。

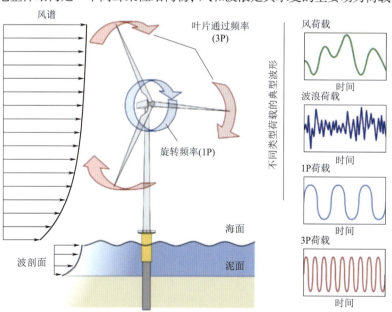

图 6-1　海上风电整机结构荷载分布[3]

在风荷载和波浪荷载的耦合作用下，海上风力发电系统将产生显著的动力效应，对海上风电机组支撑结构极限强度、变形和疲劳提出了严苛的要求，因此必须通过模态分析了解海上风电机组支撑结构的动力特性，使海上风电整机结构频率（风电机组+塔筒+基础+地基）、自振频率避开机组叶轮转动频率（1P）、叶片通过频率（NP）以及波浪频率，同时考虑一定的安全裕量，避免结构发生共振，降低结构的动力效应。

根据《海上风力发电机组安装认证指南（Guideline for the Certification of Offshore Wind Turbines）》（GL—2012）[4] 规范，整机结构固有频率与机组叶轮激励频率的比值应满足以下要求：

$$f_R/f_{0,n} \leqslant 0.95 \tag{6-1}$$

或

$$f_R/f_{0,n} \geqslant 1.05 \tag{6-2}$$

式中：f_R 为机组叶轮转动激励频率（Hz），包括风轮转动频率与叶片通过频率范围；$f_{0,n}$ 为整机结构 n 阶自振频率（Hz）。

此外，考虑到海上风电整机自振频率在整个生命周期中的不确定性，整机固有频率还需要考虑±5%的安全裕量，因此整机自振频率的计算需综合考虑10%的安全裕量。

目前，海上风电最常用的风力发电机组通常采用三叶片，且海上风电整机自振频率一般高于波浪显著频率。因此，机组支撑结构的自振频率仅需要避开叶轮旋转一周的频率（1P）和其3倍频率（3P），如图6-2所示。在实际设计过程中，有3种方式：一是控制整机自振频率低于1P的下限值（简称"柔-柔设计"）。对于这种方式，由于机组支撑结构刚度不足，支撑结构变形过大以及结构响应等无法满足设计要求，此外由于波浪包括多种周期的波况，波浪频率的频带范围较大，存在整机自振频率与波浪频率重叠的可能性。二是控制整机自振频率处于1P上限值与3P下限值之间（简称"刚-柔设计"），此时由于发电机组叶轮切入风速与切除风速差异较大，叶轮转速范围较宽，因此机组正常运行转速情况下的1P和3P的频带往往较宽，导致1P与3P之间的频带较小，控制整机自振频率难度较大，对于在个别工况下风轮转速范围内1P与3P频率会发生重叠，此时需要在激振转速点上采用快速穿越的方式避开共振。三是控制整机自振频率高于3P上限值（简称"刚-刚设计"），在这种情况下机组支撑结构刚度过大导致工程造价太高。目前，

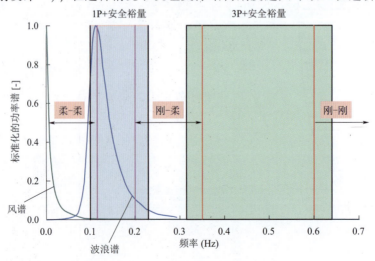

图6-2　海上风电整机自振频率控制范围

海上风电工程通常将整机自振频率控制在 1P 与 3P 之间。对于二叶片风力发电机组，整机频率设计模型与三叶片海上风力发电机组一致，根据 1P 和 2P 频率分布范围进行选择，由于 1P 频率上限值与 2P 频率下限值较为接近甚至发生重叠，因此整机自振频率控制方式多选择低于 1P 下限值或高于 3P 上限值。

目前，海上风电机组支撑结构的一阶自振频率常低于 0.30Hz，对位于水深超过 30m 的单桩基础，其一阶自振频率甚至会低于 0.25Hz。随着海上风电场从近海走向深远海，以及海上风电机组容量的增大，海上风电机组支撑结构逐渐增加，整机结构频率会逐渐降低，越来越接近于波浪能量谱峰值区段的频率范围，因此海上风电整机结构自振频率还应避开波浪显著频率的影响。

6.2.2 机组基础结构材料

海上风电机组基础结构主要包括主要结构、特殊结构和次要结构，主要结构通常采用 DH36 型船用钢板；特殊结构为主体结构节点或者局部加强位置，采用抗层状撕裂的 Z 向钢板 DH36-Z35；钢管桩（除单桩基础外）通常采用 Q355；次要结构采用 Q3455C、20 号钢及 Q235B。根据《低合金高强度结构钢》（GB/T 1591—2008）[5]、《船舶及海洋工程用结构钢》（GB/T 712—2011）[6]、《碳素结构钢》（GB/T 700—2006）[7]、《结构用无缝钢管》（GB/T 8162—2018）[8]、《热轧 H 型钢和部分 T 型钢》（GB/T 11263—2017）[9]，机组基础钢材选用规格及强度标准值如表 6-3 所示，钢材材料属性如表 6-4 所示。导管架基础与高桩承台基础采用的混凝土与高强灌浆料的参数指标如表 6-5 和表 6-6 所示。

表 6-3 机组基础钢材选用规格及强度标准值

类别	编号	材料	适用部位	屈服强度（MPa）		拉伸强度（MPa）
主要构件	I	DH36	吸力筒、导管架腿杆、支撑钢管、过渡段、加筋板等	355		490~630
特殊构件	II	DH36-Z35	主体结构节点区域与部分过渡段区域	355		490~630
次要构件	III	Q355B	J形管（壁厚范围16~40mm）	345		490~630
	IV	Q355B	甲板结构（甲板及主次梁）、登船平台、爬梯、栏杆及加劲肋板等	$t\leq16$	235	370~500
				$16<t\leq40$	225	
				$40<t\leq60$	215	
	V	Q355C	靠船构件	$t\leq16$	355	470~630
				$16<t\leq40$	345	
				$40<t\leq60$	335	

表 6-4 钢材的材料属性

材料属性	数值
密度	7850kg/m³
弹性模量	206 000MPa
剪切模量	79 000MPa
泊松比	0.3

表 6-5 混凝土强度设计值

混凝土强度等级	轴心抗压强度设计值（N/mm²）	轴心抗拉强度设计值（N/mm²）	泊松比	弹性模量（N/mm²）
C40	19.1	1.71	0.2	3.25×10⁴
C45	21.1	1.80	0.2	3.35×10⁴

表 6-6 高强灌浆料性能

序号	检测项目		参考标准	设计要求	UHPG-120
1	最大骨料粒径（mm）		GB/T 50448	≤4.75	≤4.75
2	氯离子含量（%）	占灌浆料总量	≤0.06	≤0.06	≤0.06
3	表观密度（kg/m³）		GB/T 50080	2350~2500	≥2350
4	凝结时间（h）		GB/T 50080	≥2	≥2.5
5	含气量（%）		GB/T 50080	≤4.0	≤4.0
6	泌水率（%）		GB/T 50080	0	0
7	流动度（mm）	初始	≥290	≥290	≥290
		30min	≥260	≥260	≥260
		60min	≥230	≥230	≥230
8	竖向膨胀率（%）	3h	≥0.02	≥0.02	≥0.02
		24h 与 3h 的膨胀值之差	0.02~0.5	0.02~0.5	0.02~0.5
9	抗压强度（MPa）	1d	≥50	≥50	≥50
		3d	≥80	≥80	≥80
		28d	≥120	≥120	≥120
10	抗折强度（MPa）	28d	≥15.0	≥15.0	≥15.0
11	弹性模量（GPa）	28d	≥45.0	≥45.0	≥45.0
12	推荐用水量	—	8.5%	—	8.5%

6.2.3 机组基础结构应力设计标准

基础钢结构设计按《海上固定平台规划、设计和建造的推荐作法——荷载抗力系数设计法》（SY/T 10009—2002）[10] 标准执行，荷载效应采用设计值，结构应力比不超过 1.0，钢结构管节点处抗冲切应力比不超过 1.0。

（1）桩身轴向应力验算应满足下式要求：

$$\sigma = \frac{N}{A} \pm 0.9 \frac{\sqrt{M_x^2 + M_y^2}}{W} \leqslant [\sigma] \qquad (6-3)$$

式中：σ 为桩身最大拉、压应力（kPa）；N 为桩身轴向力设计值（kN）；M_x 和 M_y 为计算截面分别绕 x 轴和 y 轴的弯矩设计值（kN·m）；W 为计算剖面截面系数（m³）；A 为计算剖面截面面积（m²）；$[\sigma]$ 为管桩抗拉压应力许用值（kPa）。

（2）桩身剪应力验算应满足下式要求：

$$\tau = \frac{2}{\pi D t} \left(\sqrt{Q_x^2 + Q_y^2} + \frac{M_z}{D} \right) \leqslant [\tau] \qquad (6-4)$$

式中：τ 为桩身最大剪应力（kPa）；D 为桩身直径（m）；t 为桩身壁厚（m）；Q_x 和 Q_y 为计算截面分别绕 x 轴和 y 轴的剪力值（kN）；M_z 为扭矩设计值（kN·m）；$[\tau]$ 为管桩抗拉压应力许用值（kPa）。

（3）环向应力验算应满足下式要求：

$$\sigma = \frac{pD}{2t} \leqslant \frac{5}{6}[\sigma] \tag{6-5}$$

式中：σ 为桩身最大环向压应力（kPa）；p 为设计静水压力（kPa）；D 为桩身直径（m）；t 为桩身壁厚（m）；$[\sigma]$ 为管桩环向应力许用值（kPa）。

（4）折算应力验算应满足下式要求：

$$\sigma = \sqrt{\sigma_x^2 + \sigma_y^2 - \sigma_x\sigma_y + 3\tau^2} \leqslant [\sigma] \tag{6-6}$$

式中：σ 为桩身最大应力（kPa）；σ_x 为计算截面最大轴向应力（kPa）；σ_y 为计算截面环向应力（kPa）；τ 为计算截面剪应力（kPa）；$[\sigma]$ 为管桩应力许用值（kPa）。

（5）折算应力验算应满足下式要求：

$$\sigma = \frac{N}{A} + 1.5\varphi\sqrt{\frac{M_x^2 + M_y^2}{W}} \leqslant [\sigma] \tag{6-7}$$

式中：N 为桩身轴向压力设计值（kN）；M_x 和 M_y 为计算截面分别绕 x 轴和 y 轴的弯矩设计值（kN·m）；W 为计算剖面截面系数（m³）；A 为计算剖面截面面积（m²）。

其中，φ 为整体稳定系数，由下式计算得到：

当 $\lambda_0 \leqslant \sqrt{2}$ 时：

$$\varphi = \frac{1 - 0.25\lambda_0^2}{1.67 + 0.265\lambda_0 - 0.044\lambda_0^3} \tag{6-8}$$

当 $\lambda_0 > \sqrt{2}$ 时：

$$\varphi = \frac{1}{1.92\lambda_0^2} \tag{6-9}$$

$$\lambda_0 = \frac{\lambda}{\lambda_s} \tag{6-10}$$

式中：λ 为管桩的长细比；λ_s 为管桩整体屈曲的临界应力等于钢材屈服强度时的长细比，由下式计算得到：

$$\lambda_s = \sqrt{\frac{\pi^2 E}{\sigma_s}} \tag{6-11}$$

对于圆形管桩，可取：

$$\lambda_s = \frac{0.9L}{D}\sqrt{\frac{\sigma_s}{E}} \tag{6-12}$$

6.2.4 桩基础与导管架灌浆连接设计标准

海上风电导管架与钢管桩之间采用灌浆连接，通过向导管架支撑腿与钢管桩之间的环形空间内灌浆，将导管架所受荷载传递至桩基。现有研究表明，荷载传递机理是依靠浆体与钢管桩的黏合和密闭摩擦作用，以及浆体对于剪力键等机械装置的承压作用。灌浆连接段如图 6-3 所示，剪力键的形式如图 6-4 所示。

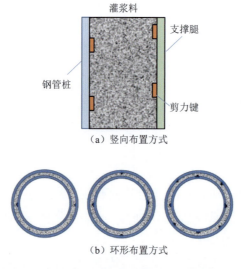

（a）竖向布置方式

（b）环形布置方式

图 6-3　灌浆连接剪力键竖向和环形布置示意图

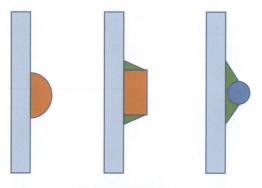

图 6-4　剪力键形式

导管架支撑腿与钢管桩连接段采用的超高强灌浆材料，其具有极高的强度和较低的收缩率，同时能兼顾初始强度和抗疲劳性能，灌浆材料的力学特性参数如表 6-7 所示。

表 6-7　灌浆材料力学特性参数

性能指标	强度值（MPa）
抗压强度	120
抗拉强度	7.5
抗弯强度	18.2

根据《风力发电机支撑结构（Support structures for wind turbines）》（DNVGL-ST-0126）[11] 规范中推荐的设计方法对导管架灌浆连接段进行设计。

1. 轴力作用

带剪力键灌浆连接段在轴力作用下，单个剪力键上的压力均匀分布，即作用在每个剪力键上的力相同。单个剪力键环向单位长度上的作用荷载 F_{V1shk} 由下式计算可得：

$$F_{V1shk} = \frac{P_{a,d}}{2\pi R_p n} \tag{6-13}$$

式中：R_p 为钢管桩外半径（m）；$P_{a,d}$ 为作用在灌浆连接段上的轴力设计荷载（kN）。

带剪力键的灌浆连接段的钢管与灌浆材料截面的抗剪强度 f_{bk} 由下式计算得到：

$$f_{bk} = \left[\frac{800}{D_p} + 140\left(\frac{h}{s}\right)^{0.8} \right] k^{0.6} f_{ck}^{0.3} \tag{6-14}$$

$$k = \left(\frac{2R_p}{t_p} + \frac{2R_s}{t_s} \right)^{-1} + \frac{E_g}{E}\left(\frac{2R_s - t_s}{t_g} \right)^{-1} \tag{6-15}$$

式中：h 为剪力键高度（mm）；D_p 为桩管直径（mm）；f_{ck} 为 75mm 立方体试样抗压强度（MPa）；s 为剪力键中心距（mm）；k 为径向刚度系数；E_g 为灌浆材料的弹性模型（MPa）；R_s 为套管外半径（mm）；t_s 为套管厚度（mm）。

钢管桩与灌浆材料的截面抗剪强度不能超过定值，由灌浆材料的破坏决定的，可以表示成：

$$f_{bk} = \left[0.75 - 1.4\left(\frac{h}{s}\right) \right] f_{ck}^{0.5} \tag{6-16}$$

因此，单个剪力键环向单位长度上可以承受的轴向力可以表示为：

$$F_{V1shkcap} = f_{bk} S \tag{6-17}$$

因此，单个剪力键单位长度的设计承载力：

$$F_{V1shkcap,d} = \frac{F_{V1shkcap}}{\gamma_m} \tag{6-18}$$

式中：γ_m 为材料参数，$\gamma_m = 2.0$。

带剪力键灌浆连接段设计需满足：

$$F_{V1shk} \leqslant F_{V1shkcap,d} \tag{6-19}$$

2. 抗弯承载

无剪力键灌浆连接段抗弯承载力主要由连接段两端的接触压力、钢管与灌浆材料的竖向摩擦力和横向摩擦力三部分构成。《海上风电机组基础结构设计（Design of offshore wind turbine structures）》（DNV-OS-J101）[12] 通过控制灌浆连接段端部灌浆材料的第三主应力保证灌浆连接段不发生受拉破坏。

最大名义径向接触压力 P_{nom} 的计算公式为：

$$P_{nom} = \frac{3\pi M}{R_p L_g^2 (\pi + 3\mu) + 3\pi\mu R_p^2 L_g} \tag{6-20}$$

式中：L_g 为灌浆连接段长度（mm）；μ 为摩擦系数，可取 0.7；M 为弯矩（N·m）。

若灌浆连接段所受的剪力 Q 较大，则剪力引起的接触压力 P_{shear} 为：

$$P_{shear} = \frac{Q}{2R_p L_g} \tag{6-21}$$

由于灌浆连接段端部在厚度上存在一个突变，在几何上不连续，因此需要考虑局部接触压力的增大。局部接触压力可以由最大名义接触压力乘以应力集中系数 SCF 计算得到：

$$P_{local} = SCF \times P_{pom} \tag{6-22}$$

$$SCF = 1 + 0.025\left(\frac{R}{t}\right)^{1.5} \tag{6-23}$$

式中：$2250 \leqslant R \leqslant 3250$（mm），$50 \leqslant t \leqslant 100$（mm）。

值得注意的是，对于内管端部的灌浆材料，半径 R 和壁厚 t 是指内管半径和内管厚度；对于在外观端部的灌浆材料，半径 R 和壁厚 t 是指外管半径和外管厚度。

灌浆材料设计拉应力 σ_d 为：

$$\sigma_d = 0.25 P_{local,d}(\sqrt{1 + 4\mu_{local}^2} - 1) \tag{6-24}$$

式中：$P_{local,d}$ 为局部接触压力设计值（MPa）。

设计中，须保证灌浆材料设计拉应力值小于灌浆材料的特征抗拉强度 f_{tn}。

$$\sigma_d \leqslant \frac{f_{tn}}{\gamma_m} \tag{6-25}$$

式中：γ_m 为灌浆材料系数，$\gamma_m = 1.5$；f_{tn} 为灌浆材料特征抗拉强度（MPa）。

由弯矩引起的带剪力键灌浆连接段的名义径向接触压力由下式计算得到：

$$P_{nom} = \frac{3\pi MEL_g}{EL_g(R_p L_g^2(\pi + 3\mu) + 3\pi\mu R_p^2 L_g) + 18\pi^2 k_{eff} R_p^2\left(\dfrac{R_p^2}{t_p} + \dfrac{R_{TP}^2}{t_{TP}}\right)} \tag{6-26}$$

$$k_{eff} = \frac{2t_{TP} S_{eff}^2 \zeta}{2\sqrt[4]{3(1-\mu^2)}\, t_g^2\left[\left(\dfrac{R_p}{t_p}\right)^{1.5} + \left(\dfrac{R_{TP}}{t_{TP}}\right)^{1.5}\right]t_{TP} + nS_{eff}^2 L_g} \tag{6-27}$$

式中：k_{eff} 为剪力键有效弹簧刚度；R_{TP} 为过渡段外半径（mm）；t_{TP} 为过渡段厚度（mm）；L_g 为灌浆连接段整体有效长度（mm）；t_g 为名义灌浆材料厚度（mm）；S_{eff} 为剪力键之间的有效垂直距离（mm）；S 为剪力键垂直中心距（mm）；E 为钢材弹性模量（MPa）；μ 为泊松比，取0.3；n 为有效剪力键个数（灌浆连接段每边的实际剪力键个数为 $n+1$）；ζ 为设计参数，计算剪力键上作用的荷载时，$\zeta = 1.0$，计算最大名义接触压力时，$\zeta = 0.5$。

灌浆连接段在轴力和弯矩共同作用下，剪力键环向单位长度上的荷载 F_{Vshk} 由下式计算得到：

$$F_{Vshk} = \frac{6p_{nom} K_{eff}}{E}\frac{R_p}{L_g}\left(\frac{R_p^2}{L_g} + \frac{R_{TP}^2}{L_{TP}}\right) + \frac{p}{2\pi R_p} \tag{6-28}$$

式中：p 为桩管上的结构自重（kN），包括过渡段的全部重量。

单个剪力键环向单位长度上的平均作用力由下式计算得到：

$$F_{V1shk} = \frac{F_{Vshk}}{n} \tag{6-29}$$

带剪力键灌浆连接段设计需满足：

$$F_{V1shk} \leqslant F_{V1shkcap,d} \tag{6-30}$$

最大名义径向接触压力需满足：

$$P_{nom} \leqslant 1.5\text{MPa} \tag{6-31}$$

若导管架支腿与钢管桩过渡段存在安装误差时，灌浆材料的厚度会发生变化。剪力键布置区域最大灌浆材料厚度允许误差为：

$$\Delta t_g = \frac{L}{2}\tan\varphi \tag{6-32}$$

式中：Δt_g 为灌浆厚度允许误差（mm）；φ 为桩管的倾斜角度（°）。

对于疲劳极限状态设计，必须考虑安装误差对灌浆连接段性能的影响，需重新考虑作用在剪力键上的力。考虑误差的单位长度剪力键反力可由下式计算得到：

$$F_{Vshk,mod} = \frac{6P_{nom}K_{eff,mod}}{E}\frac{R_p}{L_g}\left(\frac{R_p^2}{L_g} + \frac{R_{TP}^2}{t_{TP}}\right) \tag{6-33}$$

$$k_{eff} = \frac{2t_{TP}S_{eff}^2\phi}{2\sqrt[4]{3(1-v^2)}\,t_{gmin}\left[\left(\dfrac{R_p}{t_p}\right)^{1.5} + \left(\dfrac{R_{TP}}{t_{TP}}\right)^{1.5}\right]t_{TP} + nS_{eff}^2 L_g} \tag{6-34}$$

$$t_{gmin} = t_g - \Delta t_g \tag{6-35}$$

因此，当存在安装误差时，剪力键环向单位长度上的反力 $F_{V1shk,mod}$ 为：

$$F_{V1shk,mod} = \frac{F_{Vshk,mod}}{n} \tag{6-36}$$

对于先桩法导管架灌浆连接段，从灌浆连接段顶部向下一半的弹性长度区域为弯矩显著影响区域。

桩管的弹性长度由下式计算得到：

$$l_e = \sqrt[4]{\frac{4EI_p}{k_{rd}}} \tag{6-37}$$

$$k_{rd} = \frac{4ER_p}{\dfrac{R_p^2}{t_p} + \dfrac{R_s^2}{t_s} + t_g m} \tag{6-38}$$

式中：I_p 为桩管的惯性矩（mm^4）；k_{rd} 为支撑弹簧刚度，径向弹簧刚度乘以桩管直径（MPa）；R_s 为套管半径（mm）；t_s 为套管厚度（mm）；m 为钢材与灌浆材料的弹性模量比值，若缺乏数据，可以取 18。

设计横向剪力 Q_0 和设计弯矩 M_0 引起灌浆连接段最大名义径向接触压力 P_{nom} 由下式计算得到：

$$P_{nom} = \frac{l_e k_{rd}}{8EI_p R_p}(M_0 + Q_0 l_e) \tag{6-39}$$

由剪力和弯矩引起的最大名义径向接触压力须满足：

$$P_{nom} \leqslant 1.5\text{MPa} \tag{6-40}$$

灌浆连接段除了满足承载力要求，在结构上仍需遵守表 6-8 所示的限制条件。

表 6-8　灌浆连接段限制条件

限　制　项	限　制　条　件
腿柱几何 R_{JL}/t_{JL}	$10 \leqslant R_{JL}/t_{JL} \leqslant 30$
桩几何 R_p/t_p	$15 \leqslant R_p/t_p \leqslant 70$
浆体几何 D_g/t_g	$10 \leqslant D_g/t_g \leqslant 45$
剪力键间距 s	$s \geqslant \min\begin{cases} 0.8\sqrt{R_s t_s} \\ 0.8\sqrt{R_p t_p} \end{cases}$
剪力键高度 h	$h \geqslant 5\text{mm}$

续表

限 制 项	限 制 条 件
剪力键高度与间距之比 h/s	$h/s \leqslant 0.10$
剪力键宽度与高度之比 w/h	$1.5 \leqslant w/h \leqslant 3.0$
灌浆长度与腿柱直径之比 L_g/D_p	$1 \leqslant L_g/D_p \leqslant 10$

6.2.5 机组基础变形控制标准

对于海上风电机组基础而言，其变形控制标准是指风电机组正常运行时所允许的变形最大值。根据《风力发电机支撑结构（Support structures for wind turbines）》（DNVGL-ST-0126）[11] 相关规定，单桩基础按照海床泥面处的最大允许总转角来作为变形控制依据。桩身泥面转角由两部分组成，一部分为单桩基础在泥面处的安装偏差，另一部分为整个运行期内泥面处循环累积倾角，该倾角是机组基础在长期循环往复荷载作用下土体永久变形引起的，根据欧洲海上风电场建设经验，《风力发电机支撑结构（Support structures for wind turbines）》（DNVGL-ST-0126）[11] 建议单桩基础泥面处的最大允许总转角为 0.5°，泥面处的安装偏差为 0.25°，累计永久转角为 0.25°。对于海上风电场机组基础，国内通常按照《海上风电场工程风电机组基础设计规范》（NB/T 10105—2018）[13]，单桩基础计入施工误差后，整个运行期内泥面处循环累积总倾角不应超过 0.50°，同时单桩基础变形满足以下设计标准：

（1）计算泥面处的水平位移不超过 $L/500$。

（2）计算泥面处的桩体转角不超过 0.25°，即 0.436%。

（3）桩体端部的位移不超过 min（10，$L/5000$），其中 L 为桩体入土深度，代表取 10mm 或两者中的最小值。

近年来，随着海上风电单桩基础施工精度的不断提高，中国部分海上风电场工程设计中，单桩基础施工误差按照 3‰ 考虑，即在泥面处的桩体转角由 0.436% 放宽至 0.572%。导管架等基础型式在计入施工误差后，整个运行期内基础顶部循环累计总倾角不应超过 0.50°。在设计过程中，施工误差按照 0.436% 考虑，基础顶部在极端环境条件下倾角的控制标准为 0.436%。

基础竖向变形控制标准参考陆上风电场《风电机组地基基础设计规定（试行）》（FD 003—2007）[14] 中对地基变形的要求，具体规定见表 6-9。

表 6-9 地基变形允许值

轮毂高度（m）	沉降允许值（mm）		倾斜率允许值 $\tan\theta$
	高压缩性黏性土	低、中压缩性黏性土，砂土	
$H<60$	300		0.006
$60<H<80$	200	100	0.005
$80<H<100$	150		0.004
$100<H$	100		0.003

6.2.6　基础承载力控制标准

按照承载能力极限状态进行结构分析计算，能够获得极端海洋环境作用下桩顶最大轴向荷载和水平荷载设计值，按照《码头结构设计规范》（JTS 167—2018）[15] 中的方法计算打入钢管桩、嵌岩桩的承载力设计值，最大荷载作用设计值应小于单桩承载力设计值。筒型基础承载力主要由筒壁侧摩阻力、端阻力和筒内土体共同提供，基础承载力计算时参照重力式基础和刚性桩基础地基承载力计算。竖向地基承载力验算标准参照《高耸结构设计规范》（GB 50135—2006）[16] 的相关规定计算。进行地基承载力验算时，将筒体和筒内土体视为整体进行考虑，同时不考虑筒侧土反力作用。

6.2.7　基础疲劳设计标准

结构的疲劳损伤是指结构在循环荷载作用下强度发生逐渐降低的现象，即当结构承受的循环荷载循环次数超过极限值时，结构会在低于其极限强度时发生破坏。根据循环次数，可分为高周疲劳和低周疲劳，高周疲劳是指循环次数大于 $10^4 \sim 10^5$ 的情况。疲劳损伤与循环荷载的应力幅值和循环次数密切相关。工程研究表明，海上风电机组基础在 25 年全生命周期内将承受 10^8 次以上的循环往复荷载作用，机组基础承受的循环荷载中不仅包括风、波浪、海流、海冰等多种环境荷载耦合形成的荷载，还需承受由风轮转动、机组振动、机组启停、控制伺服系统等引起的交变荷载。

根据欧洲海上风电场建设经验，对于相对温和的海洋环境中的机组基础，风荷载是引起结构疲劳的主要因素。随着海上风电场水深的增加以及采用超大容量发电机组，机组基础及其上部塔筒结构刚度逐渐降低，波浪荷载动力效应变得更加显著，进一步加剧结构的疲劳损伤。

结构疲劳损伤分析方法主要分为两类：一类是根据荷载效应的谱分析方法和时域分析方法；另一类是根据材料抗力效应的计算方法，包括基于疲劳试验的疲劳分析方法（S-N 曲线法）和基于断裂力学的疲劳分析方法。对于多种循环荷载作用下的海洋工程结构疲劳寿命分析包括两种方式：一是单独计算每种疲劳载荷作用下结构的疲劳损伤，然后考虑一定的相关性将各种疲劳载荷导致的疲劳损伤组合起来，称为损伤组合方法；二是先分析各种疲劳载荷引起的结构响应，对该结构响应按照某一法则进行叠加，得到统一的结构响应的分布函数，然后针对该分布函数进行结构疲劳损伤的计算，即响应组合方法。

目前，海上风电工程设计中最常用的疲劳累积损失理论是基于 Palmgren-Miner 准则提出的线性累积损失理论，该理论是基于功能原理推导的累积损伤计算公式，认为构件在应力水平 S_i 下，经受 n_i 次循环时的损伤为 $D_i = n_i/N_i$。若在 m 个应力水平 S_i 下，各经受 n_i 次循环，则累积总损伤为：

$$D = k \sum_{i=1}^{m} \frac{n(S_i)}{N(S_i)} \leqslant 1.0 \qquad (6-41)$$

式中：D 为累积的疲劳损伤度；$n(S_i)$ 为应力幅 S_i 的实际循环次数；$N(S_i)$ 为应力幅 S_i 的疲劳循环次数；k 为设计疲劳系数。

根据《风力发电机支撑结构（Support structures for wind turbines）》（DNVGL-ST-

0126)[11]，疲劳分析采用 $S-N$ 曲线。$S-N$ 曲线是指结构在应力幅值 S 循环作用下产生疲劳损伤破坏所能承受的最小循环次数 N，计算公式如下：

$$\lg N = \lg a - m \lg \left[\Delta\sigma \left(\frac{t}{t_{\text{ref}}} \right)^k \right] \tag{6-42}$$

式中：N 为疲劳寿命，即应力范围 $\Delta\sigma$ 故障对应的应力周期的数量；$\Delta\sigma$ 为应力范围（MPa）；$m = \log N - \log S$ 图上的 $S-N$ 曲线的倾斜率；$\log a = \log N$ 轴上的截距；t_{ref} 为参考厚度值（mm），非管节点焊接连接可取 25mm，管节点取值为 32mm，螺栓取值为 25mm；t 为可能的疲劳开裂会发生的厚度（mm），厚度小于 t_{ref}，取值为 t_{ref}；k 为厚度指数，单面焊管状对接缝取 0.10，在轴线方向上承受变化应力的螺栓取 0.25。

《海上钢结构疲劳设计（Fatigue design of offshore steel structures）》（DNV - RP - C203）[17] 总结了海上风电机组支撑结构最常用部件的 $S-N$ 曲线，结构部件的分类及其在空气中、海水中以及在有阴极保护和自腐蚀条件下的 $S-N$ 曲线可以参考该标准，空气中的 $S-N$ 曲线参数如表 6-10 所示。

表 6-10　空气中 $S-N$ 曲线参数（DNV-RP-C203）[17]

$S-N$ 曲线	$N \leqslant 10^7$ 循环次数		$N>10^7$ 循环次数 $\log \bar{a}_2$, $m_2 = 5.0$	10^7 循环次数时的疲劳极限	厚度指数 k	结构应力集中（$S-N$ class）
	m_1	$\log \bar{a}_1$				
B1	4.0	15.117	17.146	106.97	0	—
B2	4.0	14.885	16.856	93.59	0	—
C	3.0	12.592	16.320	73.10	0.05	—
C1	3.0	12.449	16.081	65.50	0.10	—
C2	3.0	12.301	15.835	58.48	0.15	—
D	3.0	12.164	15.606	52.63	0.20	1.00
E	3.0	12.010	15.350	46.78	0.20	1.13
F	3.0	11.855	15.091	41.52	0.25	1.27
F1	3.0	11.699	14.832	36.84	0.25	1.43
F3	3.0	11.546	14.576	32.75	0.25	1.61
G	3.0	11.398	14.330	29.24	0.25	1.80
W1	3.0	11.261	14.101	26.32	0.25	2.00
W2	3.0	11.107	13.845	23.39	0.25	2.25
W3	3.0	10.970	13.617	21.05	0.25	2.50
T	3.0	12.164	15.606	52.63	0.25 for SCF≤10.0 0.30 for SCF>10.0	1.00

6.2.8　机组基础平台高程设计标准

在设计机组基础工作平台顶高程时，需综合考虑塔架高度、轮毂中心高程、基础防浪和塔架底部风电机组箱式变压器配置等要求。目前，中国海上风电机组基础工作平台顶高程的确定尚缺乏相应的行业规范，主要参考石油行业规定《浅海钢质固定平台结构设计与建造技术规范》（SY/T 4094—95）[18] 进行确定。对于浅海建造钢质平台，平台底高程按下式计算得到：

$$T = H + \frac{2}{3}H_b + \Delta \tag{6-43}$$

式中：H 为 50 年一遇的极端高水位（m）；H_b 为极端高水位的最大波高（五期取测点最大波高 18.65m）；Δ 为富裕高度，取 1.5m。

6.2.9　机组基础防撞靠泊设计标准

海上风电机组基础主要针对运维船只及可能的小型渔船进行防撞分析与设计，包括运维船只的正常操作靠泊和事故碰撞；对于比最大允许运维船舶更大的船舶的罕见巨大偶然碰撞，风电机组基础结构设计时并未考虑，一般通过采取相应的防撞安全措施，避免此类船舶撞击事故的发生。

海上风电机组基础船舶撞击分析应同时考虑运维船舶撞击力和允许的最严苛风浪流海洋环境条件，船舶撞击力的计算应包括附加质量的影响。船舶撞击分析主要包括两大部分，一部分是运维船舶正常操作碰撞分析（ULS 工况），另一部分是运维船舶事故碰撞分析（ALS 工况）。对于水线附近位置的靠船构件、爬梯及其他次要结构，按照正常操作船舶碰撞荷载作用下的 ULS 组合工况进行计算；对于水线附近位置的主要结构，应按照事故船舶碰撞荷载作用下的 ALS 组合工况进行计算。船舶意外碰撞 ALS 分析仅仅是为了满足结构设计的稳健性（鲁棒性）要求，并不是要求进行完全的 ALS 设计，因为设计时并没有考虑比最大允许运维船舶更大的船舶的罕见巨大偶然碰撞荷载。船舶意外碰撞 ALS 分析允许靠船构件等次要结构发生损坏；正常操作船舶碰撞 ULS 分析不允许靠船件、护舷、爬梯失去其功能性。

根据海上风电场工程经验，风电场运行期间的运维船舶通常按 200~500t 设计。对于正常运行工况，按 500t 运维船舶以 0.45m/s 撞击速度计算靠泊作用力；对于撞击工况，按 2.0m/s 的撞击速度计算靠泊作用力。根据上述组合以及荷载、材料系数的选取，海洋环境荷载分为 12 个方向，同时考虑不同的撞击位置和撞击方向，分别进行设计高水位和设计低水位下不同荷载组合工况的计算分析。

根据《海上风电场工程风电机组基础设计规范》（NB/T 10105—2018）[13]，撞击力 F 按下式计算得到：

$$F = \gamma v \sin\alpha \sqrt{\frac{W}{C_1 + C_2}} \tag{6-44}$$

式中：γ 为动能折减系数，斜向撞击时取 0.2，正向撞击时采用 0.3；α 为船只驶近方向与结构撞击处切线所成夹角（°）；W 为船舶重量（kN）；C_1、C_2 为船舶弹性变形系数和墩台圬工的弹性变形系数，缺乏资料时可取 $C_1 + C_2 = 0.0005$。

6.2.10　机组基础防腐设计标准

机组基础耸立于含有强电解质的海洋环境中，且受波浪、海流等环境影响，表层海水含氧量充足。参照《海上风电场钢结构防腐蚀技术标准》（NB/T 31006—2011）[19]，根据机组基础与海水、海床的相对位置，防腐分区可分为大气区、浪溅区、全浸区，其中全浸区分为水下区和泥下区，针对不同的防腐分区宜采用相应的防腐蚀措施。防腐分区如表 6-11 所示。

表 6-11 导管架基础防腐分区

腐蚀分区	顶部高程（85 高程）	底部高程（85 高程）
大气区	—	最高潮位+$0.6 \times H_s$+基础沉降
浪溅区	最高潮位+$0.6 \times H_s$+基础沉降	最低潮位-$0.4 \times H_s$
水下区	最低潮位-$0.4 \times H_s$	泥面标高-泥面冲刷深度
泥下区	泥面标高-泥面冲刷深度	—

注：表中 H_s 为 100 年有效波高。

依据《海上风电场钢结构防腐蚀技术标准》（NB/T 31006—2011）[19]、《海港工程混凝土结构防腐蚀技术规范》（JTJ 275—2000）[20] 相关要求，结合基础结构特点分区设置防腐蚀系统，海上风电机组基础设计使用寿命通常为 25 年，在考虑工程建设期的基础上确定机组基础防腐蚀年限。

根据国内外海洋工程、船舶工业等海工行业的工程实践经验，钢结构防腐简单的方式是预留钢结构腐蚀裕量。预留腐蚀裕量根据钢结构的设计使用年限和单面平均腐蚀速度计算，可以根据《海上风电场钢结构防腐蚀技术标准》（NB/T 31006—2011）[19] 计算钢结构的单面腐蚀裕量，如表 6-12 所示。然而，预留腐蚀裕量方法存在一些缺陷，例如钢材在海洋环境各区域中的腐蚀速度并不一致，并不是平均腐蚀，存在着大量的腐蚀点、腐蚀坑，局部腐蚀对于海洋钢结构来说是潜在的巨大隐患。

表 6-12 海洋环境中钢结构平均腐蚀速度

腐蚀分区		平均腐蚀速度（mm/a）
大气区		0.05~0.10
浪溅区		0.40~0.50
全浸区	水下区	0.12
	泥下区	0.05
内部区		0.01~0.10

注：表中平均腐蚀速度适用于 pH=4~10 的海洋环境，对有严重污染的海洋环境，应适当加大。对年平均气温高、波浪大、流速大的环境，应适当加大。

海上风电场海域腐蚀环境恶劣，若仅采用预留钢结构腐蚀裕量，会大幅度增加钢材用量，加大钢结构制作难度和施工难度。因此，采用预留腐蚀裕量方法的同时，需考虑物理防护和电化学防护，物理防护主要是涂层防护，电化学防护主要是阴极保护。采用涂层或阴极保护时，钢结构不同部位的预留腐蚀裕量有所减少。根据《海港工程钢结构防腐蚀技术规范》（JTS 153-3—2007）[21]，结合防腐蚀设计经验，大气区的钢结构单面腐蚀裕量为 1.20mm，浪溅区（包含水位变动区）的钢结构单面腐蚀裕量为 4.80mm，水下区的钢结构单面腐蚀裕量为 1.44mm，泥下区的钢结构单面腐蚀裕量为 0.85mm。如果机组基础达到防腐年限后继续使用，则需要更换牺牲阳极块，并对重防腐涂层加强维护或补涂新的防腐涂层。

1. 涂料防腐

大气区防腐蚀措施采用涂层或金属喷涂层保护。大气区涂料对涂层的耐候性要求比较高，主要的面漆品种包括丙烯酸聚氨酯面漆、氟碳面漆、聚硅氧烷面漆。大气区金属喷涂层采用喷锌或喷铝。

浪溅区防腐蚀措施采用重防腐涂层或金属热喷涂加封闭涂层保护，也可采用复合包覆技术防腐。重防腐涂料主要品种包括环氧重防腐涂料、厚浆型聚氨酯涂料、玻璃鳞片涂料等。金属热喷涂一般采用电弧喷涂铝，电弧喷涂铝是一种长效防腐方式，并且修复方便、修复费用较低，但是电弧喷涂铝施工前应做好工艺试验，并采取良好封闭措施，封闭涂层局部破坏后应及时修复。复合包覆技术防腐主要包括矿脂包覆防腐、玻璃钢包覆防腐、包覆耐蚀金属、包覆聚乙烯等。

全浸区防腐蚀措施采用涂层保护与阴极保护的联合方案。涂层可以显著降低阴极保护所需的电流密度，减小牺牲阳极的消耗或节约外加电流量，阴极保护可以有效提高涂层保护的效率和寿命。但涂层和阴极联合保护时需注意涂层应具有良好的抗阴极剥离属性。目前，涂层和阴极保护联合防腐蚀措施技术成熟，防腐效果好。泥下区防腐蚀措施采用阴极保护。当采用阴极保护和涂料联合防腐时，泥面以下 3.0m 可以不采取涂料保护。

此外，单桩基础内部的防腐蚀措施采用涂层，涂层选用富锌底漆加环氧漆即可。单桩基础附属构件同样按照所处的海洋环境进行腐蚀分区，并采用相应的防腐措施。浪溅区和水位变动区的钢结构宜采用重涂料防腐，水下区的钢结构宜采用重防腐涂料与阴极保护的联合措施防腐。

2. 阴极保护

阴极保护包括牺牲阳极法和外加电流法两种方式。牺牲阳极法是用一种腐蚀电位比被保护金属腐蚀电流更负的金属或合金与被保护体组成电偶电池，依靠负电性金属不断腐蚀溶解产生的电流对被保护体构成保护的方法，由于低电位金属在电偶电池中作为阳极，耦接后其自身腐蚀速度增加，故称为"牺牲阳极"保护。外加电流法是利用外部直流电源对被保护体提供阴极极化，实现对被保护体进行保护的方法。外部电源的负极与被保护体相连，正极接辅助阳极，辅助阳极的作用是为了构成阴极保护完整的电回路。

1）牺牲阳极阴极保护

牺牲阳极阴极保护方案依据《海上风电场钢结构防腐蚀技术标准》（NB/T 31006—2011）[19] 进行设计，要求含氧环境下保护电位相对于 Ag/Agcl 海水电极的最正值−0.80V，最负值−1.10V，强制电流阴极保护系统辅助阳极附近的阴极保护电位可以更负一些，此时钢结构处于保护状态。

（1）计算保护电流。总保护电流计算公式如下：

$$I = \sum I_n + I_f \tag{6-45}$$

$$\sum I_n = \sum i_n s_n \tag{6-46}$$

式中：I 为总保护电流（A）；I_n 为被保护钢结构各分部位的保护电流（A）；I_f 为其他附加保护电流（A）；i_n 为被保护钢结构各分部位的初期保护电流密度（A/m²）；s_n 为被保护钢结构各分部位的保护面积（m²）。

（2）选取阳极的几何形状、尺寸、重量和数量。锌合金牺牲阳极、铝合金牺牲阳极分别参考《锌−铝−镉合金牺牲阳极》（GB/T 4950—2002）[22] 和《铝−锌−铟系合金牺牲阳极》（GB/T 4948—2002）[23] 进行选择。

单支牺牲阳极发生流量按下式计算：

$$I_a = \frac{\Delta U}{R} \tag{6-47}$$

式中：I_a 为单个牺牲阳极的发生电流（A）；ΔU 为驱动电压（V），其中锌合金阳极取 0.20~0.25V，铝合金取 0.25~0.30V；R 为牺牲阳极和被保护钢结构之间的回路电阻（Ω），其值近似于牺牲阳极的接水电阻 R_a。

长条状阳极的接水电阻 R_a 按下面经验公式计算：

$$R_a = \frac{\rho}{2\pi L}\left(\ln\frac{4L}{r} - 1\right) I_a = \frac{\Delta U}{R} \tag{6-48}$$

$$r_c = \frac{C}{2\pi I_a} = \frac{\Delta U}{R} \tag{6-49}$$

$$r_m = r_c - (r_c - r_t)\mu I_a = \frac{\Delta U}{R} \tag{6-50}$$

式中：R_a 为阳极的接水电阻（Ω）；ρ 为海水电阻率（Ω·cm）；L 为阳极长度（cm）；r 为阳极等效半径（cm），分为 r_c、r_t；r_c 为初期等效半径（cm）；r_t 为阳极铁芯半径（cm）；r_m 为末期等效半径（cm）；C 为阳极截面周长（cm）；μ 为牺牲阳极的利用系数，取 0.85~0.90。

其中，海水的电阻率与海水的温度密切相关，降低温度将增大海水电阻率。

牺牲阳极阴极保护所需的阳极数量按下式计算：

$$N = \frac{I}{I_a} = \frac{\Delta U}{R} \tag{6-51}$$

式中：N 为阳极数量（个）；I 为总保护电流（A）；I_a 为单个阳极的发生电流（A）。

2）外加电流阴极保护

外加电流阴极保护设施包括供电电源、辅助阳极、参比电极、电缆、阳极屏蔽层和监控设备六项，参照《海上风电场钢结构防腐蚀技术标准》（NB/T 31006—2011）[19] 进行设计。

（1）计算电源设备功率。电源设备输出电压按下式计算：

$$P = \frac{IU}{\eta} \tag{6-52}$$

$$U = I(R_a + R_L + R_C) \tag{6-53}$$

式中：P 为电源设备输出功率（W）；I 为电源设备输出电流（A）；U 为电源设备输出电压（V）；H 为电源设备效率，一般取 0.7；R_a 为辅助阳极的接水电阻（Ω）；R_L 为导线电阻（Ω）；R_C 为阴极过渡电阻（Ω）。

（2）计算辅助阳极数量。辅助阳极数量按下式计算：

$$N = \frac{I}{I_a} \tag{6-54}$$

式中：N 为辅助阳极数量（个）；I 为金属结构的保护电流（A）；I_a 为单个辅助阳极的

输出电流（A）。

（3）计算辅助阳极总净质量。辅助阳极总净质量按下式计算：

$$m = KEI_m t \qquad (6-55)$$

式中：m 为辅助阳极总净质量（kg）；K 为安全系数，一般取 1.1~1.5；E 为辅助阳极的消耗率 [kg/(A·a)]；I_m 为金属结构的平均保护电流（A）；t 为辅助阳极的使用年限（a）。

（4）计算辅助阳极的接水电阻。对于圆形的辅助阳极，其接水电阻按下式计算：

$$R_a = 0.315 \frac{\rho}{\sqrt{A}} \qquad (6-56)$$

式中：ρ 为介质电阻率（Ω·cm）；A 为阳极的暴露面积（cm^2）。

牺牲阳极法优缺点包括：①不需要外加直流电源，适用丁无电源地区和小规模、分散的保护对象。②驱动电压低，输出功率低，保护电流小且不可调节。阳极有效保护距离小，使用范围受介质电阻率的限制。但保护电流的利用率较高，一般不会造成过保护，对邻近金属设施干扰小。③牺牲阳极数量较多，电流分布比较均匀，但牺牲阳极重量大，会增加结构重量，且阴极保护的时间受牺牲阳极寿命的限制。④系统牢固可靠，施工技术简单，单次投资费用低，不需专人管理。

外加电流法优缺点包括：①需要外部直流电源。②驱动电压高，输出功率和保护电流大，且能灵活调节，通过控制阴极保护电流，调整阳极有效保护半径，可以适用于恶劣腐蚀条件或高电阻率的环境中，但有可能造成过保护或对附近金属设施造成干扰。③阳极数量少，系统重量轻，难溶和不溶性辅助阳极消耗低、寿命长，可作长期的阴极保护，但由于系统使用的阳极数量少，保护电流可能分布不均匀。④在恶劣海洋环境中，保护系统易受损伤，设备安装、施工、维护较复杂，一次投资费用高，且管理要求高。

6.2.11 机组基础防冲刷设计

海上风电机组基础安装于海床后会改变基础周围水流状态。以桩基础为例，首先，在桩前形成水流压力梯度，产生的下降流形成马蹄形漩涡。由于漩涡中心产生负压，对海床上的泥沙产生吸附力，若海床表面泥沙颗粒的重力或颗粒间黏结力无法抵抗这种吸附力时，泥沙开始起动。其次，在桩两侧发生扰流，产生加速水流，使已经起动的泥沙颗粒处于悬浮状态。再次，在桩后形成与桩前相反的水流压力梯度，水流分离造成尾涡涡脱，进而将泥沙颗粒带出，形成冲刷坑。当冲刷坑内达到冲淤平衡，即坑内冲走的泥沙量与坑外输入的泥沙量相等时，冲刷坑深度达到最大，称为最大平衡冲刷深度，如图 6-5 所示。

从桩基础的冲刷机理来看，影响桩基础最大局部冲刷深度的因素有三个：一是波浪在传递过程中引起的水质点的运动，是造成桩基础冲刷的主要动力；二是潮流流速大小直接影响水流对泥沙的搬运能力；三是桩径的大小和桩基础与海面垂直方向上的夹角大小对最大冲刷深度也有一定的影响。此外，水深和泥沙粒径只在一定范围内对局部冲刷产生影响。

计算桩基础局部冲刷深度的方法包括数值分析、物理模型试验和经验公式等。经验公式主要依据于实测资料和试验数据，通过数据分析总结得到的计算公式，具有一定的可靠

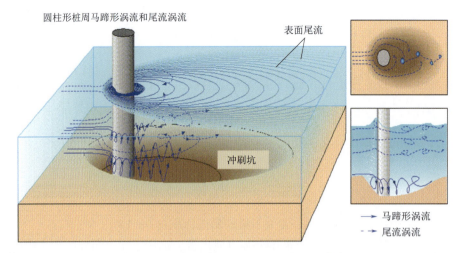

圆柱形桩周马蹄形涡流和尾流涡流

表面尾流

冲刷坑

→ 马蹄形涡流
--→ 尾流涡流

图 6-5　桩基础周围流场及冲刷坑示意图[24]

性。国内外研究学者通过现场试验、室内试验对桩基础冲刷进行了大量的研究，提出了多种经验公式。然而，由于不同海域的海床地质、海洋环境存在较大差异，当前尚无成熟、完善的数学模型对桩基础局部冲刷深度进行高精度预测，经验公式计算结果仅作为设计参考。目前，中国海上风电场工程多采用韩海骞公式[25]、Sumer 公式[26] 等桩基础局部冲刷公式计算桩基础局部冲刷深度。

1. 韩海骞公式

$$\frac{d_b}{d} = 17.4 k_1 k_2 \left(\frac{B}{h}\right)^{0.326} \left(\frac{d_{50}}{h}\right)^{0.167} Fr^{0.628} \tag{6-57}$$

式中：d_b 为潮流作用下桥墩最大局部冲刷深度（m）；d 为最大水深（m）；B 为最大水深条件下平均阻水宽度（m）；d_{50} 为河床泥沙的中值粒径（m）；k_1 为基础桩平面布置系数，条形 1.0；k_2 为基础桩垂直布置系数，直桩 1.0，斜桩 1.176；Fr 为 Froude 参数。

2. Sumer 公式

波浪作用下，马蹄形涡流和背流向涡流是导致桩基础冲刷的两个因素。SUMER 研究发现 KC 值对马蹄形涡流、背流向涡流和桩基础冲刷具有很好的指示作用。KC 值的计算公式如下：

$$KC = \frac{U_m T_w}{D} \tag{6-58}$$

$$U_m = \frac{\pi H}{T_w \sinh(kh)} \tag{6-59}$$

$$\left(\frac{2\pi}{T_w}\right)^2 = gk\tanh(kh) \tag{6-60}$$

式中：T_w 为波浪周期（s）；D 为桩体直径（m）；H 为波浪波高（m）；h 为水深（m）；k 为波浪数（m）；U_m 为桩体涡流速度的最大值（m/s）。

当 KC 等于 1 时，水流在细圆桩表面开始出现分离现场，形成背流向涡流；当 KC 达到 6 时，桩前才开始形成马蹄形涡流，此时冲刷深度 S 计算公式如下：

$$S = 1.3D\{1 - \exp[-0.03(KC - 6)]\} \tag{6-61}$$

冲刷范围计算公式如下：

$$r = \frac{D}{2} + \frac{S}{\tan\varphi} \tag{6-62}$$

式中：r 为以桩中心为圆心的冲刷坑半径（m）；φ 为土体内摩擦角（°）。

目前，海上风电机组基础防冲刷设计分为两种技术方案：一种是不采取防冲刷措施，根据理论计算公式或模型试验确定冲刷坑的深度及范围，在机组基础设计时不考虑冲刷坑深度范围内土层与基础的相互作用，常用于波浪和海流引起的冲刷坑深度较小的设计工况。另一种是采取防冲刷措施，防止或减轻基础周围海床泥面土体的冲刷，以避免冲刷坑对机组基础安全稳定运行产生影响。当前海上风电工程中常用的防冲刷措施包括抛石、砂被等（见图 6-6）。其中，抛石防护是海洋工程和水利工程中桩基础或桥墩最常用的防冲刷措施，具有取材方便、施工简单、能适应地形变化等优点，但抛石防护的整体性较差，机组基础全生命周期内的维护工作量及费用较大，特别是当流速为临界摩阻流速的 2.5 倍以上时，抛石将被冲散或埋置到最大冲刷坑深处，导致抛石层失去防护作用。砂被防护的优势在于可以规模化加工制造，成本较低，其缺点在于海上施工环境复杂，很难做到精准投放，施工精度难以达到设计要求。工程实践表明砂被防冲刷效果同样不佳，很难实现基础周围海床的有效保护。

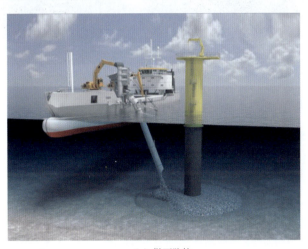

（a）抛石防护　　　　　　　　　　　　　（b）砂被防护

图 6-6　海上风电基础常用的防冲刷措施

抛石防护失效模式主要分为剪切破坏、沉陷破坏和结构边缘破坏。王卫等在总结抛石防护措施优劣势的基础上，结合水利工程中的堆石混凝土技术和水下自护混凝土技术，创新性提出网格化胶结抛石防冲刷技术[30]（见图 6-7），该技术首先将海上风电机组基础外围冲刷防护范围按网格分区，然后按分区精准抛石，最后在抛石体表面浇筑水下自护型砂浆，通过自流可控技术将抛石非均匀胶结，形成胶结抛石体与抛石体复合结构，初步试验结果表明网格化胶结结构能够显著增强原始抛石散粒体的抗冲刷性能，兼具适应海床变形的能力，同时新防护结构与外围土体之间为柔性过渡，有效避免了边缘冲刷问题（见图 6-8）。此外，大量数值仿真结果表明胶结抛石防冲刷结构能够提高桩基础的水平承载性能。

图 6-7　海上风电机组基础网格化胶结抛石防冲刷措施[29]

（a）最大冲深原型值：4.42m　　　（b）抛石失效量：60%　　　（c）最大冲深原型值：0.72m

图 6-8　海上风电机组基础网格化胶结抛石防冲刷效果

6.3　设计内容

海上风电场风电机组基础设计过程通常分为 3 个阶段，首先是可行性研究阶段，其次是初步设计阶段，最后是施工图设计阶段。不同阶段对风能资源、海洋水文环境、工程地质等海上风电场基本资料的需求以及风电机组制造商提供的风电机组关键技术参数的要求存在差异，并随着机组基础设计深度的增加逐渐提高。根据工程实践，中国部分海上风电场可行性研究阶段的设计深度包括了初步设计阶段的内容，初步设计阶段的设计深度包括了施工图设计阶段的内容。

6.3.1　设计状态

海上风电机组基础设计状态依据《海上风电场工程风电机组基础设计规范》（NB/T 10105—2018)[13] 要求，机组基础结构设计通常需考虑以下几种设计状态。

（1）承载能力极限状态：包括结构由于屈服或屈曲而丧失抗力，结构构件或连接件因强度破坏或因过度变形而不适合继续承载，结构变为机动体系，结构整体或结构的一部分作为刚体失去平衡，地基丧失承载力而失效。

（2）正常使用极限状态：包括影响荷载分布的变形、影响正常使用或产生不舒服的振动、超过设备限制的移动、地基的不均匀沉降。

（3）疲劳荷载工况极限状态：即风电机组基础在长期往复的风荷载、波浪荷载等作用下产生的疲劳计算。

6.3.2　设计荷载

机组基础所承受的荷载主要包括结构自重（考虑浮力）、风电机组荷载、波浪力、水流力、风荷载、船舶作用力、地震力等。

风电机组荷载：基础设计时，所考虑的风电机组荷载为上部结构（风电机组及塔筒）传递至基础顶面（塔筒底面高程）的荷载，由设备厂家提供。

波浪和水流力：波浪理论采用 Morison 公式。

船舶作用力：正常运行工况时 500t 运行维护服务船舶以 0.50m/s 速度计算靠泊的作用力，撞击工况按 2.0m/s 的撞击速度计算作用力。

荷载组合工况依据本书第 3.7 节相关规定。

6.3.3　设计流程

海上风电机组基础结构的设计流程如图 6-9 所示。

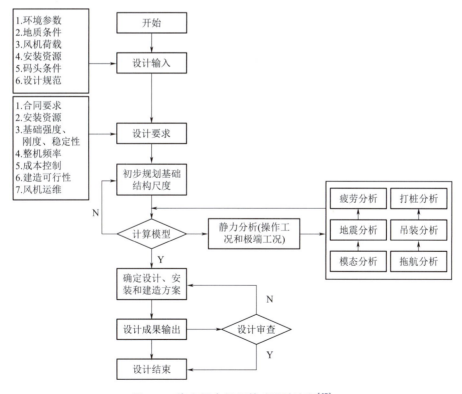

图 6-9　海上风电机组基础设计流程[27]

159

根据当前中国海上风电场设计分工和责任，海上风力发电机组及塔筒（塔架）通常由风电机组制造商负责，机组基础及地基基础则由海上风电场设计单位进行设计，因此风电机组制造商与风电场机组基础设计单位的设计交界面是塔底，塔底载荷由风电机组制造商提供。在机组基础初期设计时，风电机组制造商通常参考相同轮毂高度的同系列陆上风力发电机组载荷，待风电场设计单位完成基础设计后，风电机组制造商再进行一次考虑机组基础的海上风电发电机组载荷计算，随后提取塔底载荷交由风电场设计单位进行二次设计与优化，上述循环设计通常需要迭代3次及以上。机组基础单次设计分析流程包括3个步骤：

第一步，在 Bladed 数值仿真软件中进行全局建模与动力学计算。全局模型包括机组、塔筒和机组基础，全面分析发电机组在启动、运行、停转等各种工况下，气动荷载、风荷载、波浪荷载、海流荷载、冰荷载、地震作用等联合作用下的动力响应，提取极限荷载。

第二步，采用海洋工程计算软件 SACS 进行海上机组基础的详细建模。将第一步中塔筒与机组基础交界面的极限荷载施加至机组基础顶部，同时计算环境荷载及桩基础参数，分析基础以及桩的响应。

第三步，海洋工程规范校核。得到机组基础的详细响应结果后，对结果进行规范校核，评价设计方案的可行性。

6.3.4　设计方法

6.3.4.1　分步迭代设计方法

发电机组、塔筒、机组基础和地基基础构成的海上风力发电机组及其支撑结构体系在分析与设计中涉及空气动力学、水动力学、结构动力学、岩土力学、控制系统等多个学科的交叉融合。整个结构体系由风电机组制造商配合风电场设计单位共同完成，由于两家单位分别掌握相应的技术秘密和工程经验，因此难以针对"发电机组-塔筒-机组基础-地基基础"整个结构体系进行一体化的建模、分析、设计和优化。

目前，海上风力发电机组及塔筒与机组基础及地基基础通常采用分步迭代设计方法。分步迭代设计在设计中存在荷载数据、变形数据等数据交互过程，计算过程无法考虑机组载荷与机组基础所受荷载之间的耦合作用，且存在国内外规范混用的问题。此外，发电机组及其支撑结构体系属于典型的非线性动力结构体系，其动态耦合效应比较复杂。由于分步迭代设计方法无法考虑机组及塔筒与基础及地基之间的相互影响，进而导致仿真结果计算不够准确，造成机组基础设计冗余度过高。

分步迭代设计方法主要包括超单元迭代方法和常规迭代方法，中国海上风电设计多采用常规迭代方法，其计算流程包括3个步骤：

第一步，风电场设计单位根据风电机组制造商提供的塔筒底部评估荷载，通过计算分析提出机组基础和地基基础的设计方案。

第二步，风电机组制造商根据风电场设计单位提供的机组基础和地基基础设计方案，建立整体模型，然后施加风荷载进行整体荷载分析，重新得到塔筒底部的荷载列阵。

第三步，比较迭代前后塔筒底部荷载列阵，如果两者的差异超出设计允许值，风电场设计单位根据塔筒底部新的荷载列阵调整设计，重新上述计算步骤。

在常规迭代方法中，风电机组制造商在进行整体荷载分析时虽然能够得到机组基础的内力、位移和变形等信息，但风电场设计单位仍需要根据风电机组制造商提供的塔筒底部荷载对机组基础和地基基础进行设计计算。同时，当前的风力发电机组整体载荷分析软件对复杂机组基础和地基基础的仿真计算能力存在不足，该类机组基础仍需要进行简化处理。

6.3.4.2　一体化设计方法

为了克服常规迭代方法在机组支撑结构上的设计弊端及其导致的过高设计冗余度，欧美等国率先探索风、浪、流等多种环境荷载之间的耦合作用，环境荷载与发电机组荷载之间的耦合，机组基础及地基基础与发电机组之间的耦合。目前，国内外风电机组制造商和风电场设计单位为了促进机组及其支撑结构体系的优化，降低海上风电平准化度电成本（LCOE），开始尝试对风力发电机组及其支撑结构体系进行一体化设计。在海上风电技术领先的英国、丹麦等欧洲国家，风电场开发商利用第三方设计认证平台，通过共享机组支撑结构及地基基础的设计信息，已经将一体化设计方法应用于海上风电工程[28]，同时制定了相应的设计标准和开发了相应的设计软件。

在风电机组结构体系一体化设计标准方面，国际电工委员会（International Electro technical Commission，IEC）发布了一体化设计的国际标准《风力发电机组 – 第三部分：海上风力发电机组设计要求（Wind turbines – Part 3：Design requirements for offshore wind turbines）》（IEC 61400-3）[29]，挪威船级社发布了《风力发电机支撑结构（Support structures for wind turbines）》（DNVGL-ST-0126）[11]。

在风电机组结构体系一体化设计软件方面，据风电机组制造商维斯塔斯透露，该公司与 Ramboll 合作开发了海上风电首个封装式发电机组 – 机组基础整体荷载计算软件（SMART Foundation Loads），该软件通过提供一个封闭的完整风电机组模型用于详细的机组基础荷载分析，机组基础设计人员能够独立地开展一体化荷载分析。这种设计软件在欧洲海上风场开发过程具有适用性，风电机组制造商通常会在风电机组基础设计阶段提供完整的风电机组模型，但对于中国海上风电场开发建设，在机组基础施工图设计阶段，机组制造商也仅向风电场设计单位提供风电机组塔筒底部荷载情况而非完整机组模型，导致风电场设计单位无法开展一体化设计。Bentley 开发了海洋工程结构分析软件 SACS，DNV-GL 开发了强度分析软件 SeSAm 和风力发电机组荷载计算软件 Bladed 软件。SACS 和 SeSAm 软件均能够与 Bladed 软件联合使用，Bentley 和 DNV-GL 也提供了风力发电机组支撑结构一体化设计的解决模块及程序实现办法。美国国家可再生能源实验室（NREL）开发了海上风电机组一体化仿真工具 FAST，FAST 是由很多个独立小组件构成的一款通过命令窗口运行的风力发电系统综合仿真软件，可以对风电机组的极限载荷和疲劳载荷等进行分析计算，为风电机组的结构设计提供仿真依据。

目前，中国海上风电设计受限于风电机组制造商和风电场设计单位的工作范围及责任划分，机组基础依据《海上风电场工程风电机组基础设计规范》（NB/T 10105—2018）[13] 推荐的设计方法，依据塔筒底部传递的荷载进行设计和迭代，一体化设计多处于荷载仿真计算阶段。2022 年，金风科技推出了整机仿真软件 GTSim，该软件耦合了多体动力学、空气动力学、水动力学、控制等多学科算法，具备全流程全工况整机仿真功能，如图 6-10 所示。

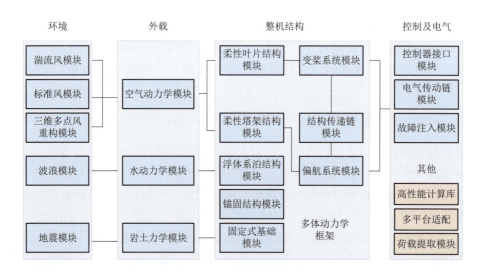

图 6-10　金风科技 GTSim 整机仿真软件

海上风电一体化设计工作通常需要 Bladed 等荷载计算软件、SACS 等结构设计和校核软件的相互配合，具体步骤如下：

第一步：风电机组制造商和风电场设计单位根据项目风资源、水文环境、工程地质等环境参数，分别给出塔筒和机组基础的初始方案。

第二步：风电机组制造商根据塔筒和机组基础的初始方案，进行整体结构建模和载荷计算。

第三步：风电机组制造商根据载荷计算结果对塔筒方案进行校核，风电场设计单位根据载荷计算结果对机组基础方案进行校核。若塔筒和机组基础满足收敛标准，则作为备选方案；若不满足收敛标准，则重新调整塔筒和机组基础的结构尺寸或结构型式，重复步骤二和步骤三，直至满足要求。

第四步：从多个满足收敛标准的设计方案中，找出整体结构的全局最优解。

值得说明的是，整体结构的收敛标准主要包括两个方面：一是塔筒和机组基础需要分别满足对应的设计规范，整体结构需要满足整机频率要求；二是调整后的设计方案与调整前相比，其结构质量、整机频率等设计参数无较大偏差。

6.3.5　计算分析内容

1. 静力计算

风电机组基础结构的静力分析主要包括桩基承载力分析、整体稳定性分析、结构变形和应力分析、结构强度和局部稳定性分析。整体稳定性分析通常包括抗倾覆稳定分析、抗滑移稳定分析和变形分析。按照承载能力极限状态进行结构分析计算。

1）承载力分析

承载力计算主要分为桩基竖向承载力计算及桩基水平承载力计算。

在桩基竖向承载力计算方面，国内海上风电设计中的桩基础轴向承载力抗力系数参照港口工程相关桩基规范计算。同时我国福建、广东、山东等区域存在大量嵌岩桩基，嵌岩桩基在国内外海上风电工程中应用较少，且各区域岩石特性差异较大，离散性较大，而国内港口工程、码头工程已经积累了较多嵌岩桩设计与施工经验，因此嵌岩桩嵌岩段抗力系数主要参照港口工程相关桩基规范计算确定。桩基竖下承载力参考国外规范《岩土工程和基础设计考虑事项（Geotechnical and Foundation Design Considerations）》（API RP 2GEO）[31] 进行计算，分黏性土及非黏性土计算单位极限侧摩阻力标准值。侧摩阻力作用于桩壁的内、外两侧，但桩的总阻力包括桩的外侧摩阻力和桩端环形面积的支撑力以及桩的内侧摩阻力或土塞端阻力中的较小者。

在水平承载力计算方面，桩基础应能够承受侧向的静荷载和循环荷载。桩基础设计过程中应分析沉桩作业中和沉桩完成后因冲刷和土体扰动对承载力产生的可能影响。承受水平力作用的弹性长桩桩身内力和变形，可根据工程经验采用 p-y 曲线法、m 法，m 法仅适用于水平变形较小并处于弹性变形阶段的桩基础结构计算；水平变形较大且承受循环荷载作用，应采用 p-y 曲线法。当无法确定循环荷载的往复作用下土体抗力时，土体抗力可通过试验方法确定。承受水平力或力矩作用的桩基础，其入土深度宜满足弹性长桩条件或通过控制桩顶位移、桩身整体变形与桩基础埋深的关系确定。

2）稳定性验算

（1）整体稳定性：整体稳定性分析主要包括抗倾覆稳定分析、抗滑移稳定分析。

（2）构件局部稳定性：海上风电基础构件包括但不限于单桩、导管架杆件等，在承受轴向压力、弯矩荷载形成的纵向压缩和静水压力形成的环向受压联合作用下，存在发生屈曲破坏风险，对轴向较长或径厚比较大的圆柱形构件的设计，需校核圆柱形构件的柱状屈曲和局部屈曲。

3）变形和强度分析

变形标准在设计过程中通常根据《海上风电场工程风电机组基础设计规范》（NB/T 10105—2018）[13] 中对基础变形要求：单桩基础计入施工误差后，泥面处在全生命周期内的循环累积总倾角不应超过 0.50°，即 8.72‰；其余基础计入施工误差后，基础顶在全生命周期内的循环累积总倾角不应超过 0.50°，即 8.72‰。根据国内海上风电场施工经验，单桩基础沉桩通常采用定位架辅助沉桩，桩身垂直度控制精度较高，设计阶段通常考虑 3‰的施工误差，因此设计控制标准中泥面转角应小于 5.72‰；其余桩基础结构型式在法兰位置同样施工误差可控制在 3‰以内。

对于吸力筒导管架基础、单柱复合筒基础等吸力式基础结构型式，由于在下沉过程中可以精确控制整体姿态，其沉放的施工误差可以控制在 1‰以内，相应的设计冗余可以适当放宽。

2. 模态分析

风电机组需计入对结构总体动力特性及响应有重大影响的构件。风电机组机舱和叶片所组成的局部系统及其他附属构件可简化为质点。计算总体结构的固有频率和相应模态时，应考虑水位变化、海床冲刷、海洋生物生长、腐蚀等边界条件变化的影响，整机结构低阶固有频率宜远离控制性动力荷载的主频，避免风电机组全寿命周期发生共振。

3. 疲劳分析

风电机组基础结构疲劳分析应采用安全寿命设计方法，主要采用《海上钢结构疲劳强度分析推荐作法》（SY/T 10049—2004）及《海上钢结构疲劳设计（Fatigue design of offshore steel structures）》（DNVGL-RP-C203）[17] 中的相关方法进行计算。基础结构同时受到多项疲劳荷载作用时，通常宜采用时程分析法进行整体耦合疲劳分析。无荷载时间历程数据时，可以采用其他分析方法进行基础结构疲劳损伤分析。疲劳分析针对不同的分析节点选定对应的 $S-N$ 曲线，同时反映焊趾处焊缝外形和特性，疲劳分析采用应力集中系数计算管节点相交部位的热点应力。

4. 施工分析

1）沉桩分析

通常针对桩基础，除嵌岩基础以外，需进行沉桩分析，通常采用波动方程分析软件 GRLWEAP 对典型钢管桩沉桩可打性进行分析计算，通过计算可获取沉桩过程中锤击能量、贯入度、锤击数及桩身应力。

2）沉贯分析

针对吸力筒导管架基础及单柱复合筒基础，需进行沉贯分析。筒体结构下沉入土时的下沉阻力主要包括筒壁的侧摩阻力和筒端部的端阻力两部分，筒型基础下沉阻力主要根据《黏土中吸力锚的岩土工程设计与安装（Geotechnical design and installation of suction anchors in clay）》（DNV RP-E303）[32] 计算贯沉阻力。筒体结构在黏性土中下沉时，筒内负压对基础下沉的有利影响较小，一般不予考虑。参考《Geotechnical design and installation of suction anchors in clay》（DNVGL RP-E303）[32] 附录 A2 中的计算方法，对黏土中筒的沉贯阻力进行计算。沉贯计算还需综合考虑下沉过程的筒壁屈曲和土拱破坏，绘制下沉过程的负压曲线。

针对各类基础的设计，风电机组制造商通常采用风电荷载分析软件平台 Bladed 进行载荷计算，风电场设计院采用海洋平台设计软件 SACS 进行基础结构校核。此外，在进行桩土相互作用分析校验时，常采用 Z-soil、Plaxis 等数值软件进行补充计算；当进行结构校验时，常采用 ANASYS、ABAQUS 等数值软件进行补充计算。无论采用哪种设计软件的主要流程，一般分为以下四个阶段：准备设计所需的基本资料、建立计算模型、计算分析与优化、设计成果输出。

海上风电机组基础设计所需基本资料包括工程地质资料、地形信息、水文条件（波浪、水流）、气象信息、风电机组载荷、主机及塔筒参数、运维船舶信息等。其中，工程地质资料和地形信息来源为相应阶段的工程勘察报告，水文信息和气象信息来源为审定的可研报告或专题报告，风电机组载荷和主机及塔筒参数来源于风电机组制作商针对选定场址的载荷报告，运维船舶信息一般来源于运维单位或参考常规运维船舶。对于部分设计所需基本资料，需要进行一定的处理，例如根据水文资料选用适合的波浪理论、根据运维船舶的相关资料计算靠泊撞击力、寒冷地区需计算海冰荷载等。

建立的计算模型与分析内容有关，不同计算分析内容所采用的计算模型部分存在差别。海上风电基础最基本的计算内容主要包括静力计算、动力响应计算、自振频率计算、抗震验算、疲劳验算等多项内容。每一项计算都需要为计算分析软件准备相应的输入文件，选择计算分析模块，读取并分析输出文件。在读取并分析输出文件的基础上，判断设计是否满足相应控制指标。

此外，在设计过程中需满足构造性、耐久性的要求，完成相关计算，如平台最小高程、钢结构防腐蚀分区等。

6.3.6　设计步骤

1. 单桩基础

单桩基础为海上风电机组基础的最简单且最常用结构型式。采用大型沉桩设备将一根大直径钢管桩打入海床，承受波流荷载及风电机组荷载，同时在钢管桩上设置靠船设施、钢爬梯及平台等。钢管桩顶部通过灌浆或直接通过法兰连接顶部塔筒。单桩基础设计技术路径如图 6-11 所示。

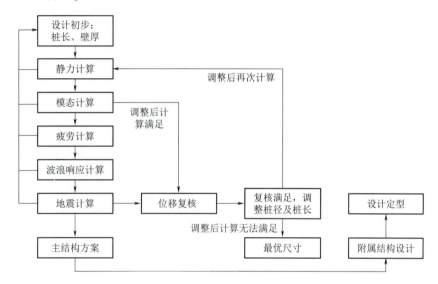

图 6-11　单桩基础设计技术路径

2. 嵌岩桩导管架基础

导管架基础结构上与钢管桩之间通过高强度灌浆材料连接后固定于海底。对于福建、广东等海域，部分机位点由于海床基岩埋深浅，不满足常规导管架桩基设计的桩长要求，需进行嵌岩施工。桩基础按桩工艺可分为打入桩、灌注桩和嵌岩桩。打入桩按制桩材料可分为钢管桩和预制混凝土桩等；灌注桩按成孔方法可分为钻孔灌注桩和挖孔灌注桩；嵌岩桩按成桩方法、结构组成和嵌岩型式，可分为灌注型嵌岩桩、预制型植入嵌岩桩、预制型芯柱嵌岩桩和预制型组合式嵌岩桩等。

芯柱式嵌岩导管架桩基为钢管桩与钻孔灌注桩的复合桩基础，通过填芯段进行传力连接。由于下部为混凝土桩，芯柱式导管架通常需要覆盖层具有一定深度，以避免混凝土桩承受弯矩过大，对于极限配筋也无法满足设计受力要求的情况，采用植入式嵌岩导管架，其施工费用较芯柱式导管架更高，且工期长、工序多。嵌岩桩导管架基础设计技术路径如图 6-12 所示。

3. 吸力筒导管架基础

吸力式筒型基础由筒顶板和筒裙构成，具有造价低、便于运输安装、拖航施工经济便捷、承载能力较高等特点，适用于海床为砂性土或软黏土的浅海域，靠负压进行安装，靠自重及筒侧阻力使基础稳定。吸力筒导管架基础下部一般由三个或四个小型筒体结构组成，筒顶与导管架基础或三脚架基础相连，筒体基础主要承受来自上部结构传递的竖向荷

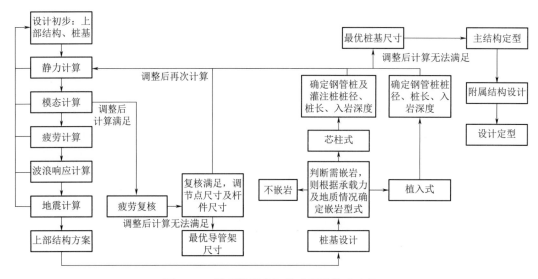

图 6-12 嵌岩桩导管架基础设计技术路径

载，筒型基础的抗压及抗拔承载力为承载力校核的关键因素。吸力式筒型基础利用负压作用下沉至设计深度，在承载计算时并不考虑负压作用，结构通过顶板和筒内土体传递上部荷载，筒裙和土体紧密结合可承担较大的竖向荷载，同时筒裙和土体的相互摩擦提供较强的摩阻力，故在较浅埋深下也可承担较大荷载。吸力筒导管架基础设计技术路径如图 6-13 所示。

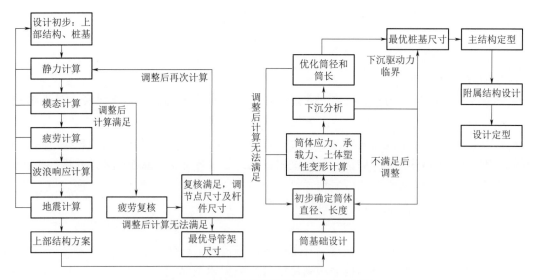

图 6-13 吸力筒导管架基础设计技术路径

4. 单柱复合筒基础

单柱复合筒基础包括底部开口、顶部有密封盖板的复合筒，密封盖板有多根主梁和多圈支撑圈，每个支撑圈由多根端部与主梁固定的次梁相连构成；单柱的底端置于复合筒内且两者共轴，两者底面齐平，每根主梁穿设在一个贯穿孔；单柱与复合筒固定的连接件。单柱-复合筒基础结构的连接结构型式，包括钢制环形板、腹板（加劲板）和翼缘。相比于更适合黏土覆盖层较厚场址吸力筒导管架基础，单柱复合筒更适合表层 15m 范围内存在一定厚度的砂层作为底部承载。单柱复合筒基础设计技术路径如图 6-14 所示。

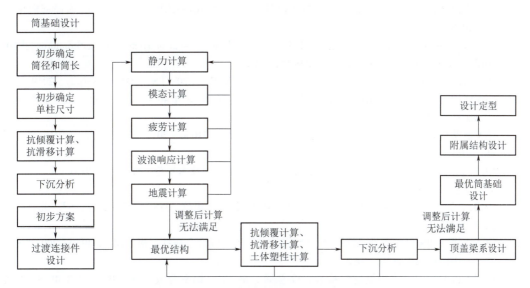

图 6-14　单柱复合筒基础设计技术路径

参 考 文 献

［1］　国家能源局 . 风电场工程等级划分及设计安全标准：NB/T 10101—2018 ［S］. 北京：中国水利水电出版社，2019.

［2］　中华人民共和国住房和城乡建设部，国家市场监督管理总局 . 海上风力发电场设计标准：GB/T 51308—2019 ［S］. 北京：中国计划出版社，2019.

［3］　BHATTACHARYA S. Design of foundations for offshore wind turbines ［M］. John Wiley & Sons，2019.

［4］　GL. Guideline for the certification of offshore wind turbines ［S］. Oslo：GL，2012.

［5］　国家市场监督管理总局，中国国家标准化管理委员会 . 低合金高强度结构钢：GB/T 1591—2008 ［S］. 北京：中国标准出版社，2018.

［6］　中华人民共和国国家质量监督检验检疫总局，中国国家标准化管理委员会 . 船舶及海洋工程用结构钢：GB 712—2011 ［S］. 北京：中国标准出版社，2012.

［7］　中华人民共和国国家质量监督检验检疫总局，中国国家标准化管理委员会 . 碳素结构钢：GB/T 700—2006 ［S］. 北京：中国标准出版社，2007.

［8］　国家市场监督管理总局，中国国家标准化管理委员会 . 结构用无缝钢管：GB/T 8162—2018 ［S］. 北京：中国标准出版社，2018.

［9］　中华人民共和国国家质量监督检验检疫总局，中国国家标准化管理委员会 . 热轧 H 型钢和部分 T 型钢：GB/T 11263—2017 ［S］. 北京：中国标准出版社，2017.

［10］　国家经济贸易委员会 . 海上固定平台规划、设计和建造的推荐作法——荷载抗力系数设计法（增补 1）：SY/T 10009—2002 ［S］. 北京：石油工业出版社，2002.

［11］　DNV GL. Support structures for wind turbines：DNVGL-ST-0126 ［S］. DNV，Norway，2016.

［12］　DNV. Design of offshore wind turbine structures：DNV-OS-J101 ［S］. DNV，2014.

［13］　国家能源局 . 海上风电场工程风电机组基础设计规范：NB/T 10105—2018 ［S］. 北京：中国水利水电出版社，2019.

［14］　水电水利规划设计总院 . 风电机组地基基础设计规定（试行）：FD 003—2007 ［S］. 北京：中国

水利水电出版社，2007.

[15] 中华人民共和国交通运输部. 码头结构设计规范：JTS 167—2018［S］. 北京：人民交通出版社，2018.

[16] 中华人民共和国建设部. 高耸结构设计规范［Code for Design of High‐Rising Structures］：GB 50135—2006［S］. 北京：中国计划出版社，2007.

[17] DNV GL. Fatigue design of offshore steel structures：DNV‐RP‐C203［S］. DNV, Norway, 2019.

[18] 国家能源局. 浅海钢质固定平台结构设计与建造技术规范：SYT 4094—2012［S］. 北京：石油工业出版社，2018.

[19] 国家能源局. 海上风电场钢结构防腐蚀技术标准：NB/T 31006—2011［S］. 北京：中国电力出版社，2011.

[20] 中华人民共和国交通运输部. 海港工程混凝土结构防腐蚀技术规范：JTJ 275—2000［S］. 北京：人民交通出版社，2001.

[21] 中华人民共和国交通运输部. 海港工程钢结构防腐蚀技术规范：JTS 153-3—2007［S］. 北京：人民交通出版社，2007.

[22] 中华人民共和国国家质量监督检验检疫总局. 锌‐铝‐镉合金牺牲阳极：GB/T 4950—2002［S］. 北京：中国标准出版社，2002.

[23] 中华人民共和国国家质量监督检验检疫总局. 铝‐锌‐铟系合金牺牲阳极：GB/T 4948—2002［S］. 北京：中国标准出版社，2002.

[24] Modjeski and Masters. August 2006.

[25] 韩海骞. 潮流作用下桥墩局部冲刷研究［D］. 杭州：浙江大学，2006.

[26] SUMER B M, FREDSØE J, CHRISTIANSEN N. Scour around vertical pile in waves［J］. Journal of waterway, port, coastal, and ocean engineering, 1992, 118 (1)：15-31.

[27] 翟恩地. 海上风力发电机组设计开发［M］. 北京：中国电力出版社，2022.

[28] 林毅峰，李帅，范可，等. 海上风电机组支撑结构与地基基础一体化设计［M］. 北京：机械工业出版社，2020.

[29] International Electrotechnical Commission. 2019 Wind turbines‐Part 3：Design requirements for offshore wind turbines：IEC 61400‐3［S］. International Electrotechnical Commission, 2019.

[30] Wang, W, Yan, J, Chen S, et al, Gridded cemented riprap for scour protection around monopile in the marine environment［J］. Ocean Engineering, 2023, 272, 113876.

[31] American Petroleum Institute. Geotechnical and Foundation Design Considerations：API RP 2GEO［S］. American Petroleum Institute, 2011.

[32] DNV GL. Geotechnical design and installation of suction anchors in clay：DNVGL RP‐E303［S］. DNV, Norway, 2017.

第7章

海上风电机组基础沉贯分析

7.1 桩基础可打入性分析

可打入性分析是桩基础设计与施工前的关键环节，影响可打入性分析准确程度的因素包括地质参数、土阻力模型、打桩参数、锤型参数等关键参数的选择。桩基础可打入性分析主要通过两个相对独立的分析来确定在选定桩锤的情况下桩的可打入性深度。首先估计在打桩期间土的动阻力，其次应用波动方程原理分析计算锤–桩组合系统可克服的阻力，并对锤–桩–土组合系统进行分析，预测打桩深度、锤击数与贯入深度的关系。

7.1.1 能量法

桩基础在土体中所受的阻力包括端阻力和桩侧阻力。在打桩过程中，桩基础可能会发生溜桩或拒锤现象。溜桩是指桩在贯入某些软弱土层时，在桩和桩锤自重作用下或很少的锤击数下，桩身不受控制地快速下沉，并连续贯入很长距离。拒锤是指桩贯入至某土层时，连续贯入一定深度的锤击数超过拒锤标准的现象。溜桩过程涉及能量传递和能量转换，可以采用能量守恒法进行计算[1]。由于发生溜桩的时刻与溜桩结束的时刻，桩身均为静止状态，因此溜桩过程也可以视为桩周土体克服桩锤冲击力、桩身自重等外部荷载作用下，重新达到能量平衡状态的过程。假定桩身与桩周土体的荷载传递可以采用理想弹塑性模型来模拟，即在桩身打入过程中，桩端及桩侧阻力达到极限阻力时保持恒定，则溜桩过程中的势能变化为：

$$E_G = GL \tag{7-1}$$

式中：E_G 为桩锤势能（kJ）；G 为桩锤自重（kN）；L 为溜桩长度（m）。

在溜桩开始的时刻，桩身的动能为 0，因此桩锤产生的势能用于克服土体阻力做功以及桩身变形能、超孔隙水压力势能等产生的能量耗散，因此桩锤势能 E_G 可表示为：

$$E_G = W_F + W_D + E_W \tag{7-2}$$

其中，

$$W_F = \sum_{i=1}^{n} \int_0^L f_i(x)\, l_i D_P \mathrm{d}x + \sum_j^m \int_0^{\sum l_j} [f_j(x)\, l_j D_P + q_j(x) A_P]\mathrm{d}x \tag{7-3}$$

$$W_D = \frac{1}{2} \int_0^L \frac{N^2(z)}{E_P A_P} \mathrm{d}z \tag{7-4}$$

式中：W_F 为桩身侧摩阻力和端阻力做功（kJ）；W_P 为桩身变形能（kJ）；E_W 为超孔隙水压力势能（kJ）；$f_i(x)$ 为溜桩区间以上某一深度土层的桩身单位侧摩阻力（kN/m）；

169

$f_i(x)$ 为溜桩区间某一深度土层的桩身单位侧摩阻力（kN/m）；$q_j(x)$ 为溜桩区间以上某一深度土层的桩身单位端阻力（kN/m）；D_P 为桩身周长（m）；A_P 为桩端截面面积（m^2）；l_i 为溜桩区间以上的某一深度土层厚度（m）；l_j 为溜桩区间某一深度土层厚度（m）；$N(z)$ 为桩身深度 z 处的轴力（kN）；E_P 为桩的弹性模量（kN/m^2）。

桩端阻力和桩身侧摩阻力可以间接采用静力触探测试数据进行计算。BUSTAMANTE 和 GIANESELLI[2] 提出 LCPC 法，即认为桩端的平均等效锥尖阻力 q_{ca} 为 1.5 倍桩径深度范围内 q_c 的平均值（影响范围：桩端以上 $1.5D$ 至桩端以下 $1.5D$），侧摩阻力 f_p 和等效桩端阻力 q_p 计算公式为：

$$f_p = \frac{q_c}{\alpha} \tag{7-5}$$

$$q_p = k_c q_{ca} \tag{7-6}$$

式中：α 为摩擦力系数；k_c 为桩端承载力系数。

RUITER 和 BERINGEN[3] 针对砂土和黏土提出了不同的计算公式。对于砂土而言，桩端承载力主要受桩端以下 $0.7D$（D 为桩径）和桩端以上 $4D$ 范围内的桩端阻力影响，黏土则需要先估算不排水抗剪强度。

砂土桩端阻力 q_p 为桩尖阻力影响内的最大值，侧摩阻力 f_p 由下式计算得到：

$$f_p = \min(f_1, f_s, f_3, f_4) \tag{7-7}$$

式中：$f_1 = 0.12\text{MPa}$；f_s 为 CPT 侧壁摩擦力（MPa）；$f_s = q_c/300$（压）；$f_s = q_c/400$（拉）。

对于黏土，砂土桩端阻力 q_p 和侧摩阻力 f_p 分别由下式计算得到：

$$q_p = N_c S_u = N_c \frac{q_c}{N_k} \tag{7-8}$$

$$f_p = \beta S_u \tag{7-9}$$

式中：$N_c = 9$；$N_k = 9 \sim 15$；正常固结黏土，$\beta = 1$，超固结黏土，$\beta = 0.5$。

值得注意的是，桩周土体在经过反复摩擦作用后，动侧摩阻力呈现明显减小的现象，因此在计算过程中需要考虑灵敏度。

溜桩通常位于软弱土层，此时桩端阻力较小，则桩身轴力较小。对于海上风电大直径单桩基础而言，桩内土塞效应并不明显甚至不存在。因此，桩身变形能和超孔隙水压力势能相对于土阻力做功较小。工程经验表明，桩身变形能、超孔隙水压力势能等产生的能量耗散与桩锤势能之比为 5% ~ 10%。

7.1.2　土的动阻力计算

在评价桩的可打入性时，首先要计算打桩期间土的动态阻力（SRD）。土的动态阻力是根据以往在相似土质条件地区打桩经验的基础上估计的。打桩经验表明：在粒状土层，"连续打桩"与"打桩延迟"两种情况下，土的外侧面摩阻力是一样的，均等于土的静表面摩阻力；在黏性土层中，连续打桩期间，桩周土体产生疲劳，土的动表面摩阻力远远小于静表面摩阻力，经过足够时期的停打，才能恢复到静表面摩阻力的水平。恢复程度、恢复时长与现场条件有很大关系并且很难精确确定。

1. 连续打桩情况

目前，SEMPLE 和 GEMEINHARDT[4]、STEVENS[5]、PUECH 等[6] 对于打桩过程的黏土的动阻力提出多种计算方法。

1) Semple 和 Gemeinhardt 计算方法

SEMPLE 等指出土体不排水强度的选取应考虑应力历史的影响，并采用承载力折减系数 F_p 进行折减，则打桩过程中的土的动阻力（SRD）可表示为：

$$\left.\begin{aligned} SRD &= \sum F_p S_u A_s + 9 S_u A_p \\ F_p &= 0.5(OCR)^{0.3} \\ S_u &= S_{unc}(OCR)^{0.85} \\ S_{unc} &= \sigma'_v(0.11 + 0.0037PI) \end{aligned}\right\} \tag{7-10}$$

式中：OCR 为土体超固结比；S_{unc} 为黏土正常固结条件下的不排水抗剪强度（kPa）；S_u 为黏土实际的不排水抗剪强度（kPa）；σ'_v 为有效的上覆土压力（kPa）；PI 为黏土塑性指数。

2) Stevens 计算方法

STEVENS 指出连续打桩过程中，动态土阻力存在上下限。对于不形成土塞的管桩，动态土阻力的下限值忽略管桩的内侧摩阻力，因此土的动阻力可表示为：

$$SRD = \sum 0.5 S_{unc} A_s + 9 S_u A_p \tag{7-11}$$

3) Puech 等计算方法

PUECH 等对 Angola 近海的硬黏土中的打桩数据进行了分析，发现硬黏土在连续打桩数百锤后，土阻力不超过静承载力的 20%，进而提出硬黏土的动态土阻力计算公式：

$$SRD = \sum 0.2 S_{unc} A_s + \sum 0.1 S_{unc} A_i + 9 S_u A_p \tag{7-12}$$

式中：A_i 为桩内侧表面积（m^2）。

2. 延迟后复打情况

假如在打桩过程中出现停打，在停打期间，由于土的承载力的恢复及临时形成的土塞作用，黏性土中打桩期间土的动阻力（SRD）会显著增大。因此，分析中假设打桩延迟后复打时，桩内形成完全土塞，打入阻力与静承载力相等，桩端阻力作用在整个桩端面积上。土的动阻力 SRD 的组合如下。

表面摩阻力：为静表面摩阻力 100%，作用在桩侧壁面积上。

桩端阻力：为静桩端阻力的 100%，作用在桩端面积上。

以桩径 3.5m、壁厚 55mm 的钢管桩为例，进行土的动态阻力计算，计算的打入阻力与贯入深度的关系曲线结果如图 7-1 所示。

7.1.3　GRLWEAP 分析程序

GRLWEAP 是以波动方程为理论基础的打桩分析软件，常用于模拟桩在冲击锤或振动锤的打击作用下其在土体中的运动及受力情况。对于一个给定的桩锤系统，GRLWEAP 分析程序能够根据现场观测的锤击数计算打桩阻力、桩身应力和预估承载力。对于打桩过程、地质条件、设计承载力已知的工程，可以帮助选择合适的桩锤和打桩系统；可确定打桩过程中桩身应力是否超过屈服强度或因拒锤导致无法打到设计深度。

1. 计算理论

1931 年，ISAACS[7] 首次将反映桩周土阻力的参数项 R 引入古典的波动方程：

$$\frac{\partial^2 u}{\partial x^2} = \frac{1}{C^2} \frac{\partial^2 u}{\partial t^2} + R \tag{7-13}$$

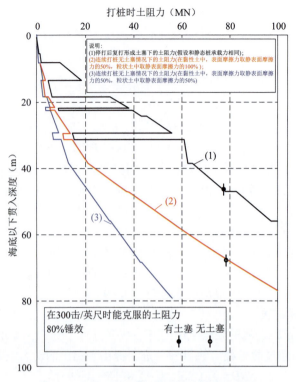

打桩时土阻力（MN）

说明：
(1)停打后复打形成土塞下的土阻力(假设和静志桩承载力相同)；
(2)连续打桩无土塞情况下的土阻力(在黏性土中，表面摩擦力取静表面摩擦力的50%，粒状土中取静表面摩擦力的100%)；
(3)连续打桩无土塞情况下的土阻力(在黏性土中，表面摩擦力取静表面摩擦力的50%，粒状土中取静表面摩擦力的50%)

在300击/英尺时能克服的土阻力
80%锤效   有土塞 无土塞

图 7-1   打入土阻力与贯入深度关系曲线图

其中，弹性应力波在桩内的传播速度 C 由下式计算得到：

$$C = \sqrt{\frac{E}{\rho}} \tag{7-14}$$

上两式中：x 为桩截面位置坐标；u 为 x 处桩截面的质点位移（m）；t 为时间（s）；R 为桩身土阻力（kN）；E 为桩的弹性模量（kN/m²）；ρ 为桩的密度（kg/m³）。

1960 年，SMITH[8] 提出差分法求解波动方程，将整个打桩系统抽象为多个离散的单元，桩锤、桩帽、桩垫及桩身的弹性均采用无质量弹簧进行模拟，各部分的质量采用不可压缩的刚性质量块模拟。桩周土体的弹性、塑性动阻力和静阻力分别采用弹簧、摩擦键和缓冲壶模拟。在计算过程中，将一次锤击的历时分割成若干个时间段 Δt，每个时间段 Δt 足够小，保证弹性应力波在一个单元中的传播时长低于 Δt，一般取 $0.5t_{cr} < \Delta t < t_{cr}$。因此，桩单元 i 在时刻 t 时的平衡方程式为：

$$\left. \begin{aligned} &\frac{G(i)}{g} \frac{\partial^2 u(i,t)}{\partial t^2} = K(i-1)D(i-1,t-\Delta t) - K(i)D(i,t-\Delta t) - R(i,t) + G(i) \\ &D(i-1,t-\Delta t) = u(i-1,t-\Delta t) - u(i,t-\Delta t) \\ &D(i,t-\Delta t) = u(i,t-\Delta t) - u(i+1,t-\Delta t) \end{aligned} \right\} \tag{7-15}$$

式中：$K(i)$ 为桩单元 i 的弹簧常数（kN/m）；$K(i-1)$ 为桩单元 $(i-1)$ 的弹簧常数（kN/m）；u（$i, t-\Delta t$）为桩单元 i 在（$t-\Delta t$）时刻的位移（m）；$D(i, t-\Delta t)$ 为桩单元 i 在（$t-\Delta t$）时刻的弹簧压缩量（m）；$D(i-1, t-\Delta t)$ 为桩单元（$i-1$）在（$t-\Delta t$）时刻的弹簧压缩量（m）；$R(i, t)$ 为桩单元 i 所受的桩周土体阻力（kN），泥面以上，R 为 0；$R(i)$ 为桩单元 i 的重量（kN）。

向后进行差分可得：

$$\frac{\partial^2 u(i,t)}{\partial t^2} = \frac{u(i,t) - 2u(i,t-\Delta t) + u(i,t-2\Delta t)}{\Delta t^2} \tag{7-16}$$

由式（7-6）和式（7-7）可得：

$$u(i,t) = \frac{g\Delta t^2}{G(i)}[K(i-1)D(i-1,t-\Delta t) - K(i)D(i,t-\Delta t) - R(i-t) + G(i)] +$$
$$2u(i,t-\Delta t) + u(i,t-2\Delta t) \tag{7-17}$$

桩单元 i 在 t 时刻的变形：

$$D(i,t) = u(i,t) - u(i+1,t) \tag{7-18}$$

桩单元 i 在 t 时刻的受力：

$$F(i,t) = D(i,t)K(i) \tag{7-19}$$

桩单元 i 在 t 时刻的速度：

$$V(i,t) = V(i,t-\Delta t) + [F(i-1,t) - F(i,t) - R(i,t) + G(i)]\frac{g\Delta t}{G(i)} \tag{7-20}$$

上式可用于计算下一个 Δt 的位移：

$$u(i,t+\Delta t) = u(i,t) + V(i,t)\Delta t \tag{7-21}$$

在计算前，桩-土系统处于静止状态，即桩单元的弹簧弹力、桩周土阻力和位移、速度、加速度为 0。打桩锤锤心撞击垫层的接触瞬间为初始时间，桩锤锤心的锤击初速度为已知的边界条件，开始第一个时间间隔 Δt 内应力波在桩锤-桩-土系统内传播的计算分析。锤心在 Δt 内产生的位移即锤心弹簧的变形量，进而可计算在下一个单元上的外力。该力使得锤心速度减小，同时锤心下面的单元产生加速度即获得心的速度。如此，在每个 Δt 时间段内逐个单元的进行计算迭代，直至满足以下两个条件时结束计算：①桩单元的位移不再增加；②各单元的速度均为 0 或者为负值。部分情况是以迭代运算进行所预定的次数而自动停止，通过上述运算即可得到打桩过程中桩基础在一次锤击中的性状。

2. 使用方法

海上风电工程常采用 GRLWEAP 软件进行钢管桩可打入性分析（见图 7-2），该程序是基于 SMITH 提出的波动方程理论开发的打桩分析软件。GRLWEAP 软件由桩模型、锤模型、土体模型、打桩系统模型等多个模块组成。其中，桩模型包括弹簧、质量单元和阻尼器；锤模型中锤芯是最重要的，采用一个简单的质量单元模拟；土体模型基本采用了 Smith 方法，即采用一个弹簧和一个阻尼器代表；打桩系统模型包括撞击板、锤垫、替打和桩垫（对于混凝土桩而言），由两个非线性的弹簧和一个质量来模拟。GRLWEAP 软件内置的静土阻力分析方法包括基于土体类型的方法（Soil Type Based Method）、基于 SPT 标贯击数的方法（SPT N-value Based Method）、基于 CPT 勘测数据的方法（CPT Method）、API 规范建议的计算公式等，同时包括 FHWA/Driven 静土阻力分析方法、ALM 和 HAMRE 提出的用于计算土阻力分布与土疲劳的分析方法。

通过自定义 GRLWEAP 软件中各模块计算所需的参数，开展桩基可打入性分析。计算步骤包括：首先预计时间 j 时的桩变量，给定单元上的力，采用外部阻力 R_{sij} 和 R_{dij} 和桩重力加速度 g_p 计算在时间 j 时桩单元 i 的加速度；然后，进入修正循环阶段，力、加速度和位移的计算过程可以在同一时间步长内重复计算，由新计算的 a_{ij}、v_{ij} 和 u_{ij} 代替前值直至分析结束。

GRLWEAP 14 能够输出承载力图、可打性分析图、检查员图和变量-时间图。其中，

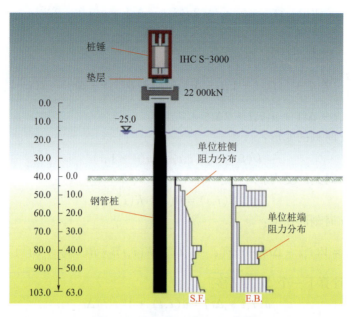

图 7-2　GRLWEAP 打桩分析图

承载力图描绘承载力、打桩应力和冲程与锤击数之间的关系，对于给定的观测锤击数，可以估算承载力；对于指定的承载力，可估算所需的锤击数；对于指定的锤-桩-土系统，可以估算最大承载力。可打性分析图描绘承载力、锤击数、动应力极值与打入深度之间的关系，并能够考虑接桩、锤效变化、垫层损坏及打桩中断过程中土阻力的硬化或软化等情况，同时能够计算和实测锤击数预估打桩时间。检查员图描绘给定承载力条件下不同冲程（或锤击能量）与锤击数之间的关系，用于确定液压锤、柴油锤所需锤击数与不同锤击能量的关系。变量-时间图显示随时间变化的各变量计算结果与实测值之间的对比以及了解应力波在桩身中的传播状况。

波动方程分析结果与土的动阻力相比较，可评价桩的最大可打入深度及预报不同深度的锤击数。在分析中，假设用 80% 的锤效来评价锤的适用性，恢复系数根据以往对监测桩的资料进行选择，土的阻尼及弹性变形参数选用 ROUSSEL（979 年）推荐的数值，桩尖阻力占总阻力的百分比则根据分析的不同深度选取。

3. 案例分析

对直径 3.5m、桩长 49.6m 的钢管桩（入泥段桩长 42.1m），使用 IHC S-1200 锤打桩时，设置替打段（送桩器）的长度为 30m，壁厚为 60~70mm，波动方程分析参数和能够克服的打入阻力与锤击数关系曲线如图 7-3 所示。从图 7-3（b）中可以看出，在 300 击/0.3m（通常假设的拒锤击数）情况下打桩锤可克服的最大打入阻力，并将这些阻力值标在每条曲线上。该分析结果只适用于上述假设的送桩器与桩身壁厚剖面组合。在本次分析中，根据 IHC S-1200 锤效算出的 3.5m 桩径钢管桩在有土塞情况下的最大压应力为 178.3MPa，最大压应力位于桩底位置；在无土塞情况下的最大压应力为 143.0MPa，最大压应力位于桩顶以下 12m 变径位置。根据桩身材料的屈服强度进行应力校核，以免过压造成桩体损坏。

波动方程分析结果用于选择在 300 击/0.3m 的拒锤限度下锤可克服的最大打入阻力。通过对比波动方程分析结果和预估的 SRD 曲线能够预报打桩时不同深度的锤击数，如图 7-4 所示。

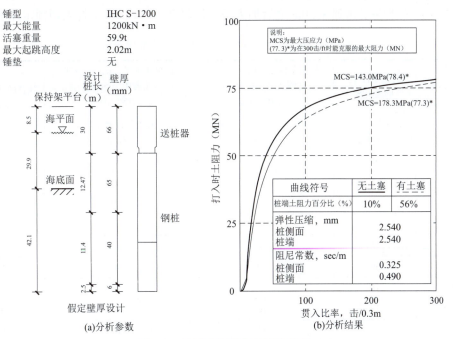

图7-3　波动方程分析参数和结果

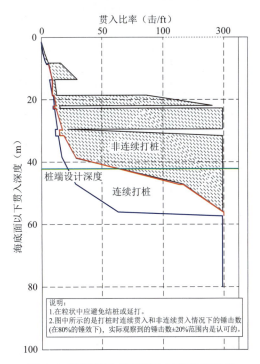

图7-4　预测锤击数与贯入深度关系曲线

注：1ft=0.3048m

　　表7-1为打桩全过程采用锤击满能量（1200kJ）并发挥了80%锤效的条件下得出的锤击数。然而，实际打桩过程中没有必要采用锤击满能量，因此表7-1中对锤击能量EN-THRU的分配提供建议为：待桩锤系统自沉深度达到5m左右，加大锤击能量至20%；入土深度接近18.0m之后加大锤击能量至40%；入土深度达到22.0m之后加大锤击能量至

60% ~ 80%；入土深度达到 31.0m 之后加大锤击能量至 100%，直至打入到预定深度。

表 7-1　80%锤效下不同工况下打桩锤击数预测结果

假定工况	打桩条件 1：形成土塞	打桩条件 2：未形成土塞，且侧摩阻力在砂土中发挥 100%	打桩条件 3：未形成土塞，且侧摩阻力在砂土中发挥 50%	建议的锤击能量分配 ENTHRU
深度	条件 1 下锤击贯入比率	条件 2 下锤击贯入比率	条件 3 下锤击贯入比率	（%）
0.0	0	0	0	0
5.5	3	2	2	20
5.5	4	2	2	20
8.3	7	4	4	20
8.3	16	6	6	20
13.6	30	10	10	20
13.6	12	9	7	20
18.6	13	10	9	20
18.6	87	11	10	40
21.9	267	13	11	40
21.9	15	11	10	40
22.7	16	11	10	40
22.7	>300	13	11	60
24.4	>300	14	12	80
24.4	>300	14	12	80
29.5	>300	18	14	80
29.5	22	15	12	80
31.4	>300	16	12	100
31.4	>300	19	15	100
38.6	>300	29	17	100
38.6	>300	29	18	100
47.1	>300	161	29	100
47.1	>300	171	30	—
56.0	>300	>300	64	—
56.0	>300	>300	66	—
68.5	>300	>300	>300	—
68.5	>300	>300	>300	—
79.4	>300	>300	>300	—
预估总锤击数	>5815	418	234	—
估计拒锤深度	22.7m；31.4m	56.0m	68.5m	—

采用上述假定的不同锤击能量组合，重新预测打桩过程中的锤击数与深度关系，预测结果如图 7-5 所示，重新预测打桩分析的结果汇总见表 7-2。

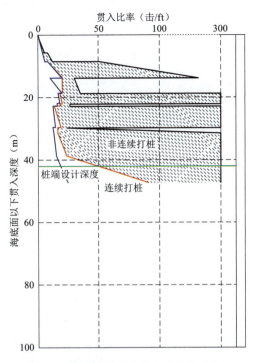

图 7-5　预测锤击数与贯入深度关系曲线

注：1. 在粒状土中应避免结桩或延打。

　　2. 图中所示的是打桩时连续贯入和非连续贯入情况下，假定锤效组合情况
　　　　下的锤击数，实际观察到的锤击数±20%范围内是认可的。

表 7-2　不同锤击能量组合下打桩锤击数预测结果

假定工况	打桩条件1：形成土塞	打桩条件2：未形成土塞，且侧摩阻力在砂土中发挥100%	打桩条件3：未形成土塞，且侧摩阻力在砂土中发挥50%	建议的锤击能量分配 ENTHRU（%）
深度	条件1下锤击贯入比率	条件2下锤击贯入比率	条件3下锤击贯入比率	
0.0	0	0	0	0
5.5	5	3	3	20
5.5	8	3	3	20
8.3	11	4	4	20
8.3	51	7	7	20
13.6	229	19	19	20
13.6	29	19	8	20
18.6	34	19	19	20
18.6	>300	17	16	40
21.9	>300	20	17	40
21.9	25	17	15	40
22.7	26	18	15	40
22.7	>300	13	11	60
24.4	>300	14	12	80

假定工况	打桩条件1：形成土塞	打桩条件2：未形成土塞，且侧摩阻力在砂土中发挥100%	打桩条件3：未形成土塞，且侧摩阻力在砂土中发挥50%	建议的锤击能量分配 ENTHRU（%）
深度	条件1下锤击贯入比率	条件2下锤击贯入比率	条件3下锤击贯入比率	
24.4	>300	14	12	80
29.5	>300	18	14	80
29.5	22	15	12	80
31.4	>300	16	12	100
31.4	>300	16	12	100
38.6	>300	23	15	100
38.6	>300	24	15	100
47.1	>300	90	23	100
预估总锤击数	>35058	4078	2371	—
估计拒锤深度	22.7m；31.4m	56.0m	68.5m	—

图 7-6 为不同锤效下土阻力与锤击数的变化趋势。打桩分析结果通常仅适用于假设的桩-锤组合，在实际施工过程中，若打桩相关的参数有所改变，应根据具体的桩-锤组合重新进行桩的可打入性分析。

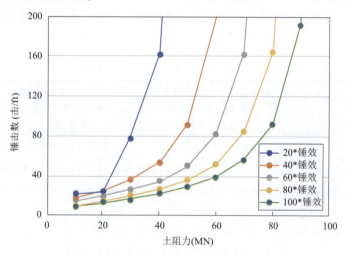

图 7-6 不同锤效下土阻力与锤击数对比曲线

7.2 筒型基础贯入分析

目前，国内外吸力式基础沉贯阻力计算方法包括两种，一种是《近海土力学和岩土工程（Offshore Soil Mechanics and Geotechnical Engineering）》（DNVGL-RP-C212）规范[9]推荐的基于静力触探原位地勘试验数据总结得到的计算方法，另一种是挪威岩土所（NGI）基于现场地勘勘探和室内土工试验数据相互验证提出的计算方法。

7.2.1　DNV 法

DNVGL-RP-C212 规范[9] 建议的吸力筒沉贯阻力计算公式如下：

$$R = k_p(h) \times A_p \times q_c(h) + A_s \times \int_0^h k_f(z) q_c(z) \mathrm{d}z \qquad (7-22)$$

式中：R 为下沉阻力（kN）；h 为筒体尖端下沉深度（m）；$k_p(h)$ 为 $q_c(h)$ 与圆锥贯入阻力的经验系数；$k_f(z)$ 为 $q_c(z)$ 与筒壁摩擦力的经验系数；$q_c(z)$ 为平均的圆锥贯入阻力（MPa），是深度 z 的函数；A_p 为筒壁尖端的面积（m²）；A_s 为每米筒壁的侧面积（m²）。

表 7-3　欧洲北海黏土和砂土 k_p、k_f 经验系数

土体类型	最大可能工况（MP）		最高预期工况（HE）		最大预期工况（ME）	
	k_p	k_f	k_p	k_f	k_p	k_f
黏土	0.4	0.03	0.6	0.05	0.6	0.05
砂土	0.3	0.001	0.6	0.003	0.45	0.002

注：MP 和 HE 数据来源 DNVGL-RP-C212，ME 数据来源于 SPT 安装经验。

本部分以某工程中 1 号、2 号和 3 号单柱复合筒为例，进行筒型基础下沉贯入阻力设计值计算。

根据式（7-22）需计算筒底端面积 A_p 和入泥单位深度对应的侧壁面积 A_s，表 7-4 为筒结构参数，表中分舱板 1 厚度为变化值。

表 7-4　筒结构参数

机位	筒径（m）	外壁厚（m）	分舱板 2 壁厚（m）	单柱最下端直径（m）	单柱与分舱板 1 分界厚度（m）	分舱板 1 厚度（m）	入泥深度（m）	顶板厚（m）	自重（t）
1 号	36	0.025	0.015	10	0.5	0.015~0.05	9.5	0.03	1900
2 号	36	0.025	0.015	10	0.5	0.015~0.05	12	0.03	1900
3 号	36	0.025	0.015	10	0.5	0.015~0.05	13	0.03	1900

根据表 7-5 中的数据可以计算出三个单柱复合筒基础的底端面积和单位长度侧面积，底端面积随分舱板厚度变化，不同深度存在不同值。

表 7-5　筒端面积和单位长度侧壁面积

机位	筒端面积（m²）[对应深度范围（m）]				单位长度筒壁面积（m²）
1 号	2.82 (0~4.8)	2.97 (4.9~5.8)	3.13 (5.9~8)	3.37 (8.1~9.5)	444.88
2 号	2.82 (0~7.4)	2.97 (7.5~8.4)	3.13 (8.5~10.6)	3.37 (10.7~12)	444.88
3 号	2.82 (0~8.3)	2.97 (8.4~9.3)	3.13 (9.4~11.5)	3.37 (11.6~13)	444.88

根据式（7-22）要求需获取筒型基础安装位置静力触探锥端贯入阻力 q_c 变化以及对应土层类型，从地质勘察报告中可获取三个单柱复合筒位置处静力触探锥端贯入阻力 q_c 和不同深度土层类型，见表7-6。

表 7-6 筒端面积和单位长度侧壁面积

机位	水深（m）	土层类型	深度 z（m）	q_c（MPa）
1号	27.21	黏土	0~5.5	0.2z
			5.6~8.8	2.5
		砂土	8.9~9.5	2.5+7.5Δz
2号	26.91	黏土	0~8.5	0.06z
			8.6~10.4	1.25
		砂土	10.5~11.6	1.25+1.875Δz
			11.7~12	17.5
3号	27.17	黏土	0~11.5	0.1z
		砂土	11.6~13	2+1.5Δz

图7-7为三个单柱复合筒基础下沉阻力设计值和实测值对比。从图7-7中可以看出，单柱复合筒基础实测值小于设计值，但对于不同机位结果也有差异。2号风电机组单柱复合筒下沉阻力实测值与设计值较为一致；对于1号和3号风电机组单柱复合筒基础，分别当入泥深度小于6m和7m时下沉阻力实测值与设计值比较一致，超过该深度实测值明显小于设计值。

与挪威船级社（DNV）规范计算结果相比，筒型基础下沉阻力实测值小于设计值可能原因为：①本工程项目所处海域地质条件复杂，土层类型多均质性差，部分土层厚度变化大，静力触探结果难以代表36m筒径范围内地基土强度；②软黏土地基灵敏度变化在1.5~2.5之间，对于一期2号风电机组单柱复合筒型基础而言，可能地基土灵敏度偏小，扰动影响比其他机位较小。

考虑到单柱复合筒基础直径较大、入泥深度较小等特点，建议对于单柱复合筒基础合理安排地勘任务，如增加静探数量、减小静探深度。此外可考虑多种下沉阻力设计方法计算设计值，抑或根据风电场地质情况，调整现有设计方法中的建议参数取值，使之更适用于我国复杂地质条件的风电场筒型基础设计。

7.2.2 NGI法

对于黏土：

$$R = A_{wall} \times \alpha \times S_{u,DSS} + (N_c \times S_{u,tip} + \gamma'z) \times A_{tip} \tag{7-23}$$

式中：R 为下沉阻力（kN）；A_{wall} 为筒壁侧面积（m²）；A_{tip} 为筒壁尖端的面积（m²）；α 为黏滞系数，通常取 $\alpha = 1/S_t$，S_t 为土的灵敏度；z 为筒体贯入深度；γ' 为土的有效重度；N_c 为黏土的承载力系数；$S_{u,DSS}$ 为直剪试验强度；$S_{u,tip}$ 为筒端部的平均不排水抗剪强度。

对于砂土：

$$R = 0.5K\gamma'z\tan\delta \times A_{wall} + (0.5\gamma't N_\gamma + qN_q) \times A_{tip} \tag{7-24}$$

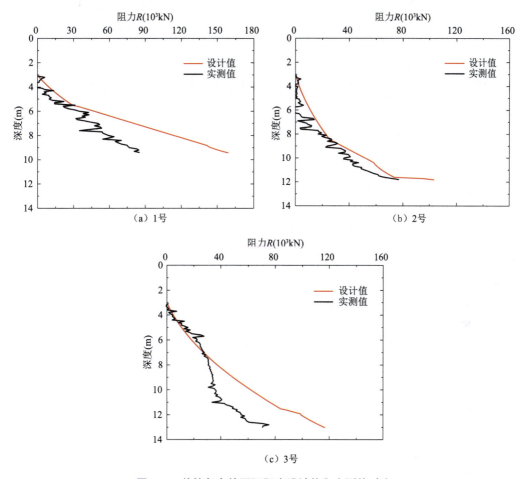

图7-7　单柱复合筒下沉阻力设计值和实测值对比

其中，

$$N_q = e^{\pi\tan\varphi}\left[\tan^2(45 + \varphi/2)\right] \tag{7-25}$$

$$N_\gamma = 1.5(N_q - 1)\tan\varphi \tag{7-26}$$

式中：R 为下沉阻力（kN）；A_{wall} 为筒壁侧面积（m²）；A_{tip} 为筒壁尖端的面积（m²）；K 为筒壁处的侧压力系数；z 为筒体贯入深度；γ' 为土的有效重度；t 为筒壁厚度（m）；φ 为砂土的峰值排水摩擦角（°）；$\delta = r \times \varphi$，为筒壁与砂土的外摩擦角（°），$r$ 为筒壁与砂土的摩擦系数；q 为筒端处的上覆土层的有效应力。

参 考 文 献

［1］　闫澍旺，陈浩，贾沼霖，等. 基于能量法的大直径超长钢管桩溜桩问题分析［J］. 海洋工程，2016，34（3）：63-71.

［2］　BUSTAMANTE M，GIANESELLI L. Pile bearing capacity predictions by means of static penetrometer CPT［C］//Proceedings of 2nd European Symposium on Penetration Testing. Amsterdam，Netherlands：Balkema，1982：493-500.

［3］　DE RUITER J，BERINGEN F L. Pile foundations for large north sea structures［J］. Marine Geotechnology, 1979, 3 (3): 267-314.

[4] SEMPLE R M, GEMEINHARDT J P. Stress history approach to analysis of soil resistance to pile driving [C]// Proceedings 13th Annual Offshore Technology Conference. Houston, 1981: 165-172.

[5] STEVENS R F. The effect of a soil plug on pile drivability in clay [C]// Proceedings of 3rd International Conference on Application of Stress-Wave Theory to Piles. Ottawa, 1988: 861-868.

[6] PUECH A, POULET D, BOISORD P. A procedure to evaluate pile drivability in the difficult soil conditions of the southern part of the Gulf of Guinea [C]// Proceedings of 22th Offshore Technology Conference. Houston, 1990 (1): 327-334.

[7] ISAACS D V. Reinforced concrete pile formulas [J]. Transaction of the institution of Engineers, Australia, 1931: 312-323.

[8] SMITH E A L. Pile-driving analysis by the wave equation [J]. Journal of Soil Mechanics and Foundations Division, ASCE, 1960, 80 (4): 35-61.

[9] DNV GL. Offshore Soil Mechanics and Geotechnical Engineering: DNVGL-RP-C212 [S]. Oslo: DNV GL, 2017.

第 8 章

海上风电机组典型基础施工技术

本章以国内首个集中连片规模化开发的百万千瓦级海上风电场——三峡阳江沙扒海上风电项目为工程案例，详细阐述该海上风电场单桩基础、桩基导管架基础、吸力筒导管架基础、单柱复合筒基础等 4 种典型的固定式基础的施工技术，包括每种基础型式的施工流程、施工装备和施工工艺等。同时，结合工程实例，介绍 4 种基础型式施工中可能存在的重难点。

三峡阳江沙扒海上风电场场址面积约 239km²，水深 21~32m，总装机容量 170 万 kW，共布置 269 台风电机组，建设 1 座 90 万 kW 容量海上升压站、2 座 40 万 kW 容量海上升压站和 1 座 500kV 陆上集控中心。该项目为了应对复杂多变的海床地质，创新采用 4 大类 9 种基础型式、17 种基础型号，包括在中国南海首次应用超大直径单桩基础、国内首台大直径四桩非嵌岩导管架基础、国内首台芯柱式嵌岩桩导管架基础、国内首台吸力筒导管架基础、全球首台抗台型浮式风电机组基础等，打造了"海上风电机组基础博物馆"。其中，项目所采用的非嵌岩基础型式包括单桩基础、四桩非嵌岩导管架、单柱复合筒、吸力筒导管架；嵌岩基础型式包括植入式嵌岩桩导管架、芯柱式嵌岩桩导管架、斜桩植入式嵌岩桩导管架、芯柱式嵌岩高桩承台。

8.1 单桩基础

三峡阳江沙扒海上风电项目共采用了 67 根单桩基础，单桩嵌入段最大桩径 D 为 7.8~9.0m，桩长 L 为 91.4~107.9m，桩重 1245~1761t，单桩嵌入段长度 L_e 为 45.8~62m，单桩嵌入段桩身长度与直径之比 L_e/D 为 5~7.4，桩径分布如图 8-1 所示。桩径主要集中于 8~9m，桩径 9m 单桩数目达到 24 根。

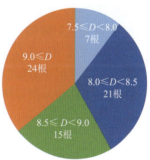

**图 8-1　单桩基础桩身
嵌入段直径分布**

8.1.1 施工流程

海上风电单桩基础施工步骤包括钢管桩制造与运输、施工船舶进场布置、稳桩平台施工、单桩翻身立桩、单桩自重下沉、套锤、锤击沉桩、高应变动测、法兰水平度检测、焊缝检测等，如图 8-2 所示。

1. 单桩堆存

单桩堆存注意事项包括：

（1）按不同规格分别堆存，确保堆存形式和层数安全可靠，避免产生轴向变形和局

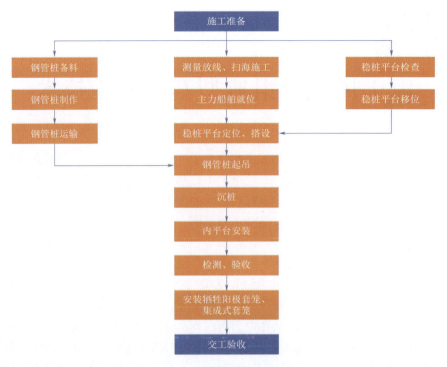

图 8-2　单桩基础施工流程

部压曲变形。

（2）防腐涂层涂装后，钢构件堆放应安全可靠，地基承载力、垫木和堆垛的稳定性应满足堆放要求。

（3）单桩及附属构件的堆放采取防雨水、日晒及防腐蚀等措施。

（4）单桩等钢构件在起吊、运输和堆存过程中，避免由于碰撞、摩擦等造成防腐涂层破损、管节变形和损伤。例如在起吊过程中，为了避免钢丝绳、抱箍、桩架的接触、摩擦、刮碰，在这些与钢管桩的接触面、接触点采取包裹柔性材料等措施，避免造成防腐涂层的损坏。

2. 单桩装船

装船前，首先将套笼直立吊装在运输驳船驾驶楼侧并进行加固，然后采用 SPMT（Self-Propelled Modular Trailers）自行式平板拖车滚装装船，单桩鞍座与车板之间采用 12 根 10t 的链条进行绑扎。SPMT 自行式平板拖车如图 8-3 所示。

装船步骤包括（见图 8-4）：

步骤 1：运输驳船顶靠系缆，铺设跳板，SPMT 车组在码头前沿就位。

步骤 2：待涨潮时船舶甲板面高于码头 150mm 时，SPMT 车组进行滚装，根据船舶甲板面与码头的高差进行船舶调整，保证甲板面与码头面的高差在车组控制范围内。

步骤 3：车组到达指定位置，通过 SPMT 车组多转向性能进行对位，并通过车组的液压升降功能逐级同步下降，使反应器落在支墩上。

步骤 4：SPMT 落车行驶出反应器下部，下船，拆除滚装跳板，完成滚装作业，进行单桩加固。

在单桩装船过程中，当遇到六级以上大风、暴雨、大雪、雾天或能见度较差的情况

图 8-3　SPMT 自行式平板拖车

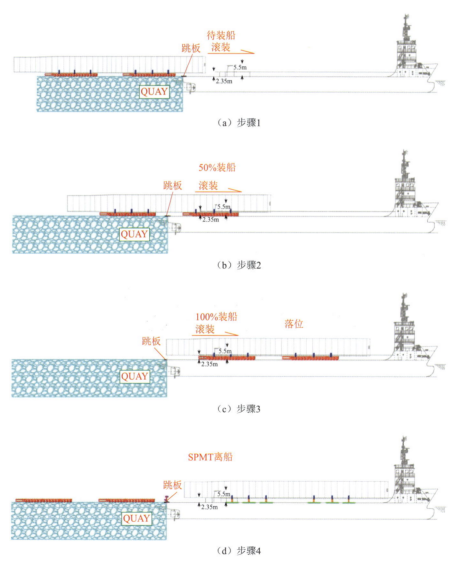

图 8-4　单桩基础装船过程示意图

时，不进行装船作业。夜间原则上不进行装船作业，特殊情况下需要装卸的，在作业场所照明满足安全作业条件的前提下，允许短暂作业。

3. 单桩运输

单桩采用垫墩、支座和撑杆等支撑结构进行加固绑扎，牢牢固定于驳船，如图 8-5 和图 8-6 所示。6000t 甲板驳可以运输 2 根单桩，每根单桩使用 6 个搁置架（搁置架重约 3t，焊接于甲板），固定架与单桩涂层接触的部位均需包裹 3cm 厚胶带。

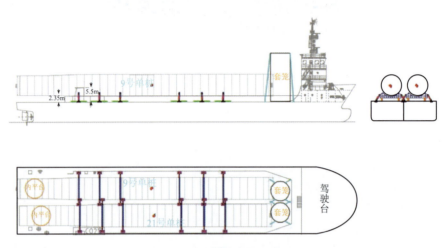

图 8-5 单桩基础布置示意图

图 8-6 单桩基础运输

运输前，确保驳船具有足够的装载能力、结构强度、完整性和稳性，以及了解 72h 内运输线路海洋气象预报，以保障运输船舶的安全。同时，对船舶运输进行全程监控，通过船载 GPS 确认船舶的航行状态，如遇大风浪及时就近避风。运输到现场后，对单桩进行验收检查，确保单桩中轴线弯曲矢高不大于 1‰桩长，且不大于 30mm。

4. 沉桩流程

本工程单桩基础采用的沉桩工艺流程如图 8-7 所示。

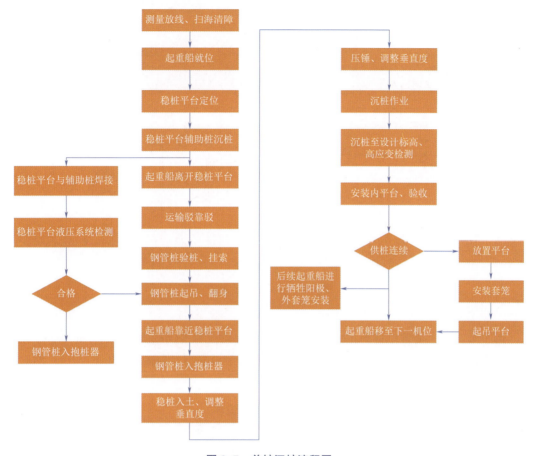

图 8-7　单桩沉桩流程图

8.1.2　施工装备

8.1.2.1　吊索具

本工程单桩基础采用单船单钩翻桩工艺，吊索具包括翻身钳、吊梁、钢丝绳及卸扣等。

1. 翻身钳

经计算，本工程单桩最大溜尾重量为 257t，配置 500t 翻身钳用于单桩溜尾翻身。

2. 吊梁

起重船主钩的钩头单边宽度仅为 2.5m，小于桩顶直径 7.5m，因此本工程配置一根 2300t 吊梁，吊梁下吊孔之间开挡尺寸为 9.5m，如图 8-8 所示。

3. 钢丝绳

本工程单桩主吊钢丝绳选用 2 根直径 300mm、工作长度 51m 的高性能钢丝绳圈，钢丝绳重量约为 36.6t；溜尾选用 1 根直径 156mm、工作长度 79m 的高性能钢丝绳圈，钢丝绳重量约为 7.3t；吊梁与主钩间选用 2 根直径 240mm、工作长度为 8.5m 高性能钢丝绳圈（周长 34m，双回使用），钢丝绳重量约为 7.4t，吊索具总重约 105t。

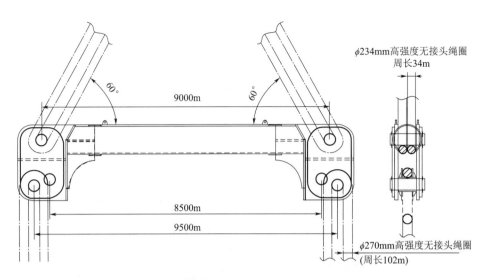

图 8-8 吊梁结构示意图

由于本工程中最重单桩为 1743t，吊梁重约 37.8t，主吊钢丝绳重约 36.6t，经计算吊梁上部单根周长为 34m 钢丝绳最大受力为 5246kN，溜尾钢丝绳最大受力为 2570t，钢丝绳配置如表 8-1 所示。

表 8-1 钢丝绳配置表

钢丝绳规格	位置	最大受力（kN）	计算 1.2 倍动荷载系数（kN）	安全系数	钢丝绳最小破断力（kN）	数量（根）
环形钢丝绳 $\phi300mm\times51m$	吊耳-吊梁	8715	10 458	6	62 420	2
环形钢丝绳 $\phi240mm\times34m$	吊梁-主钩	5246	6295	6	39 979	2
环形钢丝绳圈 $\phi156mm\times79m$	溜尾翻身	2570	3084	6	17 379	1

注：钢丝绳安全系数均满足 5.0~6.0 的要求。

8.1.2.2 施工船

起重船的起吊能力需要同时满足单桩起吊工况、液压锤起吊工况、稳桩平台起吊工况等多工况要求。

1. 起重船的起吊工况

1）单桩起吊工况

考虑到三峡阳江沙扒海上风电场中最重的钢管桩约为 1743t，溜尾最重约为 257t，吊索具总重约 105.3t，动载系数取 1.1，则总吊重最大为 2033.13t。同时，起重船主钩至钢管桩吊耳为 59m，结合各机位桩长、水深及吊耳位置，并考虑桩尖距泥面 2m 安全距离，起重船吊高（钩头距水面距离）最大约 88.88m，单桩入龙口舷外最小幅距为 16m（稳桩平台宽度×0.5＝11.2m，舷边至平台安全距离为 4.8m）。

2）液压锤起吊工况

起重船主钩吊液压锤施工时，所需吊高最大为 89.72m（钩头距水面距离），包括舷外 16m、锤高 22m、钢丝绳 8m，再结合桩长、水深、计算自重入土，以及考虑 2m 安全高度。

　　3）稳桩平台起吊工况

　　稳桩平台自重约 960t，4 根辅助桩桩重约 500t，则起吊移位时总重约为 1460t；稳桩平台总高 60m，结合各机位水深情况，考虑移位时稳桩平台底部距泥面 10m 安全距离，稳桩平台顶部出水面 44m，使用 4 根 26m 长吊索具，主钩至稳桩平台顶部吊点距离为 21.8m，则起重船吊高（主钩至水面）需大约 65.8m；稳桩平台起吊时主钩位于稳桩平台中心正上方，舷外最小幅度为 16m（稳桩平台宽度×0.5＝11.2m，舷边至平台安全距离为 4.8m）。

　　综上所述，起重船的性能需满足舷外幅距为 16m 时，吊高大于 89.72m，起重能力大于 2033.13t。

　　2. 大型起重船

　　单桩沉桩采用 4 条起重船：宇航 3000、华西 5000、宇航 58、华天龙。其中，宇航 3000、华西 5000 作为主力施工船舶，宇航 58、华天龙临时协调在其闲置时协助沉桩。沉桩作业采用坐底式稳桩平台配合 MENCK MHU3500S 液压锤进行。

　　1）华西 5000

　　华西 5000 船长 178m，船宽 48m，型深 17m，满载吃水 11.5m，空载吃水 7.5m。主钩伸至舷外 16m 时，幅距为 40m，主钩水面以上全回转吊高可达 92m，全回转吊重 2700t。

　　2）宇航 3000

　　宇航 3000 船长 148.4m，船宽 44.6m，型深 12m，满载吃水 8.468m，空载吃水 5.5m。宇航 3000 主钩伸至舷外 16m 时，主钩水面以上全回转吊高可达 96m，全回转吊重 2800t。

　　3）宇航 58

　　改造后的宇航 58 船长 188m，船宽 58m，型深 10.38m，空载吃水 5m，满载吃水 6.2m。主钩伸至舷外 16m 时，幅距 45m，主钩水面以上全回转吊高可达 118m，全回转吊重 2800t。

　　4）华天龙

　　华天龙船长 174.85m，船宽 48m，型深 16.5m，满载吃水 11.5m，空载吃水 6.5m。主钩伸至舷外 16m 时，幅距 440m，主钩水面以上全回转吊高可达 93m，全回转吊重 2000t，吊重不满足本工程最重单桩的起吊要求，但可以施打桩重不超过 1713t 的钢管桩。

8.1.2.3　桩锤

　　单桩基础采用液压锤进行沉桩，稳桩平台的辅助桩采用振动锤进行沉桩和拔桩。

　　1. 液压锤

　　海上风电场工程地质复杂，部分机位砂土层较厚，且部分单桩需要入强风化岩层，例如海上风电项目某机位，单桩需穿过厚度 8.7m 的全风化花岗片麻岩和厚度 6m 的强风化花岗片麻岩，入岩总深度达到 14.7m，沉桩难度较大。因此，采用 MENCK MHU3500S 液压锤进行沉桩，如图 8-9 所示。液压锤性能参数如表 8-2 所示，液压锤的最大锤击能量为 3500kJ，最小单次打击能量为 250kJ。考虑到单桩基础的桩顶直径为 7.5m，液压锤配备 7.5m 变径替打和替打帽，变径替打如图 8-10 所示。在沉桩前，采用 GRLWEAP 法进行了可打性分析，如表8-3所示。

图 8-9　MENCK MHU3500S 液压锤

图 8-10　直径 7.5m 变径替打

表 8-2　MENCK MHU3500S 液压锤参数表

项　目	单位	参数	备　注
最大打击能量	kJ	3500	—
最小连续打击能量	kJ	350	—
最小单次打击能量	kJ	250	—
最大能量下最大打击速度	锤/min	38	—
液压锤总重（不含钢丝绳）	t	775	—
总高度（不含钢丝绳）	m	22	—
替打直径	m	7.5	—
适用桩径	m	7.5	需配套相桩帽内筋板
动力站数量	—	2	—

项 目	单位	参数	备 注
发动机总数	—	8	—
发动机型号	—	CAT C18	—
动力站总最大输出流量	L/min	6400	—
单台动力站总重量（加满液压油和柴油）	t	50	—
动力站尺寸	—	两台动力柜间距 3~4m	40 英尺标准集装箱
液压油管数量	—	8	—
每根液压油管长度	m	120	—
液压油管通径	in	3	—
冷却水管数量	—	4 进 4 出	—
冷却消防水管进口尺寸	in	3	—
冷却消防水管出口尺寸	in	5	—
冷却水量	m³/h	240	—

注：1in＝2.54cm。

表 8-3 单桩可打性分析结果统计表

机位	桩径（m）	桩长（m）	最大锤击能量（kJ）	锤击数（击）	贯入深度（mm）	入岩情况
1 号	8.2	92.5	2287.3	3567	8.5	全风化岩层 3.5m，强风化岩层 3.58m
2 号	8.6	95.2	2449.1	2985	8.9	全风化岩层 8.7m，强风化岩层 6m
3 号	8.4	97.4	2449.5	3435	8.5	全风化岩层 7.1m，强风化岩层 6m
4 号	8.2	95.6	2286.2	3047	9.0	全风化岩层 4m，强风化岩层 2.5m
5 号	8.4	95.8	2774.8	3066	8.6	全风化岩层 5.2m，强风化岩层 3.7m
6 号	8.2	92.1	1961.9	3039	8.8	全风化岩层 4.2m，强风化岩层 2m

2. 振动锤

采用 ICE 250NF 振动锤进行稳桩平台 4 根辅助桩施工。ICE 250NF 振动锤如图 8-11 所示，振动锤基本参数如表 8-4 所示。

表 8-4 ICE 250NF 振动锤基本参数

ICE 250NF 振动锤	参数	ICE 250NF 振动锤	参数
最大转速	1400rpm	最大工作压力	35MPa
最大激振力	5374kN	最大油流量	1600l/min
偏心力矩	250kg·m	振动重量（无夹具）	13 700kg
最大振幅（无夹具）	36.5mm	振动重量（含夹具）	20 060kg
最大振幅（含 TU 夹具）	24.3mm	总重量	25 280kg
最大静拔桩力	2270/3340kN	管柱直径	1100~5040mm
最大液压动力	780/1060kW/HP	最大桩重	165t

图 8-11　ICE 250NF 振动锤

8.1.2.4　稳桩平台

1. 稳桩平台结构

稳桩平台采用坐底式钢桁架结构，四角设置 4 个直径 2.4m、壁厚 24mm、长 60m 钢

图 8-12　稳桩平台结构示意图

套筒，4 个钢套筒中心距为 20m×20m，顶部设置一层操作平台和索具平台，钢套筒底端向上 3m 处设置 30m×30m 的防沉板，在下层抱桩器平台沿钢套筒至防沉板面板设置冲水装置，在抱桩器侧的 2 个钢套筒下方各设置 1 个浮力筒，浮力筒高 12m、直径 3m，每个浮力筒容量约 83m³，稳桩平台重约 960t（含抱桩器）。稳桩平台采用 4 根直径 2.4mm、壁厚 24mm、长 85m 的定位桩，定位桩与钢套筒采用插销固定，4 根定位桩桩重约 500t。稳桩平台结构示意图如图 8-12 所示。

抱桩器为上下两层钢平台，通过焊接固定在稳桩平台钢套筒上，上下两层抱桩器间距为 17.4m，下层抱桩器距防沉板约 35m。抱桩器上下平台为独立结构，上层平台的控制台可操控上下两层平台抱桩器。平台前段设环形抱臂，抱臂最大净尺寸为直径 11.5m，抱臂的开、合由推力为 80t 的油缸控制。抱臂合拢后前端可用插销锁住，插销的拔、插由推力为 10t 的油缸控制。上下平台各设 4 个 200t 顶推液压缸，绕桩圆心水平呈 45°布置，液压缸端部设滑轮，液压缸底部用螺栓固定在底座上。稳桩平台结构如图 8-13 所示。

2. 稳桩平台施工

起重船到达机位点附近后，起重船大臂旋转将稳桩平台吊至左舷，调整稳桩平台位

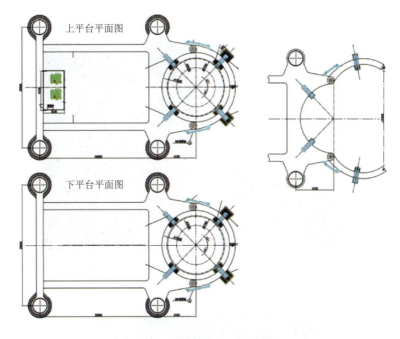

上平台平面图

下平台平面图

图 8-13　稳桩平台结构示意图

置，通过 2 根缆风绳将稳桩平台与船上 2 台 3t 卷扬机相连，拉扯缆风绳控制稳桩定位平台的方位角，确保方位角满足设计要求。通过船上控制点定位，即提前算好机位中心点与船上控制点的平面位置关系，然后主钩起吊稳桩辅助定位平台，吊臂保持固定角度，落钩，使得稳桩平台浸入海水中坐底，以减小平台的晃动，然后再调整稳桩平台的位置。稳桩平台吊装如图 8-14 所示。

（a）翻身　　　　　　　　　（b）移位　　　　　　　　　（c）坐底

图 8-14　稳桩平台吊装过程

　　稳桩平台位置调整好后，采用振动锤 ICE 250NF 逐根将辅助桩打入，如图 8-15 所示。同时，为了有效控制辅助桩沉桩过程中稳桩平台位置，辅助桩沉桩顺序按照对角线进行。辅助桩沉桩结束后进行平台调平工作，测量人员使用水准仪测量平台水平度，保证平台四个角高差不超过 15cm，然后采用 4cm 厚钢板将平台与辅助桩焊接连接，形成独立、稳定的钢结构平台（见图 8-16）。

（a）插桩   （b）沉桩

图 8-15　稳桩平台辅助桩安装

图 8-16　稳桩平台辅助桩与平台焊接

3. 稳桩平台拆除

单桩沉桩完成后，逐步拆除稳桩平台。首先，起重船副钩吊起振动锤，按照对角线逐根拔起辅助桩，并采用销轴将辅助桩固定于稳桩平台；其次，起重船主钩挂稳桩平台吊索具，并起钩将稳桩平台吊起，移船至下一个施工桩位。稳桩平台拆除过程如图 8-17 所示。

8.1.3　施工工艺

8.1.3.1　沉桩控制

单桩沉桩的控制指标为沉桩完成后的桩顶法兰面水平度（桩轴线倾斜度）偏差不超过 3‰。由于沉桩控制指标中还需考虑钢管桩加工导致的轴线弯曲和顶法兰加工装配导致

（a）拔稳桩平台辅助桩　　　　（b）吊稳桩平台

（c）稳桩平台移位

图 8-17　稳桩平台拆除过程

的偏差（见表 8-5），仅控制沉桩过程的桩身垂直度并不能完全保证桩顶法兰水平度满足设计要求，因此在沉桩过程中，调整桩身垂直度应以控制桩顶法兰面水平度为最终目的。

表 8-5　单桩外形尺寸允许偏差

偏差项	允许偏差	备　注
钢管外周长	±0.1% 周长或 12.5mm，取小值	测量外周长
不圆度	6.5mm，当外圆周误差在 6.5mm 以内时，可放宽至 12.5mm	最大外径与最小外径之差
直线度	±10mm	12m 范围内
总直线度	±13mm	—

1. 桩身平面控制措施

根据单桩中心坐标反算，并利用 GPS RTK 测量方法放样得到稳桩平台位置，随后利用稳桩平台进行测量放样，确定单桩平面准确位置，最后通过双层定位架进行精确定位，利用桩四周滚轮进行限位控制，确保单桩平面位置准确。

2. 桩身垂直度控制措施

采用定位平台稳桩，并采用钢桁架作为固定导向架，控制单桩沉桩的垂直度。固定导向架起到定位作用，导向块与插入的桩壁间隙控制在 10mm 以内，确保桩在该平面处的相对偏差不超过 10mm。桩心的绝对位置在定位架安装后已经确定，GPS 定位系统保证了定位平台的绝对位置不超过 200mm。

在自重入土、压锤入土、轻击至可调土层 3 个沉桩阶段中，不断观测并实时调整桩身垂直度，保证单桩沉桩质量。三个阶段的调整工作均由稳桩平台上的液压千斤顶来实现。

1）垂直度观测方式

架设两台带弯管目镜的全站仪，采用十字丝和测距来观测和计算控制桩身的垂直度。稳桩后采用激光数显水平尺靠在桩壁，调整桩身垂直度。桩身垂直度满足要求后开始下桩，桩底入土 2~3m 施工平台稳定后，在桩边的延长线上架设两台全站仪，两台全站仪呈 90° 布设，全站仪架设在钢管直径 110mm、高 1200mm，顶部钢板直径 200mm、厚 10mm 的仪器支架上，仪器支架固定在平台上，固定后支架顶部用水平尺调平。

待全站仪支架稳定调平后，两台全站仪同时观测桩的垂直度，根据偏差调整桩的垂直度，调整过程中及时观测桩身的变化直至钢管桩垂直度符合要求；然后用钢管桩四周千斤顶固定桩位，沉桩前观测桩的垂直度有无变化，如有变化，则继续调整至符合要求；开始下桩，下桩过程中跟踪观测桩的垂直度变化，发现桩位变化超出规范要求后，停止下桩重新调整垂直度，下桩过程中桩位如有变化需及时调整，保证单桩垂直度符合要求。

下桩后，及时测量桩的垂直度倾斜度，观测方法为仪器对准底部的桩边为 0 方向，顺时针旋转分别观测桩顶的角度（桩顶两边）和另一侧的底部桩边，根据实测角度和桩高计算桩身倾斜度是否满足要求（通过观测桩中心位置可以控制制桩过程中的垂直度偏差，及时掌握桩中心的倾斜度偏差）。为了更好地控制桩身垂直度，消除制桩过程中的误差，两台全站仪再分别架设在桩的另外两个方向，实测桩中的倾斜度，实测结果符合要求后进行沉桩。沉桩开始后需对桩的垂直度进行监测，确保桩的倾斜度满足设计要求。

在观测过程中由于稳住平台受风浪影响，仪器有轻微的晃动，因此每次观测前需对全站仪重新调平，满足要求后方可进行观测。因要及时反映桩身垂直度偏差，全站仪在测角、测距过程中要数值精确，以免造成垂直度调整的偏差（桩身需每米画上刻度线）。

利用垂线等多种手段控制，确保下桩前桩身垂直、在下桩及施打时全过程实时监控，发现不利状况及时调整。贯入度和桩顶标高控制采用两种办法：一是桩身刻度加光学仪器观测；二是激光测距仪安装在桩边平台上，激光指向垂直向上，通过不间断测量桩顶距离，反算桩顶高程。沉桩施工时，注意确保导向架中心与施打桩设计中心吻合、起重机吊点合力中心与导向架中心在同一投影点上才能下桩、选择水流平缓时下桩、桩尖入泥后下桩速度要缓慢保证桩身垂直、加强桩身垂直度和吊点中心观测等。

2）沉桩偏差与停锤标准

单桩沉桩以标高进行控制，以贯入度进行校核，所有单桩均下沉至设计高程。钢管桩沉桩允许偏差包括：

（1）绝对位置（CGCS2000 坐标系或 1980 西安坐标系）允许偏差小于 500mm。

（2）高程允许偏差小于 50mm。

（3）沉桩完成后的桩顶法兰面水平度（桩轴线倾斜度）偏差不超过 3‰。

（4）沉桩完成后的桩顶法兰平整度应满足风电机组制造商的要求。

当遇到下列情况之一时，应立即终止沉桩：

（1）桩顶达到设计标高，但最后 20cm 平均贯入度超过 20mm。

（2）桩顶未达到设计标高，且桩顶超高大于 1.5m，最后 50cm 以最大锤击能量打击时，平均贯入度小于 1.5mm。

（3）桩身严重偏移、倾斜。

3.单桩沉桩防溜措施

容易发生溜桩的土层通常为软土层，土体特性为软塑~可塑。软土层越厚，溜桩深度越大。单桩防溜措施主要包括：

（1）采取一机位、一方案原则，对每个机位进行地质资料分析，找出可能会溜桩的地质土层位置，根据机位地质分析做出锤击沉桩过程的控制方案。

（2）在沉桩前，初步计算单桩自重入土深度和套锤后的入土深度，沉桩过程进行比对，若实际入土深度与计算入土深度相差较大，需要重新下桩，使实际入土深度基本达到计算深度。稳桩和套锤后均需停滞等待约 10min 左右，钩头不下落，并用铁锤敲击单桩，待单桩稳定后再下落钩头。

（3）结合土层地质及贯入度情况，适时调整锤击能量，桩尖到达软弱土层（易发生溜桩的土层）前，提前减小锤击能量，控制贯入度大小，尽量减少溜桩深度。

（4）开始沉桩时，手动低能量锤击 2 击，采取锤击 2 次、停顿 1 次的方式，控制贯入度和锤击能量。穿过软弱土层后，根据贯入度情况加大锤击能量，沉桩贯入度尽量控制为 20mm/击，偏差不超过 3mm/击。

（5）在锤帽上开透气孔，筒壁内侧预留透气通道，确保在锤击沉桩过程中单桩内部气流畅通，防止溜桩时液压锤被气流顶飞。

（6）可以采用预留一定长度的吊锤钢丝绳，或采取短钢丝绳（预留约 30cm 卡环高度）的措施，也可以采用桩锤脱钩的方式沉桩。

（7）本工程抱桩器内径为 11.5m，大于单桩最大外径尺寸，在钢管桩加工制作时，根据千斤顶位置调整阳极块、桩身牛腿、吊耳等平面位置，下桩过程中严格控制钢管桩平面角度，确保钢管桩顺利穿过抱桩器。

（8）在稳桩平台和船舶甲板上均安排专业工作人员观测沉桩贯入度，若发现贯入度有增大现象立即要求减小锤击能量，若发现锤击后桩身有滑动现象立即停锤，并通知吊机手下落钩头。

4.桩顶法兰保护措施

在单桩沉桩施工全过程中，应保证顶部法兰不被损坏。引起单桩顶部法兰损坏的因素主要包括：当变径替打传递的锤击力稍有偏差时，可能会在 L 型内角处产生较大的应力集中；变径替打直接作用在法兰加工面上，可能损坏法兰的平整度；施工过程中，可能会对 L 型外角最薄弱的直角边缘产生墩粗损坏。

保护工装采用 L 型法兰结构，其与桩顶法兰结构紧密贴合，同时两者之间连接螺栓的直径和强度等级应参照风电机组塔筒连接螺栓，且不低于 8.8 级。工装 L 型法兰具体参数如下：L 型法兰材质与桩顶法兰材质相同，L 型法兰外径、内径、分度圆直径、螺栓孔径均与桩顶法兰相同，螺孔个数为桩顶法兰螺孔个数的 1/3；L 型法兰厚度为桩顶法兰厚度的 1.05 倍；L 型法兰焊接环壁厚与桩顶法兰焊接环壁厚相同；L 型法兰与打击环的焊接要求参照桩顶法兰与桩体的焊接标准；保护工装结构与桩顶法兰的连接螺栓直径按甲供法兰螺孔直径选用，并考虑采用过盈配合，螺栓预紧力参照塔筒安装的拧紧力矩标准执行。

8.1.3.2 单桩沉桩

1. 单桩翻身

在起吊之前，考虑到涨落潮对运桩驳船靠泊的影响，起重船船头方向与潮流向保持一致，抛锚时先进行起重船抛锚作业，待起重船完成抛锚后运桩驳就位。

起重船单钩翻身，主吊耳采用直径 300mm、工作长度 51m 的环形钢丝绳圈，桩尖采用 500t 翻身钳、工作长度 79m 的环形钢丝绳圈。

起重船主钩起吊，主吊耳钢丝绳垂直绷紧受力，尾吊钢丝松弛不受力；随后主钩缓慢起吊，桩顶缓慢抬起，尾吊钢丝绳逐渐绷紧受力，主钩继续缓慢起吊，向单桩重心方向偏移，当主钩与重心在同一垂线上时，单桩离开运输驳船；当主钩快速继续上升直至单桩桩尖距运输驳船甲板面约 5m 时，运输驳船松缆绳，驶离起重船；待运输船离开后，主吊钩将单桩缓慢沉入水中，放至泥面，主钩逐渐向吊耳方向偏转直至与吊耳垂直共线，此时溜尾的钢丝绳不受力、弯曲松动，用副钩将主钩上的溜尾钢丝绳吊离和脱钩，如图 8-18 所示。

(a) 挂索   (b) 起吊

(c) 离驳   (d) 翻身

图 8-18 单钩翻桩过程

翻身钳完全脱落后，主钩开始上升，利用海底泥面，单桩慢慢竖直，如图 8-19 所示。等到单桩处于直立状态后，收紧吊耳两侧的缆风绳，待惯性晃动稳定后，松动缆风绳，主钩再次上升，桩尖离开海床面约 2m 后，起重船绞锚靠近稳桩平台，直至把单桩送入抱桩器（见图 8-20）。

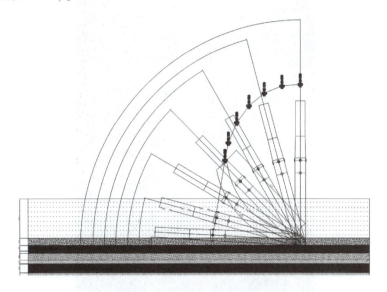

图 8-19　单桩借助泥面翻桩示意图

图 8-20　单桩竖直移动

2. 单桩入龙口

抱桩器上下两层抱臂提前打开，当单桩吊至抱桩器龙口外侧约 3m 时，停止移动，等待单桩停止晃动。待单桩晃动停止后，起重机缓慢转动大臂，使单桩缓慢靠近抱桩器内口，行进过程中缆风绳均受力，限制单桩摆动，直至单桩完全进入抱桩器环形空间内，如图 8-21 所示。

单桩进入抱桩器后，测量利用 GPS 控制单桩平面位置，采用 2 台全站仪进行单桩垂

图 8-21 单桩吊入稳桩平台抱桩器龙口

直度控制，两台全站仪 90°布设，全站仪架设于支架，支架由直径 110mm、高 1200mm 钢管和直径 200mm、宽 10mm 钢板焊接而成，支架固定在稳桩平台上，并用水平尺调平。通过全站仪观测并调整单桩垂直度，如图 8-22 所示。利用稳桩平台上的 4 个千斤顶，将单桩抱紧以及调整单桩的垂直度偏差不超过 1.0‰。桩身垂直度调整如图 8-23 所示。

图 8-22 单桩垂直度测量

图 8-23 千斤顶调整单桩桩身垂直度

3. 自重下沉

单桩在自重作用下下沉至泥面以下一定深度，待单桩稳定后，起重船继续下放钢丝绳，此时钢丝绳处于不受力且不脱钩状态，观测 15min 桩身无变化后，解除主吊耳处钢丝绳，若有变化则继续观察，如图 8-24 所示。随后，起重船主钩起吊液压锤，在套锤过程中，保证桩锤、单桩中轴线相吻合，当单桩与桩锤接触后，逐步下放吊钩，使压桩重量逐步增加，全程跟踪观测，如有异常立即停止套锤，观测 15min 桩身垂直度无变化后，再进行下一道工序施工，若有变化则继续观察。单桩套锤过程如图 8-25 所示。

图 8-24 单桩自重下沉后效果图

在此过程中，单桩垂直度观测方式为桩尖入泥后，每下沉 1m 观测一次，超过要求及时调整。观测方法为全站仪对准单桩底部桩边为 0 方向，顺时针旋转分别观测桩顶的角度（桩顶两边）和另一侧的底部桩边，根据实测角度和单桩高度计算桩身垂直度。为了更好

（a）起吊液压锤　　　　　　　　　　（b）套锤

图 8-25　钢管桩套锤

地控制桩身垂直度，消除制桩过程中的误差，两台全站仪分别架设在桩的两个方向，实测桩身垂直度。

4. 液压锤沉桩

在保证单桩垂直度的情况下，液压锤沉桩步骤如下：

（1）开动液压锤，先以小能量点击沉桩，点动 2~3 锤，暂停一段时间，无异常后继续点动 2~3 锤，再次暂停一段时间，重复 3~4 次，沉桩过程中测量桩身数据，调整桩身姿态。

（2）桩身调整后观测 15min，桩身无变化后继续沉桩，每锤击沉入 1~2m，观测 1 次，调整 1 次；当桩尖入土 10m 后，每锤击沉入 3~4m，观测 1 次，调整 1 次。

（3）当桩尖入土深度达到 30m 后，此时调整措施已无法起到调整作用，沉桩工艺改为连续锤击沉桩直至设计标高。在连续沉桩过程中，单桩垂直度按 1‰~1.5‰ 控制。沉桩结束后，脱锤、吊装内平台，随后对桩身垂直度（桩顶法兰面水平度）进行检测，如图 8-26 和图 8-27 所示。若沉桩过程中发生溜桩情况，则在溜桩结束后，立即进行桩身垂直度测量。

5. 附属结构安装

1）内平台安装

内平台随单桩运输驳船一同运输至施工现场。沉桩结束后，进行内平台安装。安装步骤包括先将内平台吊放至内平台支撑牛腿上，再安装各个部件，最后用聚氨酯密封胶密封对接位置。

2）附属构件安装

海上风电场单桩基础牺牲阳极安装方法包括两种：一是在钢结构制作厂内预先焊接于桩身，二是采用牺牲阳极套笼。靠船防撞装置、爬梯、外平台等附属构件均采用集成式套笼结构。

牺牲阳极套笼安装步骤包括：首先，使用吊梁将牺牲阳极套笼起吊，并在套笼上挂两根呈 180° 分布的缆风绳，待套笼套入单桩后，缓慢下放至水面以下，根据钢丝绳长度及吊梁高度推算出牺牲阳极的水下标高，待套笼距设计标高 2~3m 时，停止下放；其次，潜水作业人员下潜观察水下情况，指挥吊机继续下放套笼，并通过收放缆风绳调整套笼方

图 8-26　沉桩结束

图 8-27　桩顶法兰面水平度检测

向，使其定位卡槽准确卡入桩身牛腿；最后，牺牲阳极套笼安装完成，潜水员拆除吊索具并进行牺牲阳极套笼与桩体之间的紧固以及导线连接。

8.1.3.3　质量检测

1. 桩顶法兰焊缝检测

单桩沉桩完成后，对基础顶法兰与桩体焊接环形焊缝区域进行 100% UT 无损检测，确保验收等级为 I 级，如图 8-28 所示。

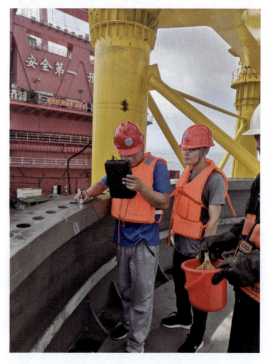

图 8-28　桩顶法兰与焊缝 UT 检测

2. 桩基承载力检测

采用美国 PDI 公司生产的打桩分析仪对单桩基础钢管桩进行高应变检测，用以检测单桩初打时的静土阻力、复打时的极限承载力和桩身完整性。高应变检测方法参照《水运工程地基基础试验检测技术规程》（JTS 237—2017），确定沉桩全过程的能量、桩顶锤击力的过程曲线以及桩顶处的最大应力。

1）高应变检测

待单桩稳桩结束，先利用吊笼在桩顶以下 7.5m 左右位置处打固定传感器的孔洞，随后检测人员将一对应变传感器和一对加速度传感器分别对称于桩轴线安装在桩两侧，这样既可以减少偏心锤击对测试数据产生的误差，又可以测出单个方向偏心锤击的程度。锤击时，两类传感器分别将测得的应变信号和加速度信号通过低噪声屏蔽电缆输入到打桩分析仪主机内，并相应转换为力和速度信号，单桩锤击至设计标高后停止，测试结束，拆除传感器。技术人员根据不同的试验要求，在现场通过 CASE 法分析计算，同时将实测波形存储用以进一步计算。高应变检测试验流程如图 8-29 所示。

2）CASE 法原理

锤击过程中的最大锤击力可以从实测的力-位移曲线的峰值得到。在测量过程中，由应变传感器获得动应变 ε，则桩顶安装传感器位置处受到的冲击力由式（8-1）计算得到：

$$F = \varepsilon E A \tag{8-1}$$

式中：E 为桩身的动弹性模量（kN/m²）；A 为桩身截面积（m²）。

桩身最大锤击力 FMX 由式（8-2）计算得到：

$$FMX = \max F(t) \qquad 0 \leqslant t \leqslant 2L/c \tag{8-2}$$

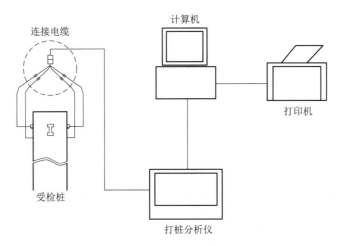

图 8-29　高应变检测试验流程

式中：L 为传感器位置以下桩长（m）；c 为桩身内应力波波速（m/s）。

单桩极限承载力 RMX 由式（8-3）计算得到：

$$RMX = (F_{t_1} + F_{t_2})/2 + Z(v_{t_1} - v_{t_2})/2 - J_c Z v_{toe} \tag{8-3}$$

式中：t_1 为力波第一个最大峰值对应的时刻；$t_2 = t_1 + 2L/c$；Z 为桩身材料阻抗（kN·s/m）；J_c 为 CASE 阻尼系数；v_{toe} 为桩尖速度（m/s）。

单桩受到桩锤冲击作用后，桩身中的力以应力波的形式传播，在 L/c 时间内，应力波以压缩波形式从桩顶向下传播。当应力波到达桩端后，由于桩和土体是两种强度截然不同的介质，应力波在桩端界面处会发生反射，当桩端土体较软时，应力波大部分以拉伸波形式从桩端向桩顶传播并与向下传播的压力波进行叠加，当某一断面拉伸波大于该截面同一时刻压缩波时，就会产生拉力。通过速度随时间变化数据，桩身最大拉力由式（8-4）计算得到：

$$CTN = Fu_{(t=2L/c)} + \min Fd_{(t<2L/c)} \leqslant 0 \tag{8-4}$$

式中：Fu 为上行力（kN）；Fd 为下行力（kN）。

在桩身破损处或截面变化处，由于桩身阻抗的变化，应力波会发生反射，因此可以根据力波和速度波反射强弱判定桩身的完整性。桩身完整性系数计算如式（8-5）所示：

$$BTA = Z_2/Z_1 \tag{8-5}$$

式中：Z_1 为传感器位置处的桩身阻抗（N·s/m）；Z_2 为被推测断面处的桩身阻抗（N·s/m）。

3）CAPWAPC 法原理

CAPWAPC 是一个曲线拟合计算程序。它假定桩和土模型，根据桩顶受冲击力作用时的实测的力和速度时程曲线，将力或速度时程曲线作为波动方程计算时的输入，并确定一组土体模型参数作为计算输入，经程序计算得到计算力或速度时程曲线。假如所确定的这组土体参数与桩侧和桩端实际情况不吻合，则计算的力或速度时程曲线与实测的力或速度时程曲线也不能很好吻合，为了使计算的力或速度时程曲线与实测的力或速度时程曲线基本一致，需要不断调整土体参数，使之与实际情况相接近，使得计算的力或速度时程曲线与实测的力或速度时程曲线匹配达到最佳，这样得到一组土体参数为最终拟合结果。这组土体参数包括桩基承载力、桩身侧摩阻力分布、桩端阻力、桩侧土和桩端土的最大弹性变形值、阻尼值等。CAPWAPC 还能给出模拟静荷载试验的 $Q \sim s$ 曲线。

经计算分析，单桩基础桩身完整，均为 I 类桩。项目多根单桩的静土阻力检测结果如表 8-6 所示。某单桩初打测试的实测力与速度随时间的变化曲线及 CASE 法计算结果如图 8-30 所示。

表 8-6　检测桩初打静土阻力汇总表

桩号	静土阻力（kN）	桩号	静土阻力（kN）
1	45 151	12	42 230
2	55 549	13	42 330
3	43 254	14	39 560
4	44 655	15	32 467
5	32 200	16	44 240
6	38 531	17	45 982
7	34 203	18	50 215
8	39 350	19	55 877
9	36 730	20	62 660
10	43 992	21	46 733
11	45 420	—	—

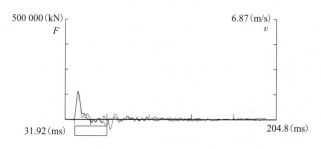

图 8-30　单桩初打实测波形曲线及 CASE 法结果

8.1.4　施工难点

对于海上风电场大直径或超大直径单桩基础，桩身最大直径接近甚至超过 9m，桩长达到 100m 以上，桩重达到 1761.2t，且采用 MENCK MHU3500S 液压锤沉桩，桩锤自重 775t，最大打击能量达到 3500kJ。由于海上风电场海床地质条件通常十分复杂，且地层类型差异较大，在沉桩过程中极易发生溜桩或拒锤，严重影响单桩基础沉桩施工安全，甚至导致单桩沉桩完成后，桩顶高程无法满足设计要求。

8.1.4.1　单桩溜桩

溜桩是指桩在贯入某些软弱土层时，在桩和桩锤自重作用下或很少的锤击数下，桩身不受控制地快速下沉，连续贯入很长距离。沉桩过程如图 8-31 所示，可以简单概括为：

①在自重作用下开始贯入，当贯入阻力达到桩自重时桩身停止贯入；②桩在液压锤作用下继续贯入；③当桩端进入软土层时，桩端阻力迅速减小，贯入阻力远小于桩、液压锤自重与桩锤惯性力之和，桩身开始加速下沉，发生溜桩；④当桩端再次进入承载力较高的土层，或桩身侧摩阻力增大至一定值时，桩减速下沉直至溜桩停止；⑤桩在液压锤作用下继续贯入。在后续贯入过程中，仍有可能出现溜桩。

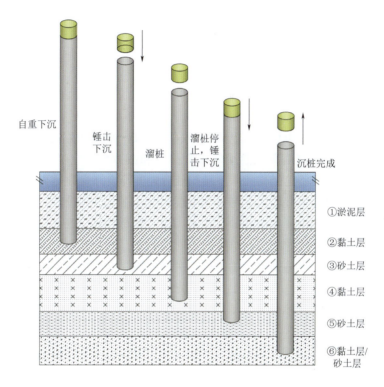

图 8-31　沉桩过程示意图

溜桩是沉桩过程中的重大安全隐患，轻则导致钢丝绳断裂、桩锤损坏、桩身损坏等问题，重则导致桩锤落海、报废，桩身高程无法满足设计要求或桩基承载力不足等问题。据调研，当前单桩成本超过 10 000 元/t，1 根重达 1700t 的单桩成本接近或超过 2000 万元，溜桩可能导致严重的施工事故或重大的经济损失。

8.1.4.2　单桩拒锤

1. 拒锤机制

桩拒锤是指桩贯入至某土层时，连续贯入一定深度的锤击数超过拒锤标准的现象。API 规范规定的拒锤标准为连续贯入 5ft（1.524m），每贯入 1ft（0.3048m）所需锤击数超过 300 击（约 1mm/击），或单独贯入 1ft 所需锤击数超过 800 击（约 0.38mm/击）。值得说明的是，该规定适用于桩的自重不超过 4 倍桩锤重量的情况，假如超过该情况，锤击数应按比例增加，但在任何情况下贯入 6in（0.1524m）的锤击数不能超过 800 击（约 0.19mm/击）。

单桩拒锤是沉桩过程中的重大事故。拒锤后，单桩桩顶标高可能无法满足设计要求，直接影响塔筒和机组安装，以及单桩竖向和水平向承载力、桩身泥面处水平变形可能无法满足设计要求,影响风电机组安全稳定运行,同时还有可能导致桩底卷边、桩身受损甚至废弃,以及桩锤损坏或报废。

2. 拒锤处理方案

根据 API 规范相关规定,桩拒锤后可采取的处理措施主要包括:

(1)检验桩锤性能以发现问题或更换更大锤击能量的桩锤。

(2)重新评价设计入土深度。

(3)修正打桩程序,包括:①排除土塞,继续打入;②排除桩尖下部土体,继续打入;③排除土塞,在第一级桩内打入第二级桩,向两桩之间的环形空腔内灌注水泥浆。修正打桩程序通常是最后的解决措施。

对于海上风电超大直径单桩基础,通常采用锤击能量较大的桩锤,例如 MENCK 3500S 液压锤,提高锤击能量的沉桩风险较大。因此,单桩拒锤后,如果桩顶法兰面高程与设计偏差较小,可以对拒锤后的风电机组-塔筒-基础-地基重新建模,开展结构计算,复合整机自振频率、单桩与塔筒法兰面的极限荷载和疲劳载荷、基础结构强度、泥面转角、极限承载力、桩端位移、结构频率、结构疲劳强度等设计参数是否满足设计要求;如果桩顶法兰面高程与设计偏差较大,则考虑继续沉桩,直至达到设计高程。在打桩间歇期间,一方面连续打桩过程中产生的超静孔隙水压力会逐渐消散,桩土接触面上土体有效应力会逐渐增大,意味着桩侧摩阻力和桩尖阻力同步增加;另一方面因沉桩扰动破坏的土体结构逐渐恢复,因此直接提高锤击能量进行二次沉桩的技术难度较大,施工风险较高。继续沉桩时,可以采用打—钻—打的施工工艺,先通过钻孔降低桩尖阻力和桩侧摩阻力,再利用桩锤将单桩沉桩至设计标高。

3. 拒锤预防措施

单桩拒锤的主要原因是桩尖遇到硬土层时,桩尖阻力和桩侧摩阻力陡然增加,贯入度显著减小。因此,单桩防拒锤措施简要概括为精确揭露土层分布,尤其是硬土层深度和厚度,尽可能避免单桩穿过较厚的硬土层;高精度测量各土层的土体物理力学性质,包括标贯击数、内聚力、内摩擦角等,以获得准确的桩尖阻力和桩侧摩阻力,根据沉桩阻力提前调整锤击能量。

单桩拒锤预防措施包括:对于强风化岩层、中风化岩层顶面高程波动较大的海床地基,仅在桩径 8m 及以上的超大直径单桩中心布设 1 个孔径 10cm 的钻孔,难以充分揭露桩周土体土层分布,因此建议超大直径单桩至少布设 2 个钻孔揭露该机位点地层分布。钻孔布设方式有两种:一是 2 个钻孔均布设于桩基边缘,均为控制性钻孔;二是单桩机位点布设 1 个钻孔和 1 个静力触探孔,钻孔布设于桩基中心点,为控制性钻孔,静力触探孔布设于桩基边缘,勘察孔布置如图 8-32 所示。此外,对于覆盖层厚度起伏较大、岩体风化分布不均或机位点岩土层存在孤石等复杂地质条件,必要时可增加 1~2 个钻孔或静力触探孔以进一步揭露岩土层分布。若风电机组移位或基础型式调整,应按照新的机位点坐标和基础型式重新制定勘探方案。

由于取土标贯钻孔直径仅为 10cm,且钻孔过程中土层标贯击数离散性较大,不同机位点相同岩层类型的标贯击数同样存在较大差异,仅依靠土层标贯击数判别沉桩可行性存在一定风险。因此,需在单桩设计过程中,减小桩身沉至硬土层的深度,且在沉桩之前,建议每根单桩均开展沉桩分析,尽可能降低拒锤风险。

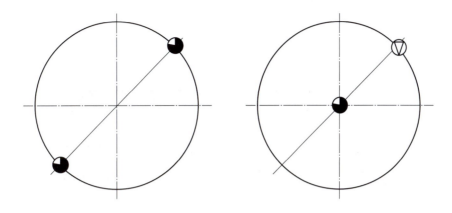

图 8-32　单桩基础钻孔布置图

●—钻孔；　▽—静力触探孔

8.2　桩基导管架基础

桩基导管架基础以是否嵌岩，分为非嵌岩桩导管架基础和嵌岩桩导管架基础。同时，嵌岩桩导管架基础以桩的嵌岩方式的不同，又分为芯柱式嵌岩桩导管架基础和植入式嵌岩桩导管架基础。非嵌岩桩导管架基础主要适用于覆盖层较厚的机位点，嵌岩桩导管架基础主要应用于覆盖层相对较浅的机位点。三峡阳江沙扒海上风电项目共采用了 112 台非嵌岩桩导管架基础、18 台芯柱式嵌岩桩基础和 24 台植入式嵌岩桩基础。

8.2.1　施工流程

8.2.1.1　非嵌岩桩导管架基础

三峡阳江沙扒海上风电项目采用的非嵌岩桩导管架基础的桩的数量为 4 根施工工艺为先桩法，即先沉桩，后安装导管架，再通过灌浆进行永久连接。非嵌岩四桩导管架基础施工工艺流程为：辅助导向平台安装→钢管桩沉桩施工→辅助导向平台拆除→安装导管架→灌浆。

8.2.1.2　芯柱式嵌岩桩导管架基础

对芯柱式嵌岩三桩导管架基础施工而言，由于导管架通过 3 个插入段立管分别插入 3 根基础钢管桩内，与钢管桩通过灌浆进行永久连接，所以采用先桩法安装，即先沉桩、嵌岩施工，后安装导管架。三桩嵌岩导管架基础施工工艺流程为：辅助平台安装→钢管桩沉桩施工→嵌岩施工→辅助平台拆除→割桩→安装导管架→灌浆。

芯柱式嵌岩桩导管架基础主要施工步骤包括嵌岩下平台吊装、辅助桩沉桩、下平台调平固结、环形牛腿调节、嵌岩上平台吊装、工程桩立桩、工程桩自沉、液压锤沉桩、超前钻孔、旋挖钻孔、混凝土浇筑、水下割桩、桩基检测、嵌岩平台拆除、导管架安装、导管架支腿与工程桩环形空间灌浆等，关键施工流程如图 8-33 所示。

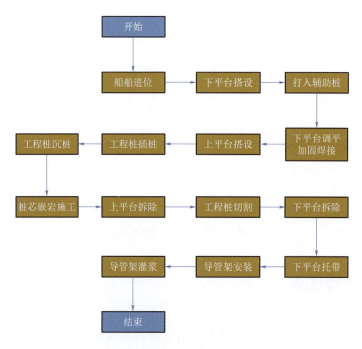

（a）芯柱式嵌岩桩导管架基础施工流程

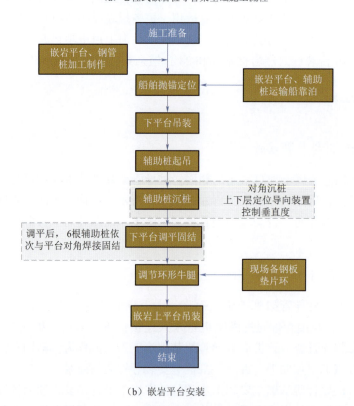

（b）嵌岩平台安装

图 8-33（一）　芯柱式嵌岩桩导管架基础施工流程

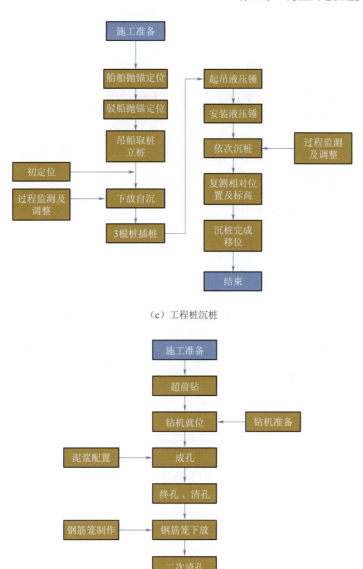

（c）工程桩沉桩

（d）芯柱式嵌岩

图 8-33（二） 芯柱式嵌岩桩导管架基础施工流程

8.2.1.3 植入式嵌岩桩导管架基础

植入式嵌岩桩主要施工步骤包括嵌岩平台搭设、钢护筒沉桩、钻孔、钢管桩植入、环缝灌浆、割除钢护筒、嵌岩平台移位等，施工流程如图 8-34（a）所示。导管架安装流程主要包括导管架支腿修正、桩盖拆除、桩内清淤、导管架起吊、导管架定位、导管架安装就位、导管架精细调平、灌浆等，如图 8-34（b）所示。

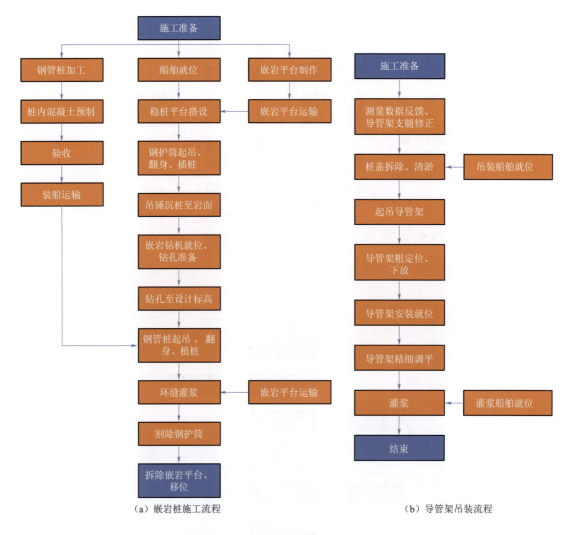

（a）嵌岩桩施工流程　　　　　　　　　　　　　（b）导管架吊装流程

图 8-34　植入式嵌岩桩施工流程

8.2.2　非嵌岩桩导管架施工装备

8.2.2.1　施工船

　　非嵌岩四桩导管架基础的施工船包括"创力"号起重船、"华天龙"号起重船、"联合海工 1500"起重船、"中油管道 601"、"德瀛"起重船等大型起重船。

　　1. "创力"号起重船

　　"创力"号起重船是 4500t 全回转自航式起重船，船长 198.8m，型宽 46.6m，型深 14.2m，载重吃水 9.5m，如图 8-35 所示。该船配备了 8 台 4750kW 的主柴油发电机组，2 台 4500kW 和 2 台 4000kW 的吊舱推进器，2 台 3300kW 的全回转伸缩推进器，2 台 2500kW 的侧推，10 台 1400kN（中间层）的定位绞车，具备 CLOSE BUS TIE 配电系统的

DP3 动力定位和 10 点锚泊定位能力，续航力大于 10 000mile。该船能够用于在海上大型组块、平台模块、海上风电钢管桩和导管架安装等海洋工程结构物的起重吊装，可用于水下沉船、沉物的抢险救助打捞作业和应对突发事件，也可用于大吨位水下物体的整体打捞、快速清理，同时具有提供潜水作业支持、平台作业支持等功能。

图 8-35　"创力"号起重船

2. "华天龙"号起重船

"华天龙"号起重船总长 175m，船宽 48m，架高 108m，如图 8-36 所示。该船最大起重能力 4000t，全回转起重，副钩可下水 150m 作业，船底到主甲板的高度为 16.5m，自重 3 万多t，满载排水量达 8 万 t，全机用变频电气驱动，有足够大的备用功率可供超载 10% 作业。

3. "联合海工 1500"起重船

"联合海工 1500"起重船总长 118.60m，型宽 32m，吃水深度 7.60m，总吨/净吨为10 753t/3225t，如图 8-37 所示。该船主钩最大吊力 1320t，全回转吊力 900t，最大吊高94.8m（主甲板以上），，副钩吊力 300t，最大吊高 117.8m（主甲板以上），是具有自航能力的大型全回转海洋工程起重船，近海航区作业，主要用于海上风电工程、海洋石油工程、跨海大桥等大型结构物的吊装作业及海上生活支持。

4. "中油管道 601"起重船

"中油管道 601"起重船总长 120m，型宽 36m，型深 9.6m，吃水深度 6m。该船在360°全回转状态下，最大可起吊 1200t，在定向起吊海上重物时，起吊能力可达 1600t，具备起重吊装、海管铺设、海上生活支持三大功能。

5. "德瀛"起重船

"德瀛"起重船为 1700t 全回转多功能非自航海上浮吊船，总长 115m，型宽 45m，型深 9m。该船主甲板有效面积 1000m²，主钩起重量 1700t，副钩起重量 320t；主钩最大起升高度 80m，最大打桩能力 155t、斜打 70t，最大打桩直径 2500mm，最大打桩倾斜度为±27°，同时该船在 8 级以下（含 8 级）风力时不需要单点锚泊能力、避风，具有强大的

图 8-36 "华天龙"号起重船

图 8-37 "联合海工 1500" 起重船

锚泊能力、拖绞能力和打桩能力。

8.2.2.2 桩锤

工程桩则采用液压锤进行沉桩，保持架辅助桩采用振动锤进行沉桩和拔桩。

1. 液压锤

选用 IHC S-1400 和 YC120 液压冲击锤用于钢管桩沉桩施工。

1) IHC S-1400 液压冲击锤

图 8-38 为 IHC S-1400 液压冲击锤，自重 320t，总高 20m，锤击能量 154~1400kJ，

最大锤击频率 35 击/min，桩帽直径 5.1m，性能参数如表 8-7 所示。

图 8-38 IHC S-1400 液压冲击锤

表 8-7 IHC S-1400 液压冲击锤参数表

参数	单位	数值
锤芯重量	t	150
打击能量	kJ	154~1400
最大能量下锤击速度	次/min	35
标准桩套筒直径（内径）	m	5.1
锤体高度（含桩套筒）	m	20
锤体总重（含桩套筒和砧铁）	t	320
液压站流量	L/min	3300

2）YC120 液压冲击锤

YC120 液压冲击锤最大冲击能量为 2040kJ，工作行程 1.7m，冲击频率 20/55 次/min，锤芯重量 120t，长×宽×高（不含桩帽）为 3.23m×2.5m×12.35m，重量（不含桩帽）为 176t，配套 2600P 液压动力站，如图 8-39 所示。

2. 振动锤

保持架辅助桩采用上海振中 EP1600 振动锤进行沉桩和拔桩，如图 8-40 所示。振动锤具体参数见表 8-8。

图 8-39　YC120 液压冲击锤

图 8-40　EP1600 振动锤

表 8-8　EP1600 技术参数表（含钢管夹具）

功率 （kW）	静偏心力矩 （kg·m）	振动频率 （r/min）	激振力 （t）	空载振幅 （mm）	参振质量 （t）	总重量 （t）
1200	0~1120	750	0~700	0~18.2	87	116

8.2.2.3　保持架

1. 保持架结构

保持架用于钢管桩的定位以及保持沉桩过程中的桩身垂直度。根据导管架根开的要求，三峡阳江沙扒海上风电场采用的 1 个保持架如图 8-41 所示，长 35m，宽 35m，高 36m，套筒之间根开 28m，总重约 1150t，由作业平台、辅助桩、套筒、防沉板、浮力筒、附属结构等组成。

图 8-41　保持架

每个桩位设上下两个钢管桩套筒用于保证沉桩垂直度，共 4 组钢管桩套筒用于保证钢管桩桩间距，图 8-42 所示为 5m 套筒设计图。4 个套筒的中心间距与导管架桩腿的中心间距保持一致，套筒内部上下两处，设置一圈限位块，限位块内径比钢管桩的桩径单侧大 20mm，确保钢管桩在打至设定高程后，4 个钢管桩相对位置偏差均不超过±20mm。考虑套筒之间制造误差小于 10mm，钢管桩相对位置偏差控制在 50mm 以内。

保持架底部还设有防沉垫，转场时携带 4 根辅助桩约为 440t。在表面淤泥极限侧摩阻力为 4kPa 的情况下，防沉垫承载力约为 700t。为防止保持架过多陷入淤泥，保持架四角设置浮筒，可提供浮力 430t 左右，保持架圆钢桁架结构可提供浮力约为 130t，保持架携带辅助桩的水下重量控制在 625t 以内，能满足海床淤泥侧摩阻力大于 4kPa 的情况。辅助桩与保持架的连接解除后，若浮筒保持 100%浮力，保持架水下重量为 220t，此时水下重量过轻，应适当灌水，故浮筒设置成两层，上层共约 200t 可以充放气来控制水下重量。通常将保持架水下重量控制在 300~500t，确保坐底稳定性，浮力筒和防沉板用于控制保持架的坐底稳定性，辅助桩用于保持架的调平和稳定平台位置。

以 5m 套筒为例，上套筒上口焊接 5m 法兰，上部螺杆连接 5m 喇叭口；套筒中间安装限位块，用于约束钢管桩垂直度和水平面位置；上套筒下口焊接 5m 法兰，用于连接 4m 内径法兰。

5m 套筒垂直度控制：上下限位高度 13m，上间隙块与钢管桩间隙共 40mm（两侧各 20mm），下套筒间隙块与钢管桩间隙共 46mm（两侧各 23mm）；垂直度可约束在 43/13 000=3.3‰，制造加调平偏差 1‰，最大极限偏差 4.3‰，符合桩轴线倾斜度偏差不大于 5‰的要求；平面位置最大偏差为 46mm 的间隙和±7mm 制造偏差，共计 60mm，符合任意两根桩顶最大水平偏位 75mm 的要求。钢管桩顶点通过上套筒限位后，送桩器可继续约

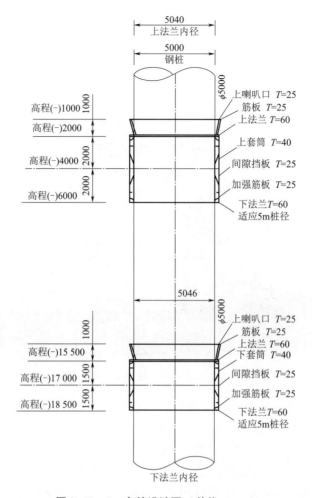

图 8-42 5m 套筒设计图（单位：mm）

束钢管桩顶部的平面位置和垂直度。

2. 保持架施工

1）保持架吊装

在钢管桩沉桩之前，应提前安装保持架，并将保持架水平度粗调到 1° 以内，将位置和方位控制在要求的精度范围内。

起重船主钩及杂物钩缓慢落钩至甲板面，主钩挂好 4 条平台起吊吊带，杂物钩挂好海工吊笼后，缓慢抬高主臂架，提升到一定高度后，大臂变幅至设计吊装角度，起重臂缓慢下落杂物钩，将吊笼放置在运输船甲板面上，随后吊装工按要求进入海工吊笼后，由辅助工人配合吊笼底部的牵引绳控制方向，缓慢提升杂物钩，通过下部牵引将吊装工过渡至平台面，工人从平台通道到达吊点位置。此时起重船通过俯仰回转臂架，下落吊装吊带至平台吊点，先将绳圈套入平台一侧吊耳处，然后起重船回转臂架至平台另一侧按同样的方式将吊带套入主钩的保险扣内，4 吊点确认吊带套入完成后，准备平台起吊。

此外，在保持架平台上安装有两个 RTK GPS 接收机，为保持架平台定位和定向，再结合保持架平台的实际尺寸，将测量出平台中心位置，数据接入软件，实时显示保持平台中心距桩基设计中心位置的距离和方位。定位时，通过调整浮吊吊钩的位置（旋转、变幅、移船等方式），运用定位软件，尽量将保持架平台中心和方位对准桩基设计位置和方位。

运输船放松锚缆，使船体在海平面位置有相应的自由度，减弱起吊过程中平台惯性力的影响。之后起重船缓慢起钩，吊带受力后，观察 4 吊点及吊带的受力情况，待滞空保证起吊安全后，缓慢提升高度。此时，运输船解缆，通过自身动力移船，并通过船尾处的卷扬机配合缆风绳将平台在平面位置转动 45°，俯仰臂架将平台起吊至机位中心附近，然后使用 GPS 确定机位中心，调整平台位置，如图 8-43 所示。

图 8-43　保持架吊装

保持架中心与机位中心偏差控制在 50cm 以内，然后下放平台至泥面上，平台下沉期间时刻关注 GPS 显示的数据，如保持架水平度不满足要求，则向高的一侧管件内充水或把低的一侧管件内水抽出，直到平台完全水平。

2）辅助桩沉桩

保持架辅助桩采用直径为 2.45m 的钢管桩，桩长约 65m，壁厚 28mm，桩重约 110t，材质为 Q345B。辅助桩的编号与平台的对应孔位一一对应，防止单边荷载过大引起平台及辅助桩局部变形，转运至下一机位时，如果没有对应关系，很可能导致无法顺利下桩。

采用起重船主副钩先将 2 根辅助桩平吊至甲板面上，然后将 2 根辅助桩依次吊入平台钢套筒内，随后将另外 2 根辅助桩平吊至甲板面上，用同样的方法将辅助桩吊入钢套筒自沉入泥。

待 4 根辅助桩自重入泥完成后，用振动锤进行沉桩，辅助桩桩顶高程尽可能控制高于保持架工作平台 3.5m 左右。若海床较硬无法插入设计深度，也可通过延长链条的方式将保持架挂在辅助桩上。若辅助桩挂点位置过高，可将辅助桩与保持架直接焊接。

辅助桩沉桩设备采用 EP1600 振动锤，检查完成后，将振动锤起升至需振沉的辅助桩上方，缓慢下钩，将夹具套入桩壁收紧。振动锤连带桩体先做小幅度垂直振动，待观察夹具角度与位置稳定后，加大振动能量使桩壁周围土体产生液化效果，减少摩擦阻力，使辅助桩穿越土层达到设计位置，如图 8-44 所示。辅助桩沉桩采取对角施打原则，首根辅助桩沉桩到位后，将剩余 3 根辅助桩以相同的操作工序沉至既定的标高。辅助桩垂直度通过平台的上下两层套筒控制，采用高精度水平尺测量桩的垂直度并在振沉过程中及时纠偏。

图 8-44　辅助桩沉桩

根据各机位的地勘报告，基于辅助桩容许承载力确定桩基入泥深度，进而确定辅助桩上端的吊耳位置，将辅助桩和保持架连接成整体，再进一步调平。

3）保持架调平

起重船在将保持架放至海床时，首先进行粗平。起重船将保持架上下起吊调平，并进行方位角控制，使其水平精度控制在1°以内。辅助桩沉桩到位后进行精平，测量人员精确测量保持架水平度情况。吊机起吊较低侧吊耳，通过螺栓连接设置在保持架和辅助桩桩顶的吊耳进行保持架水平度调节。在一般情况下，保持架会向两个方向倾斜，首先调节倾斜度最大的方向，在高点处辅助桩焊接止动块，在保持架低点两个吊耳处挂上高强度吊带，重船吊机将保持架吊高少许，根据测量值，调整连接螺栓长度以调整保持架水平度，随后调节另外一个方向，将高强度吊带重新挂到对应低方向保持架的吊耳上。重复上一个步骤，保持架水平度会有很大改善。如果保持架初始的倾斜角度过大，如某个方向大于2°，则一次性很难调整到位，需要调平至1°左右，然后重新拔插辅助桩，再继续上述调平过程，直至将保持架的垂直度调整到1‰以内。若风浪较大，可在保持架和辅助桩连接处焊接适当的连接钢板，用于加固辅助桩和保持架的连接强度。同时，在保持架和辅助桩的间隙内塞填适当的垫块，减少保持架的水平活动范围。若预计会遭遇台风、极端天气或预计待机时间较长，则应将保持架辅助桩全部沉桩到设计深度，然后解除保持架和辅助桩之间的连接。少量的焊接和螺栓的强度不足维持极差海况下的保持架水平度，为保证螺栓和吊耳等不受损坏，应解除连接。

4）保持架拆除

待完成桩基检测后，拆除保持架，转运至下一机位。首先切割平台与辅助桩之间的筋板固定，然后起重船主钩配合振动锤振拔辅助桩。具体施工步骤为：起重船主钩吊带下放至平台，先由吊装工人将主钩吊带挂至平台吊点，再通过克令吊将吊装工人转移到甲板面，此时起重船臂架回转至吊装位置，并挂好四吊点处的吊带，准备平台拆除，对角割除辅助桩与下平台的连接钢板，待 4 根辅助桩的连接钢板全部割除后，下放平台至海床面上，并解除吊带，起重船回转起重臂至甲板面上，下放吊索具，将主钩振动锤起升至辅助桩顶，开始振拔，辅助桩振拔出泥面以后，主钩振动锤松开夹板，缓慢上提拔出辅助桩，拔到一定高度后用销轴将辅助桩和保持架连接，辅助桩拔出时按照对角施拔，与辅助桩插入顺序相反，如图 8-45 所示。

图 8-45　拆除辅助桩

辅助桩和保持架用销轴连接稳固后，起重船到达机位附近，下放主钩吊带配合绞锚移船，将吊装吊带摆动至平台面，将吊带套入平台的吊耳处，确认 4 吊点套入完成后，起重船缓慢提升主钩吊带至绷紧，保持 4 吊点处的起升幅度一致，起升到一定高度，将 4 根辅助桩全部悬挂后，再将平台提升至水面，进行现场整体转运至下一机位。

8.2.3　芯柱式嵌岩桩导管架施工装备

8.2.3.1　施工船

1. 运输船

图 8-46 为甲板驳船，同时运输多根钢管桩，钢管桩总重小于驳船最大载重。为增加起吊翻桩施工安全性，在驳船尾部使用工字钢制作限位装置，限位装置包括立杆、斜撑、纵向加强杆和保护胶垫，如图 8-47 所示。翻桩时，桩端部顶住立杆下端，起到限位作用，防止桩体被拖拽出船。

2. 起重船

1）"长大海升"起重船

芯柱式嵌岩桩施工平台吊装、移位需采用专用的大型起重船进行施工。

本工程采用"长大海升"起重船，船长 110m，船宽 48m，型深 8.4m，满载吃水

221

图 8-46　甲板驳船

图 8-47　工字钢制作限位装置

4.8m，空载吃水 4.0m（见图 8-48）。主钩为 4×800t，吊高为水面以上 100m，副钩为 2×100t。在臂架 65°时，吊重 3200t，舷外幅度 39m，吊高水面以上 100m。

图 8-48　"长大海升"起重船

（1）作业工况。常规作业工况：船舶横倾不超过 2.5°，船舶纵倾不超过 1.5°，浪高不超过 1.5m，风力等级不大于 6 级，能见度 3 级以上。

临界作业工况：风力等级不大于 5 级，浪高不超过 1.25m。

（2）吊装性能。吊索具与其在平台的投影夹角宜大于 60°；平台起吊后，水平方向与臂架的安全距离大于 10m；上平台底离水面高度小于 30m。

上平台的吊点间距为 36.6m×27.46m，上平台自重约 810t，吊转时平台上部荷载约为 470~550t。上平台整体起吊重量按 1600t 计算（含设备），考虑"长大海升"4 点起吊以及 1.3 倍动荷载系数，单吊点吊重按 520t 考虑。钢丝绳选用高性能无接头绳圈，直径 198mm，长度 45m。

当"长大海升"臂架角度为 65°时，吊装钢丝绳与其在平台面的投影夹角为 69.54°，此时上平台在水面以上 39m 的区间内能够满足横向安全距离大于 13m 且水面最大吊高 39m 的吊装作业要求。

此外，本工程导管架重量约为 850t，高度约为 53m，吊索绳长 40m。吊索绳为巨力索具高强环型 RH01-300 合成纤维吊装带，单根重量为 1.5t，卸扣为巨力索具 BK300，额定荷载 300t，单个重量为 451.7kg，因此总的吊重约 857t，吊装高度约 70m，起重船满足导管架吊装作业要求。

2）"华西 900"起重船

"华西 900"起重船船长 134.8m，船宽 41m，型深 10.3m，作业吃水 6.1m，航行吃水 5.8m。主钩最大固定吊重 1050t，主钩最大旋转吊重 450t，"华西 900"的吊重曲线如图 8-49 所示。"华西 900"起重船能够用于下平台的吊装。

图 8-49　"华西 900"起重船

（1）作业工况。常规作业工况：船舶横倾不超过 2.5°，船舶纵倾不超过 1.5°，浪高不超过 1.5m，风力等级不大于 6 级，能见度 3 级以上。

临界作业工况：风力等级不大于 5 级，浪高不超过 1m。

（2）吊装性能。下平台自重约 410t，吊点间距为 17.52m×36.6m，采用主副钩 4 点起吊，一个钩负责两个吊点，考虑 1.2 倍动荷载系数，单吊点吊重按 123t 考虑。

"华西 900" 起重船主臂架角度 65°，吊装钢丝绳与其在平台面的投影夹角为 50°。在此条件下，起吊后的下平台底部距水面最大垂直距离约为 10m，除去枕木高度及水面至甲板面距离，甲板面以上富裕值约为 3.5m；臂架距下平台外延最小横向安全距离约为 7m；臂架回转中心距离主、副钩吊点中心 41.5m，起重船回转中心距船舷 15m，下平台吊点中心距运输船船舷 17.5m（考虑船宽 35m），此时船间距 9m。起重船满足下平台吊装要求。

本工程辅助桩桩长 65m，桩重 130t，由 "华西 900" 起重船吊重曲线可知，其副钩吊重为 250t，大于 130t，满足辅助桩吊重要求。同时，嵌岩下平台最高控制高程为 +7.27m，设计低水位为 -0.59m，设计平均水位为 +0.716m，设计高水位为 +2.21m。当 "华西 900" 副钩吊高（水面以上）95m 时，按最不利工况条件（设计低水位）考虑，"华西 900" 吊高折算为下平台面以上吊高，即 87.12m，本工程辅助桩桩长 65m，设计吊桩钢丝绳长约 6m，桩与下平台的预留高度为 3m，平台面以上所需吊装高度约为 74m，满足辅助桩起吊要求。

3. 灌浆船

芯柱式嵌岩桩导管架基础的灌浆工序采用 "华西 900" 起重船，甲板面积空间 50~100m²，主机功率 7250kW，应急发电机 200kW，满足灌浆设备需求。灌浆设备尺寸参数见表 8-9。

表 8-9　灌浆设备尺寸参数表

灌浆设备	数量	尺寸			重量（t）
		长（m）	宽（m）	高（m）	
灌浆搅拌器	3	6.5	3	5	18
灌浆输送泵	3	4.0	1.50	1.75	2.5
工具集装箱	1	6.06	2.44	2.6	10.8
水桶	1	1.5	1.5	2	0.02

8.2.3.2　桩锤

芯柱式嵌岩桩施工平台辅助桩采用振动锤进行沉桩和拔桩，工程桩则采用液压锤进行沉桩。

1. 振动锤

采用 YZ-400B 振动锤进行嵌岩平台 6 根辅助桩振动施工。YZ-400B 振动锤如图 8-50 所示，振动锤基本参数如表 8-10 所示。

表 8-10　YZ-400B 振动锤参数表

序号	技术指标	单位	参数	备注
1	最大振幅	mm	34.5	—
2	激振力	kN	10 740	—
3	静偏心力矩	kg·m	0~500	—
4	参振质量	kg	50 040	含夹具
5	总重量	kg	65 060	含夹具

图 8-50　YZ-400B 振动锤

2. 液压锤

采用 IHC 公司 IHC S-600 和 IHC S-1200 型液压锤进行工程桩沉桩，如图 8-51 所示。IHC S-600 液压锤自重 64t，总长 18.63m，锤击能量 20~600kJ，最大锤击频率 44 击/min。IHC S-1200 液压锤自重 215t，总长 18.63m，锤击能量 136~1200kJ，无级变档，最大锤击频率 38 击/min，桩帽直径 3.82m。

沉桩前，采用 GRLWEAP 法对工程桩进行了可打性分析，IHC S-1200 液压锤以 95% 锤击能量可以将钢管桩施打至设计深度，总击数为 807 blows，最小贯入度为 14.5mm/blows，所选用的液压锤工作能量均能满足施工要求。

8.2.3.3　水下高压射流切割系统

水下高压射流切割系统用于切割工程桩，由水下高压射流内切割系统设备、液压站、高压水供给设备、切割砂供给设备构成，其中液压站、高压水供给设备、切割砂供给设备放置于起重船甲板上，水下高压射流内切割系统设备在非工作状态时放置于起重船甲板上，工作状态时置于钢管桩内部。

水下高压射流内切割系统设备由横梁、调节葫芦、吊索具、支撑腿装置、回转装置、喷嘴调节装置、液压管、供水管、供砂管及控制电缆等组成，如图 8-52 所示。

1. 横梁

选择 1 条长度 3m 20a 工字钢为横梁，在工字钢的顶面对称设两个吊耳，连接吊索与起重船吊钩，底面正中设 1 个吊耳，连接吊索与调节葫芦。

2. 调节葫芦

选择 1 个 5t 的手动葫芦为调节葫芦，调节精度为毫米级。

3. 吊索具

与起重船吊钩连接的镀锌钢丝绳长 3m、直径 20mm，与调节葫芦连接的镀锌钢丝绳长度根据切割段钢管桩长度和葫芦调节长度确定，直径 20mm，卸扣选用 5t 卸扣。

图 8-51　IHC S-1200 液压锤

图 8-52　水下高压射流内切割系统

4. 支撑腿

支撑腿分上下两层，每层布设 3 个连动的支撑腿（见图 8-53），每层支撑腿的撑开和收回动作由 2 个水下油缸控制，上下两层的 4 个油缸同步供油，确保动作协调一致。支撑腿撑面与钢管桩内壁曲率一致，保证支撑腿撑面与钢管桩内壁面接触。在切割作业期间，液压站持续供油，使 6 个支撑腿与钢管桩内壁紧密接触，保障切割过程中内切割系统设备位置固定，并与钢管桩同轴。

图 8-53　支撑腿

5. 喷嘴调节装置

喷嘴距钢管桩内壁的距离通过水下液压油缸调节，切割过程中，油缸持续供油，确保钢滚轮与钢管桩内壁贴合，如图 8-54 所示。钢滚轮与喷嘴的距离设置为 10~20mm，确保喷嘴距钢管桩内壁距离保持不变。在喷嘴固定位置设置激光测距仪，其测距范围为 0~50m，测量精度为毫米级。通过激光测距仪测设喷嘴与横梁的距离，确保切割系统精度满足要求。

图 8-54　喷嘴调节装置

8.2.3.4　旋挖钻机

1. 钻机

芯柱嵌岩桩的钻孔最大深度为 89m，选用徐工 XR550D 旋挖钻机，如图 8-55 所示。钻机的最大钻孔深度达到 115m（机锁式钻杆），最大钻孔直径 3.5m，满足施工要求。钻机最大输出扭矩 550kN·m，整机工作状态重约 180t，性能指标参数如表 8-11 所示。

图 8-55　XR550D 旋挖钻机

表 8-11 XR550D 旋挖钻机主要技术参数

序号	名称		单位	参数
1	最大钻孔直径		mm	3500
2	最大钻孔深度		m	132
3	安全钻孔作业范围		mm	4950~5250
4	工作状态钻机尺寸（长×宽×高）		mm×mm×mm	12 790×6000×33 324
5	运输状态钻机尺寸（长×宽×高）		mm×mm×mm	12 790×6000×33 324
6	整机重量（标准配置不含钻具）		t	180
7	发动机	型号	—	QSX15-C600
		功率	kW	447/（2100 r/min）
8	液压系统最大工作压力		MPa	35
9	动力头	最大扭矩	kN·m	528
		转速	r/min	6~20
10	加压油缸	最大加压力	kN	300
		最大提升力	kN	400
		行程	mm	6000
11	主卷扬	最大提升力	kN	600
		最大单绳速度	m/min	60
12	钻桅	桅杆左右倾角	°	5/5
		桅杆前倾角	°	5/15
13	钻台回转角度		°	360
14	履带	宽度	mm	1000
		外宽（最小~最大）	mm	4550~6000
		纵向两轮中心距	mm	6870
		平均接地比压	kPa	130

2. 钻杆及钻头

对于覆盖层下部存在较硬岩层的地质条件，选用机锁式钻杆进行钻孔。机锁式钻杆依靠内外层键条加压面向下施压，压力较大，适合普通土层及硬地层的施工，最大钻孔深度达到115m。同时，根据土层情况选用不同型号的旋挖钻头，以适应土层旋挖压力的变化，配备的钻头如图8-56所示。在中风化岩层以上钻进时，选用双底单开门斗齿钻（外径2m）；在中风化花岗岩地层钻进时，选用小孔径斗截齿筒钻或牙轮筒钻（外径1.5m），并加装扶正器钻进，交替换用2m导向扩孔钻头进行扩孔，最后使用清孔钻头取渣。

根据地质状况和钻机性能，旋挖钻机在各类土层中的转速、进尺要求如下。

（1）护筒内钻进：采用双底板捞砂钻斗，由于存在护筒护壁，可以适当加快钻进速度，钻压控制在8~10MPa，轻压有控制地向下钻进，进尺控制在60cm。出渣时，提斗速度不宜过快，若钻斗满载，升降速度控制在0.8 m/s以下，空斗升降速度控制在1.0 m/s以下。

（2）粗砂层钻进：在较细砂层中，钻速可以适当加快，采取轻压满钻，通过较高的转速提高钻进速度。

（a）双底单开门斗齿钻

（b）斗截齿筒钻

（c）导向钻斗

（d）扶正器

图 8-56　旋挖钻头

（3）强风化岩层钻进：由于护筒并未完全穿过强风化岩层，在钻进时需谨慎施工，防止塌孔扩孔，采用加压慢转速，钻速控制在 10r/min，钻压控制在 18MPa。

（4）中风化岩层钻进：钻压控制在 20MPa，转速控制在 9r/min。钻速过缓导致钻进效率低，钻速过快造成孔底泥浆涡动过大，冲刷孔壁，易使钻机钻杆摆动过大造成损坏。

3. 泥浆处理器

泥浆处理器选用 ZX-250 型，最大泥浆处理能力为 250m³/h，分离粒度 $d50$ 为 45μm，装机总量 58kW，整机重量 4.6t。在钻进和成孔过程中泥浆的净化处理能力为最大净化效率污染的最大密度小于 1.2g/cm³、马氏漏斗黏度小于 40s 和含砂量小于 2%。

8.2.3.5　芯柱式嵌岩桩施工平台

1. 平台结构

芯柱式嵌岩桩施工平台由上平台、下平台、辅助桩、牛腿装置、平台动力系统、附属结构等组成，如图 8-57 和图 8-58 所示。该施工平台能够满足桩径 2.4m 的 3 根桩或 4 根桩的嵌岩施工。

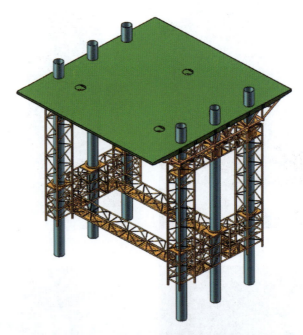

图 8-57　嵌岩平台整体结构示意图

图 8-58　芯柱式嵌岩平台

上平台为双层桁架结构，上层结构设置旋挖钻机轨道梁、履带吊轨道梁等，下层结构为钢管结构。下平台采用桁架式结构，底部设置防沉板；辅助桩直径 2.5m，顶部和底部入泥段采用加厚处理。环形牛腿为上平台和下平台的连接段，其配合插销使上下平台形成稳固整体，同时上平台依靠环形牛腿和插销实现调平，当辅助桩插销孔位高差过大时，利用环形垫圈和钢板进行二次调平，环形牛腿如图 8-59 所示。平台四周按一定间距设置配电柜，发电机发出的电力分配至各个工程桩和临时桩附近，用于局部施工时的电力供应，发供电系统一方面为平台自动动作部分提供动力，另一方面为后续平台上施工的机械设备及人员住宿提供动力。嵌岩平台上部配备 1 台 XR550 旋挖钻机和 1 台 150t 履带吊及附属设备。利用 GPS 进行安装定位,辅助桩倾斜度测量采用全站仪。下平台中心与机位点中心偏差控制在 50mm 以内,粗调平后的倾斜度小于 1.08%,控制值为 0.6%,辅助桩倾斜度控制在 0.9% 以内,上平台倾斜度控制在 0.98% 以内,控制值小于 0.6%。

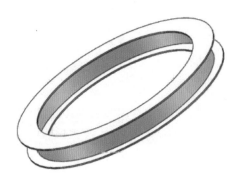

图 8-59　环形牛腿

嵌岩平台功能性和优势嵌岩平台满足工程桩沉桩和桩身垂直度调节的作业要求,同时嵌岩平台满足 1 台 XR550D 旋挖钻机和 1 台 150t 履带吊及附属设备同时作业要求。旋挖钻施工过程中产生的扭矩最大值为 550kN·m,对嵌岩平台整体稳定性不构成影响,且在可作业天气条件下,风、波浪、海流对嵌岩平台施工安全不构成影响。嵌岩平台分为上平台、下平台和辅助桩三部分,其中下平台与辅助桩通过焊接连接钢板形成整体下部结构,与采取独立辅助桩作为支撑结构相比,整体结构刚度更大,受风浪、水流及涌浪作用后产生的位移更小,其安全性和稳定性更高。此外,下平台与辅助桩施工完成后,进行上平台安装,通过安装在辅助桩预设的环向牛腿作为上平台粗定位下放的装置,上平台放置在环向牛腿后进行调平,因此上平台与下平台之间无连接构件,在嵌岩施工完成后,只需将上平台进行独立周转至下一机位进行安装,即可开始嵌岩施工,同时下平台还可作为桩基检测及水下割桩的临时平台使用,相较于整体坐底式嵌岩平台,节省了混凝土等强后的检桩时间和水下割桩时间。

2. 平台施工

1) 下平台吊装

下平台吊装作业采用"华西 900"等起重船配合运输船完成。"华西 900"起重船采用双臂架前主钩 4 点吊,臂架角度 45°,待吊索具连接完成后,绞锚移船准备吊装。在整个吊装过程中,由专人进行船位和下平台动态监测,下平台粗定位后(下平台中心与机位点中心偏差在 50cm 以内),缓慢下放吊装钢丝绳,将下平台放至泥面以上,然后通过下平台上安装的 GPS 罗经和倾斜仪反馈的数据调整下平台水平位置和水平度,下平台粗调平后的倾斜度小于 1.08%,才能满足辅助桩沉桩垂直度的要求,现场施工水平度控制值为 0.6%。下平台运输和吊装如图 8-60 和图 8-61 所示。

2) 辅助桩沉桩

辅助桩是桩径 2.5m、桩长约 65m、壁厚 30~50mm、重 130t 的钢管桩。嵌岩平台共安装 6 根辅助桩,辅助桩与上平台安装孔一一对应。首先,采用起重船起吊下平台辅助桩定位导向装置,放置于沉桩孔上部并固定,再起吊辅助桩,辅助桩通过定位导向装置进入下

图 8-60　下平台运输

图 8-61　下平台吊装

平台孔位。其次，通过调整辅助桩垂直度，待辅助桩垂直度满足设计要求后，继续下放，并依靠自重沉桩。最后，起重船起吊振动锤，进行振动沉桩。在振动沉桩过程中，先以低频率锤击，待桩身垂直度满足要求后，逐步加大振动频率直至辅助桩下沉至设计标高。在此过程中，实时测量桩身垂直度并及时纠偏。值得说明的是，待 6 根辅助桩插入下平台导向孔后再振动沉桩，沉桩按照对角施打的原则。6 根辅助桩的桩顶标高采取三高三低的形式，以便于上平台安装，标高差控制在 0.5m 以内。沉桩完成后，利用星战差分 GPS 再次测量控制点坐标，并用全站仪再次测量辅助桩的桩顶及坐标。辅助桩沉桩如图 8-62 所示。

3）下平台调平固结

6 根辅助桩沉桩完成后，若需要调平下平台，则起重船再次起吊下平台，吊装工人通过悬挂工装（钢棒和工字钢组合而成）控制下平台水平度，待水平度满足要求后，将工字钢焊接于辅助桩附近的受力桁架上，钢棒两端 50cm 开丝，螺母做调节装置，吊点转换时用工装底部的螺母旋紧，将下平台整个悬挂起来，起重船放松钢丝绳，完成受力点转换，电焊工人对点位进行马板焊接，使下平台与辅助桩连接成整体。

4）环形牛腿安装

图 8-62　辅助桩沉桩

由于环形牛腿内径与辅助桩外径差异较小，起重船吊装对位困难，因此在吊装环形牛腿前，先吊装辅助桩的桩顶锥形导向装置。锥形导向装置吊装完成后，起重船吊起环形牛腿，回转主臂至对应辅助桩上方缓慢下落，待环形牛腿下放至标高既定位置，且插销孔位置与辅助桩桩身开孔位置对齐时，使用插销将环形牛腿与辅助桩固定，重复上述步骤，完成 6 个环形牛腿吊装工作，如图 8-63 所示。

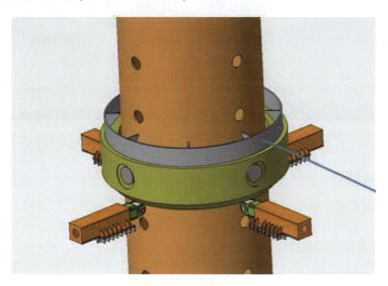

图 8-63　环形牛腿安装

由于插销孔位置存在高度差，现场备用与牛腿内外径相同、高度分别为 100mm、200mm、300mm 的垫片环，以及若干尺寸为 400mm×1200mm×20mm 的钢垫板。垫片环采用工字形，上下圆环内外径与环形牛腿一致，厚度 20mm，中部腹板环厚 30mm，属于纯受压构件，垫片环安装之前对环体进行相应的加劲处理，防止局部位置发生偏载变形。根据环形牛腿安装完成后实测的高度差，切割相应高度钢垫板，用于调整顶部高度，保障上平台水平度满足要求。

　　5）上平台吊装

　　上平台采用整体吊装方式，采用"长大海升"起重船吊装，如图 8-64 所示。现场具备施工条件后，根据上平台已设吊点，采用 4 吊点配合一级吊具水平吊装。上平台吊离运输船 1.5m 后，运输船通过船后方的两个定位锚缓慢移船退场。起重船 4 个主钩继续提升上平台直至离水面 5m 左右，移船至机位附近，继续提升 4 个主钩待高于辅助桩桩顶 2m 后，起重船向前绞锚进位。平台中心与机位中心大致对齐后，调整船位角度及主副钩高度尝试初次下放上平台。在此过程中，起重船通过定位人员不间断反馈，绞锚控制起重船臂架水平小幅度摆位，直至上平台顺利套入辅助桩，下放平台平稳地落在已安装好的环形牛腿或垫片环上。确认上平台与环形垫片之间不存在吊装虚位后，进行平台连接板焊接工作。每根辅助桩连接板焊接数量不小于 6 块，焊接位于桩与平台面之间，采用双面连续角焊缝焊接，焊脚为 20mm，对称焊接，先焊接对角两根辅助桩，再焊接另外对角辅助桩，最后完成中间两根辅助桩的焊接，完成后施工人员对焊缝质量进行检查。焊缝检查完成后，根据平台机械的初步摆设位置，确定平台设备的吊装顺序。

图 8-64　上平台吊装

　　上平台吊装定位方式与下平台相同，即将 GPS 罗经测得的上平台位置和方位数据通过无线网桥实时传输至施工船上的平台就位指挥中心，导航定位软件实时显示上平台位置和下平台位置，指导上平台对接作业，上平台的水平度通过相应计算，倾斜度最大值小于 9.8‰，施工作业期间控制指标小于 6‰。

8.2.4　植入式嵌岩桩导管架施工装备

8.2.4.1　施工船

　　植入式嵌岩桩施工平台吊装、移位需采用专用的大型起重船进行施工。"东海工 7"起重船船长 104.9m，船宽 44.6m，型深 7.8m，满载吃水 5.25m，空载吃水 3.4m（见图 8-65）。主钩为 4×650t，吊高为水面以上 100m，副钩为 2×250t。在臂架 70°时，幅度

33.1m，吊高水面以上 90m。

8.2.4.2　桩锤

植入式嵌岩施工平台的辅助桩采用振动锤进行沉桩和拔桩，工程桩采用液压锤进行沉桩。

1. 振动锤

采用永安 YZ–400B 双联液压振动锤进行沉桩施工。振动锤基本参数如表 8-12 所示。

表 8–12　永安 YZ–400B 振动锤基本参数表

序号	技术指标	单位	参数	备注
1	偏心力矩	kg·m	500	—
2	激振力	kN	12 040	—
3	最大转速	rpm	1400	—
4	最大振幅	mm	37	—
5	最大静拔桩力	kN	7500	—
6	最大振幅	mm	34.5	—
7	最大马达工作压力	MPa	35	—
8	最大油流量	L/min	3600	—
9	参振质量	kg	63 480	—
10	总重量	kg	93 680	—

2. 液压锤

采用 IHC 公司 IHC S–800 液压锤进行工程桩沉桩。IHC S–800 液压锤自重 85.6t，总长 18m，锤击能量 90~800kJ，最大锤击频率 45 击/min。IHC S–800 液压锤如图 8–66 所示。

图 8–65　"东海工 7"起重船

图 8–66　IHC S–800 液压锤

8.2.4.3 钻机

植入式嵌岩桩的嵌岩装备采用 SPD350 液压钻机和 CLZ-16 冲击钻机，如图 8-67 所示，性能指标参数如表 8-13 和表 8-14 所示。其中，SPD 液压钻机的最大钻孔深度为 150m，最大钻孔直径为 4m。

（a）SPD350液压钻机   （b）CLZ-16冲击钻机

图 8-67 钻机

表 8-13 SPD 液压钻机主要技术参数

序号	名 称	单位	技术参数
1	最大钻孔直径	mm	4000
2	最大钻孔深度	m	150
3	最大提升力	t	220
4	机架导向架倾角	°	25
5	动力头倾角	°	45
6	钻杆吊机	t	2
7	动力头转速及扭矩	rpm/min	0~6
		T·m	35
		rpm/min	0~16
		T·m	15
8	钻杆规格	mm	377×30×3000
9	整机尺寸	m	7.4×6.6×8.8
10	单机重量	t	45

表 8-14 CLZ-16 冲击钻机主要技术参数

序号	名 称	单位	技术参数
1	最大钻孔直径	mm	3000
2	最大钻孔深度	m	80

续表

序号	名　称	单位	技术参数
3	主机功率	kW	115
4	绞车提升能力	kN	160
5	主机重量	t	15
6	钻头重量	t	15
7	钻机尺寸	m×m×m	7.62×2.2×8.5

8.2.4.4　嵌岩桩施工平台

1. 平台结构

植入式嵌岩施工平台为坐底式一体化嵌岩平台，如图 8-68 所示。平台尺寸为 32m×34m×38.5m，平台重量约为 720t，主要由上层平台、二层平台、防沉板、辅助桩等构成。上层平台为嵌岩作业平台，二层平台为结构平台，尺寸均为 32m×34m，防沉板尺寸为 30m×31m，位于台底以上 1.8m 处。嵌岩平台通过防沉板和辅助桩联合承载，为确保钢护筒的垂直度和平面位置，上下两层平台龙口处分别布置 4 个行程 30cm、顶力 100t 的千斤顶。

图 8-68　植入式嵌岩桩施工平台

2. 平台施工

嵌岩平台搭设流程包括起重船和运输船就位，嵌岩平台起吊、安放和调平，辅助桩对角沉桩和调平，辅助桩与平台焊接加固，钢护筒沉桩。

1）平台吊装

在嵌岩平台运输至现场前，起重船在机位点附近抛锚就位，运输船进场与起重船呈丁字形站位。平台吊至机位点中心附近时缓慢下放，当距离泥面约 50cm 时，测量人员根据机位中心坐标和方位角调整平台位置和扭角，满足设计要求后，将平台下放至泥面，待稳定后复测平台中心坐标和扭角是否满足要求。若不满足要求，将平台上提离泥面 50cm，重新调整平台位置和扭角，直至满足设计要求。其吊装如图 8-69 所示。

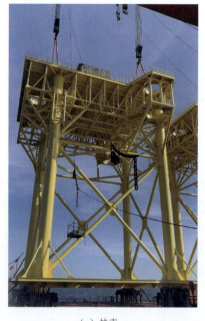

（a）挂索　　　　　　　　　　　　　　（b）入水

图 8-69　嵌岩平台吊装

2）辅助桩沉桩

嵌岩平台辅助桩的桩径 1.9m、桩长 54.5m、壁厚 24~40m。嵌岩平台运输船起锚离开，辅助桩运输船进场，"东海工 7"将 4 根辅助桩逐渐起吊并对角插入辅助桩套管内，吊振动锤对角沉放辅助桩直至设计标高，如图 8-70 所示。随后，测量平台水平度，若水平度超过 3‰，采用"东海工 7"调平，平台调平后立即用三角筋板进行平台与辅助桩连接，使辅助桩和平台共同受力。辅助桩沉桩过程中，在第一根辅助桩沉桩结束后，对稳桩平台的标高进行复测，根据复测结果进行调整。调整后，开始施打第一根辅助桩对角位置的辅助桩。将辅助桩打至全风化岩顶面，若无全风化岩则打至强风化岩顶面。为防止出现辅助桩桩尖卷边或拔除困难，沉放辅助桩时，振动锤最大沉桩激振力不得超过最大值的 80%。

3）钢护筒沉桩施工

钢护筒桩径 2.9m、壁厚 25~40m、长度 50~61m。起重船依次将 3 根钢护筒放置龙口内，然后吊振动锤逐根沉放钢护筒，钢护筒垂直度控制在 1.5‰。第二根钢护筒平面位置及垂直度根据第一根钢护筒平面位置及垂直度控制，第三根钢护筒平面位置及垂直度根据第一根和第二根钢护筒平面位置及垂直度控制。在钢护筒沉桩过程中，为防止出现钢护筒桩尖卷边，沉放钢护筒时，振动锤最大沉桩激振力不得超过最大值的 80%。本工程钢护筒入全风化岩层 3m，若无全风化岩则打至强风化岩顶面。为防止钢护筒在嵌岩施工过程中垂直度发生变化，用 8 根槽钢将钢护筒与平台固定。

4）嵌岩配套设备

钢护筒沉放结束后，起重船将嵌岩设备和履带吊从运输船吊至平台，并按照设计位置

（a）起吊

（b）沉桩

图 8-70　辅助桩施工

进行摆放和加固。嵌岩平台配备 1 台 SPD350 钻机、1 套全液压回转钻机配套设施、1 套冲击钻及配套设施、1 台 90t 履带吊及配重、2 台 500kW 发电机、1 台 50kW 发电机等。同时，另配备 1 台 SPD350 钻机作为备用。

　　5）嵌岩平台移位

　　待钢管桩与钻孔、钢护筒之间的环形空间灌浆施工完成且验收合格后，潜水员水下切割钢护筒，切割位置位于泥面以上 1m，切割方法为水下氧-弧切割法。水下氧-弧切割机如图 8-71 所示。

图 8-71　水下氧-弧切割设备

　　切割步骤包括：①潜水员潜至指定位置时，了解钢护筒附近的环境情况，确认没有问题后，在钢护筒切割位置处做标记，清理标记上部和下部 5cm 左右的淤泥、海生物等。②在机位点所有桩施工完毕后进行割除，割除时用起重船将钢护筒吊住，吊重控制在理论吊重的 80%。钢板连接解除后，将钢护筒吊至运输驳船。在切割过程中，潜水人员随身携带切割炬和切割条，为避免切割条内孔堵塞，在通电的同时开启氧气，引弧进行切割，当更换割条或停止切割时，先断电再停止供氧，切割炬妥善放置切割位置附近。为了避免切割时伤害到钢管桩，切割钢护筒时的切割角度小于45°，如图8-72所示。

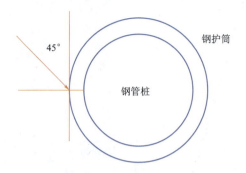

图8-72　钢护筒切割角度示意图

钢护筒切割结束后，采用履带吊将桩盖吊至钢管桩桩顶，以防止海生物滋生，桩盖如图8-73所示。

图8-73　钢护筒桩盖

首先，起重船将3根钢护筒吊至运输驳船，其次割除辅助桩与平台之间的连接钢板，最后起重船起吊永安400B双联动振动锤逐根拔起辅助桩，将辅助桩通过销轴固定在辅助桩套筒上，随后将平台整体吊起移至下一个机位点，如图8-74和图8-75所示。

8.2.5　施工工艺

8.2.5.1　非嵌岩桩

1.钢管桩沉桩

沉桩偏差与停锤标准为：钢管桩沉桩以标高控制为主，贯入度校核。

钢管桩沉桩允许偏差：

240

图 8-74　振动锤拔桩

图 8-75　嵌岩平台移位

（1）桩间允许水平相对偏位小于 75mm。

（2）与设计高程相比，桩顶高程允许偏差小于±50mm，任意两桩桩顶高程允许相对偏差小于 50mm。高出设计要求高程 50mm 时，应进行水下切割，当进行桩头切割时，切割后的桩头高程允许偏差小于 50mm，并及时记录桩头切割后的高程、倾斜度等参数。

（3）沉桩完成后的基础顶水平度（桩轴线倾斜度）偏差不大于 5‰。

在保持架的平台上设置 2 台经纬仪（经纬仪配弯管目镜）配合塔尺对桩身垂直度进行观察，2 台经纬仪呈 90°方向布置。首先，将塔尺底部对准桩边利用经纬仪十字丝横丝调整塔尺的水平度，保证塔尺水平时，塔尺沿着桩边前后移动通过经纬仪找到塔尺读数最小的位置。其次，利用经纬仪横丝观测桩身刻度反算出有效控制桩长，再利用有效桩长和垂直度算出最大偏移量，通过经纬仪竖丝控制塔尺的读数在最大偏移量以内来控制桩体各方位垂直度。在沉桩过程中通过经纬仪控制桩身垂直度，直至满足垂直度控制要求。

当出现以下情况之一时，须立即停锤，并采取相应措施：

（1）在浅层时，当锤击数突然增大，大于 200 击/0.3m 时，应立即停锤，及时与监理方和设计方联系，讨论处理方案。

（2）当一次沉桩过程中连续锤击 5 阵，平均每阵大于 125 击/0.25m 时，或者锤击 1 阵大于 250 击/0.25m 时，即认为沉桩困难，需停锤进行处理。

当出现以下情况之一时，须立即停止打桩：

（1）在 1.5m 连续长度范围内，当下降 0.3m，打桩超过 300 次，或贯入 0.3m 时，打桩超过 800 次。

（2）如果打桩时出现 1h 以上的停顿，上述的停桩标准在桩继续下沉 0.3m 以上时才可继续使用。

2. 沉桩

保持架安装完成后，进行钢管桩沉桩。沉桩前，先校核桩位相对距离。施工船舶（起重船、运桩船）按要求抛锚定位后，按对角施工的方式进行取桩、插桩和沉桩，插桩顺序为 1 号桩→3 号桩→2 号桩→4 号桩。

起重船先下放副钩，下放对齐管桩吊耳位置，将吊带挂在吊耳上，随后放松主钩钢丝绳，将翻桩钳安装在桩底，待吊具与吊耳连接安全稳固后，主副钩同时缓慢上提，直至管桩提离甲板面 5m 位置。起重船旋转大臂，使钢管桩远离甲板，在海面上进行翻身动作。立桩时，吊船缓慢提升副钩，同时将主钩钢丝绳下放，带动桩体进行翻桩，直至桩身直立，另一侧钢丝绳完全放松。待钢管桩完全直立后，主钩松力，翻身钳从桩底脱落。翻桩完毕后，起重船通过绞锚调整船位，将钢管桩吊至保持架上方，然后将钢管桩横移套入保持架套筒，确保钢管桩底部高于保持架套筒。随后，吊机降低吊钩直至钢管桩顺利插入水下套管，在插桩过程中钢管桩的倾斜监测采用经纬仪进行实时观测，即在两个垂直方向上架设 2 台经纬仪，使用"切边法"观测。当钢桩出现倾斜时，根据经纬仪的测量结果，用高精度水平尺复测钢桩的倾斜度，调整钢桩的倾斜。在插桩过程中，钢管桩垂直度偏差值不得大于 1‰。当桩底距离保持架套筒导向限位不足 1m 时，下放动作应稍作停顿调整，便于顺利通过导向环限位装置，如图 8-76 所示。

钢管桩在自重作用下，下沉至泥面下一定深度后停止，待钢管桩确认稳定后，通过经纬仪测量钢管桩垂直度。若钢管桩倾斜较大，起重船吊机先将钢管桩底部提升到泥面之上，通过旋转吊臂和调整吊臂仰角来调节钢管桩垂直度，然后再继续下放钢管桩。重复以上步骤，直至钢管桩垂直度在 1‰左右。

在钢管桩自沉过程中，严格控制钢丝绳下放速率，同时加强垂直度及高程监控。高程监控使用水准仪观测桩身刻度，并由专人观察钢丝绳松弛程度。在发现吊带松弛或桩体垂直度超过限定范围时，应立即调整。垂直度调整方式主要通过调整吊臂角度、吊钩高度、钢丝绳长度及角度进行。在钢管桩自沉过程中由于水的浮力及海床的托力，打桩船处于卸载过程中，船的姿态会发生变化，桩的倾斜度也会跟着发生变化。因而在自重沉桩过程中要时刻监控和观察吊臂的角度，当与设计角度发生偏离时，及时调整。

当桩体下沉速度小于 1cm/min 时，可以判断钢管桩基本自沉稳定，此时每 10min 将

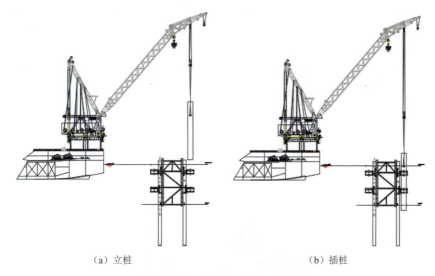

（a）立桩　　　　　　　　　　　（b）插桩

图 8-76　钢管桩插桩自沉示意图

吊带下放 10cm 左右，持续 30min 或进行 3 次。若 15min 内观测的桩身刻度无明显变化，且吊带呈放松状态，可以判断钢管桩已自沉稳定，可以进行下一步施工。此时将副钩下放，将吊耳处吊带放松取出，大臂旋转回甲板上空，进行下一根桩的取桩工作。4 根桩完成插桩后，下放主钩至甲板上，将上吊耳所用的吊索具及钢丝绳挂在主钩上，用吊带捆绑送桩器底端，并将吊带挂在副钩上，待确保吊具连接安全稳固后，吊船主副钩同时缓慢上提，直至送桩器提离甲板面 5m 位置。然后进行翻身，直至送桩器直立，底端吊带完全放松并解开吊带，放置于甲板上。

起重机大臂旋转至取液压锤位置，下放副钩至甲板上，将提锤钢丝绳挂在副钩上，再将液压油管托架钢丝绳挂在索具钩上。液压锤油管托架由索具钩起吊，减小液压锤油管悬空段长度，避免油管脱落。检查钢丝绳吊挂稳后，开始起吊。起吊后，起重船绞锚移位至施打工作区，将送桩器下放套至待施打管桩顶，并调整其垂直度，然后抬升大臂将液压锤套至送桩器顶。下放时控制下放速度，不可一次下放过长，防止将桩体碰撞倾斜。如压桩过程中桩身有下沉，则对钢管桩进行反复压桩操作，直至桩身无下沉变化。套锤过程必须保证锤、桩（送桩器）的中轴线相吻合，当桩（送桩器）与锤接触后，逐步下放吊钩，使压桩重量逐步增加，如图 8-77 所示。此过程需全过程跟踪观测，如有异常立即停止套锤并再次进行压桩操作。安装完成后，检查液压锤安装、油管及电缆安装是否牢固。

开锤前，在视线开阔且能够看见桩身刻度的观测柱上架设仪器并调平。液压锤钢丝绳预先下放 2m 左右，防止开锤时因钢管桩桩端位于软土层，导致贯入度过大，造成桩锤脱离。开锤的锤击能量控制在液压锤最大锤击能量的 10% 左右，以避免发生溜桩。待贯入度稳定后再慢慢加大能量，直至调整到 70%～80% 左右。

施打过程中，黏土层锤击能量控制在 30%～40% 左右；砂层控制在 40%～60% 左右；强风化层控制在 70%～80% 左右。当出现贯入度过小或过大时，应尝试适当减小或增大锤击能量，并判断是否遇到夹层。锤击能量调整幅度不宜大于 10%。施打过程中如发生溜桩要及时停锤，检查是否发生偏位，如果发生偏位应通过变幅吊臂及轻微移船矫正。

施打时，实时观察桩身进尺情况，记录每阵的锤击数和桩身刻度，及时推算出桩身贯入度和桩底标高，如图 8-78 所示。为方便观测，每进尺 25cm 记录一次。锤击接近设计标高时，加强贯入度的监测，在贯入度极小或者无贯入度的情况下停锤检查，以免桩顶变形。在达到停锤标准时，先停锤，并根据送桩器外露长度、贯入度及桩底标高值等信息，快速判断是否达到收锤要求，避免因测量观测误差造成欠打。在确认沉桩参数满足设计停锤标准后，收锤，避免因超打影响嵌岩施工。

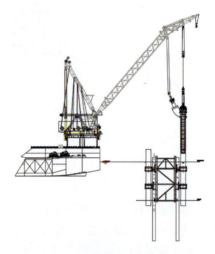

图 8-77　送桩器和液压锤安装示意图

图 8-78　施打沉桩

　　沉桩结束后，起重船将保护盖吊放到目标位置，潜水员入水确认盖板和桩的位置。潜水员必须在确保安全的前提下指挥吊船作业，将盖板安全投放至桩口，确认盖住桩口后，解除卸扣，减压出水。导管架安装前，潜水员同样需要下水，钢丝绳系缆桩头保护盖，指挥吊船起吊，拆除保护盖。安装桩顶密封盖板的目的是对桩头进行封堵保护，避免海生物大量附着。

　　若桩头超过桩顶标高的允许偏差值，就要安排潜水员下水对桩头进行切割。首先，确定桩顶超过值，潜水员在桩上做好标记后，在桩上钻眼，用起重船索具钩连接钢丝绳起吊多余桩头，然后潜水员进行切割。切除完毕后，起重船把多余部分起吊至甲板上，查看切除部分是否满足要求。

水下钢管桩切除完毕后，采用水下专用电动风铲、钢丝刷等工具清除钢管桩表面氧化皮及铁锈等。现用，则按确定的比例要求现场制备防腐涂料，并将涂料均匀涂覆在玻璃纤维绷带上，然后在水中缠绕在钢管桩表面，再将绷带尽量贴紧在钢管桩表面。

8.2.5.2 芯柱式嵌岩桩

1. 钢管桩沉桩

1）船舶就位

施工船舶采用 DGPS 和电罗经等设备定位。DGPS 设备水平精度典型值小于 1m，垂直精度典型值小于 5m。电罗经设备艏向动态精度为 0.2°RMS 正切纬度，艏向静态精度为 0.05°RMS 正切纬度。起重船沿水流方向进行布锚，运桩船沿起重船中轴方向抛锚定泊，如图 8-79 所示。

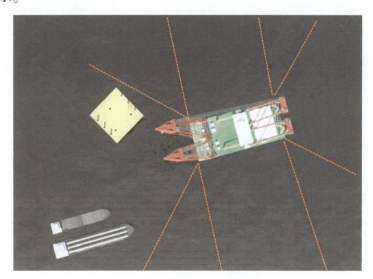

图 8-79 起重船抛锚示意图

2）取桩

船舶就位后，起重船通过绞锚移位至正对运桩船位置（见图 8-80），吊船纵轴线与运桩船纵轴对齐，安装吊索具及钢丝绳并进行检查。随后开始取桩，松开运桩船捆桩的钢丝绳，根据喷涂的桩身标号（机位号）起吊对应的钢管桩，起重船先下放主钩后钩对齐钢管桩吊耳，将平衡梁吊索具下端的无接头绳圈挂在管式吊耳上。安装完成后，起重船放松后钩钢丝绳，同时向前绞锚，靠近运桩船，下放前钩对齐耳板式吊耳，将钢丝绳连接卸扣安装在耳板吊耳上。安装后，起重船放松前钩钢丝绳，同时向后移船，使得前后钩吊索延长线交点与钢管桩重心处于同一垂直线。待吊具与吊耳连接安全稳固后，起重船前后主钩同时缓慢上提，直至钢管桩提离甲板面 5m 位置，然后起重船后移至立桩工作区，桩体尾端距离运桩船船舷安全距离不小于 10m。

3）立桩

起重船缓慢提升钢管桩吊耳处后钩吊索具，同时将耳板吊耳处前钩钢丝绳下放，进行

图 8-80 工程桩取桩

水下翻桩。桩体一端入水后，可以加快后钩提升速率，直至钢管桩竖直。立桩完成后，将桩体竖向提升至桩底高于平台面，同时起重船绞锚前进，抵达测量好的插桩作业船位。立柱过程如图 8-81 所示。

图 8-81 工程桩立柱

4）插桩自沉

插桩作业前，提前测量桩位，并复核同一机位基础桩的相对位置。通过嵌岩平台上的履带吊将导向限位架放置在桩位旁并进行安装调整，减小相对距离的误差。移船定位前，桩架变幅至设计角度，定位时所有锚缆都要收紧，缓慢绞缆至设计桩位，避免过往行船及涌浪的影响造成桩位偏移。插桩开始前，起重船将吊臂调整到预先计算好的角度，对准桩孔位置缓慢下放钢管桩，下放前将桩位处限位千斤顶油缸收回。插桩过程如图 8-82 所示。

在插桩过程中，采用全站仪实时观测钢管桩垂直度。观测方法为在两个垂直方向上架设两台全站仪，使用"切边法"观测。全站仪的竖丝观测钢管桩的边线并上下扫动，当竖丝与边线重合时，说明钢管桩是垂直的。两台仪器的视线夹角原则上不得小于 60°。使用"切边法"观测时，仪器摆放如图 8-83 所示。当钢管桩出现倾斜时，暂停插桩，采用高精度水平尺复测钢管桩垂直度（见图 8-84），并将测量数值报给指挥人员，及时调整钢管桩垂直度。插桩自沉过程中，钢管桩垂直度不得大于 3‰。

图 8-82　工程桩插桩

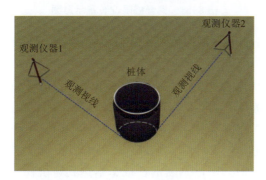

图 8-83　工程桩垂直度测量示意图

图 8-84　工程桩垂直度复测

当钢管桩穿过上层导向千斤顶油缸后，启动液压千斤顶，调节钢管桩垂直度。当钢管桩耳板吊耳距离平台上导向限位架顶端为 1~1.5m 范围时，暂停钢管桩下放，利用千斤顶限位，技术人员切割耳板吊耳，切割面距离桩体表面 1cm，防止割伤桩体。耳板吊耳切割完成后继续下放。钢管桩限位装置如图 8-85 所示。

图 8-85　钢管桩限位装置示意图

当钢管桩底部距离上平台导向限位环不足 1m 时，调整下放动作，便于顺利通过第二层导向环限位装置。

当钢管桩下放至泥面后，开始自沉，如图 8-86 所示。在钢管桩自沉过程中，严格控制下放速率，同时加强桩身垂直度及高程观测。高程观测使用水准仪观测桩身刻度，并安排专人观察钢丝绳松弛程度。当钢丝绳发生松弛或桩体垂直度超过限定范围时，及时进行调整。垂直度调整措施主要包括调整吊臂角度、吊钩高度、钢丝绳长度和角度等。当钢管桩下沉速度小于 1cm/min 时，可以判断钢管桩基本达到自沉稳定。此时每 10min 将钢丝绳下放 10cm 左右，持续 30min 或进行 3 次。若 15min 内桩身刻度无明显变化且钢丝绳处于松弛状态，可以判断钢管桩已经达到自沉稳定，可以进行下一步施工。此时将主钩下放，将管式吊耳吊索具放松取出，主钩挂带吊索具及钢丝绳移船绞锚，进行下一根桩的取

图 8-86　工程桩自沉完成示意图

桩工作。

5）液压锤沉桩

待 3 根工程桩插桩自沉结束，起重船绞锚移位至施打作业区，起吊液压锤，并将液压锤下放套至钢管桩桩顶。下放过程中，严格控制下放速度，防止液压锤将钢管桩碰撞倾斜。套桩完成后，专业技术人员检查液压锤安装、油管及电缆安装是否牢固。沉桩过程如图 8-87 所示。

图 8-87　工程桩沉桩示意图

锤击前，液压锤钢丝绳预先下放 1m 左右，防止钢管桩在软土层开锤时贯入度过大，造成桩锤脱离。开始锤击时的锤击能量控制在液压锤最大锤击能量的 10% 左右，避免发生溜桩。待贯入度稳定后再缓慢加大锤击能量，直至达到液压锤最大锤击能量的 70% ~ 80%。根据地层分布情况，调整锤击能量，其中黏土层中的锤击能量约为最大锤击能量的 30% ~ 40%，砂土层中的锤击能量约为最大锤击能量的 40% ~ 60%，强风化层中的锤击能量约为最大锤击能量的 70% ~ 80%。

当出现贯入度过小或过大时，应尝试适当增大或减小锤击能量，并及时通知沉桩指挥人员，判断是否遇到夹层。锤击能量调整幅度不宜大于 10%。

在沉桩过程中，每进尺 25cm 记录一次，当锤击接近设计标高时，提高贯入度的监测次数，在贯入度极小或者无贯入度的情况下应停锤检查，以免桩顶变形。在达到停锤标准时，及时告知沉桩指挥人员此时的贯入度及桩底标高计算值。沉桩指挥人员根据钢管桩外露长度、贯入度及桩底标高等实测数据，判断是否达到收锤要求，避免因测量观测误差造成欠打。在确认沉桩参数满足设计停锤标准后，立即通知液压锤操作员停锤，避免因超打影响嵌岩施工。停锤后，测量桩顶标高，计算出实际桩底标高，并与设计终锤标准进行校核。

6）沉桩偏差与停锤标准

钢管桩沉桩时的停锤标准以标高控制为主，通过贯入度进行校核。当满足以下条件之一时，可以终锤：

（1）实际桩底标高达到设计桩底标高。

（2）当实际桩底标高距设计桩底标高不超过 50cm 时，且在最大锤击能量施打状态下，最后 50cm 平均贯入度小于 2mm/击。

当出现以下情况之一时，须立即停锤，并采取相应措施。

（1）在浅层（未入岩）时，当锤击数突然增大到 200 击/0.3m 时，应立即停锤，并与监理方和设计方联系，讨论处理方案。

（2）在一次沉桩过程中，连续锤击 5 阵，平均每阵大于 125 击/0.25m 或者锤击 1 阵大于 250 击/0.25m 时，即认为沉桩困难，需停锤进行处理。

当出现以下情况之一时，须立即停止打桩，并通知建设、监理及设计单位，讨论处理方案。

（1）在 1.5m 连续长度范围内，每进尺 0.3m，锤击数均超过 300 击。

（2）出现进尺 0.3m，锤击数大于 800 击。

沉桩完成后，及时测量沉桩偏差，钢管桩沉桩设计最大偏差值如下：

（1）桩间允许水平相对偏位不超过 75mm。

（2）高程允许相对偏差不超过 50mm。

（3）沉桩完成后的垂直度（桩轴线倾斜度）偏差不超过 5‰。

2. 钻孔

1）施工准备

在钻孔之前，复核钢管桩垂直度，开展导管水密性试验，并测试泥浆性能。

（1）钢管桩垂直度复核。在嵌岩施工前，根据 GPS 定位，在嵌岩平台上设置加密点，使用全站仪对钢管桩的桩位及垂直度进行复核。

（2）导管水密性试验。为保证混凝土灌注质量，在导管使用前，检测导管是否存在漏水、漏气现象，即进行水密性试验，试验步骤为：①检查每节导管有无明显孔洞、导管密封圈质量，同时导管支座坚固，内壁光滑顺直，无局部凹凸；②检查各节导管内径大小是否一致，偏差不大于±2mm；③导管在地面平整对接，把导管首尾用密封扣件相连；④导管两端安装封闭装置施压套；⑤安装水管向导管内注水，注水至管道另一端出水且保证导管内注水达 70% 以上时停止；⑥将一端注水孔密封，另一端与空气压力机连接，检查导管连接处封闭端的安装情况，检查合格后，空气压力机充压，即保持压力 15min；⑦检查导管接头处溢水情况，对溢水处做好记录，将导管翻滚 180°，再次加压，保持压力 15min，检查情况做好记录，经过 15min 不漏水即为合格；⑧水密性试验中水压不应小于孔内水深的 1.3 倍压力，也不应小于导管壁和焊缝可能承受灌注混凝土时最大压力 P_{max} 的 1.3 倍。

$$P_{max} = 1.3(r_c h_{cmax} - r_w H_w) \tag{8-6}$$

式中：r_c 为混凝土容重（kN/m³）；h_{cmax} 为导管内混凝土最大高度（m）；r_w 为钻孔内泥浆容重（kN/m³）；h_w 为钻孔内泥浆深度（m）。

（3）泥浆测试。泥浆测试包括泥浆比重测试、黏度测试和含砂量测试。

泥浆比重测试可以采用 NB-1 型泥浆比重计。泥浆比重计是一个不等臂的天平，它的杠杆刀口搁在可固定安装在工作台的座子上，杠杆左侧为有刻度的游码装置，游码可在标尺上直接读出泥浆重量。杠杆的平衡可由杠杆顶部的水平泡指示。测试步骤包括：将泥浆注入泥浆杯中，齐平杯口，不留气泡，将杯盖轻轻盖上，多余泥浆和空气即从杯盖中间小孔中排出，再将溢出的泥浆揩刷干净；把杠杆的主刀口放到底座的主刀垫上去，将砝码缓缓移动，当水泡位于中央时，杠杆呈水平状态，砝码左侧所示刻度即为泥浆比重。

泥浆黏度测试可以采用 1006 型泥浆黏度计，根据黏度计中流出 500mL 的泥浆所需的时间来计算，单位为 s。测试步骤包括：用两端开口杯分别量取 200mL 和 500mL 的泥浆，用筛网滤去大的砂粒；再将泥浆倒入漏斗，使泥浆从漏斗流出，流满 500mL 量杯所需的时间即为泥浆的黏度。

泥浆含砂量测试可以采用 NA-1 型泥浆含砂量测定仪，以泥浆经筛网过滤后体积的变化来确定，用百分比来表示。测试步骤包括：把泥浆填充至测管上标有"泥浆"字样的刻线处，加清水至有"水"的刻线处，堵死管口并摇振；倾倒该混合物于滤筒中，丢以通过滤筛的液体，再加清水于测管中，摇振后再倒入滤筒中，反复几次，直至测管内清洁为止；用清水冲洗筛网上所得的砂子，剔除残留泥浆；把漏斗套进滤筒，然后慢慢翻转过来，并把漏斗插入测管内，用清水把附在筛网上的砂子全部冲入管内；待砂子沉淀后，读出砂子的百分含量，即为含砂率。

2）超前钻施工

为了验证设计终孔标高下部岩层是否均匀、有无夹层以及能否满足风电机组承载力的要求，开孔前需对桩位进行抽芯勘测。超前钻采用地勘取孔钻机，钻探施工过程中记录每个土层厚度、计算其顶面和底面的标高及芯样状态，并与设计时的地勘数据进行对比。例如对每个机位的第二根嵌岩桩采用超前钻勘测，与第一根嵌岩桩的旋挖钻进同步施工，并根据超前钻勘测结果与设计地勘孔的相符性增加或减少超前钻孔的数量。当实际终孔位及下部地质情况与设计时的地勘资料不符时，及时通知质检工程师，由质检工程师通知监理、设计、建设等单位到现场确认，后续根据调整后的终孔标高进行钻孔。

超前钻的钻探方法采用回转岩心钻探，钻孔位于护筒中心，孔位偏差不大于 10cm。在钻孔之前，做好泥浆围挡措施，防止泥浆排入海里。在钻孔过程中，控制钻孔垂直偏斜率小于 1%，钻孔至设计终孔标高以下 5m，若钻孔过程中遇到孤石必须钻穿孤石体，并准确记录钻探进尺、不同岩性的分层厚度和采样位置，仔细鉴定岩芯。钻孔直径为 110mm，黏性土和粉土层的岩芯采取率应不低于 90%，完整岩层的岩芯采取率应不低于 85%，砂类土或碎石类土的岩芯采取率应不低于 80%，破碎岩层的岩芯采取率应不低于 65%。

3）旋挖钻施工

（1）配备泥浆。护壁泥浆可以采用海水造浆，但需由专业厂家现场采集海水样本，通过配合比试验确定膨润土、CMC、纯碱、抗盐化剂等材料的比例，袋装出厂，现场泥浆搅拌机拌浆。

由于嵌岩平台面积较小，因此利用 3 根工程桩储存泥浆的方法进行周转使用。首先，尽量抽干工程桩中的海水，造浆设备同时搅拌膨润土进行造浆；其次，待工程桩内的海水抽完，将制备完成的泥浆抽至工程桩内储存，待 2 根工程桩的桩内存满泥浆后，开始首根嵌岩桩的施工。在钻进过程中，观测工程桩桩内泥浆高程，保持泥浆面在水位以上 2~3m，进而保持护壁压力满足要求，同时每隔 2h 测量 1 次泥浆面以下 0.5m 处的泥浆指标，根据泥浆性能和地质情况补充水分、胶体、高碱比混合剂等，以保证泥浆中固相物质含量、胶体率、pH 值在合理范围内，如表 8-15 所示。

表 8-15 泥浆性能指标

施工状态	地层	性能指标							
		相对密度	黏度	含砂率	胶体率	失水率	泥皮厚	静剪力	pH 值
			Pa·s	%	%	mL/0.5h	mm/0.5h	Pa	
钻进	一般地层	1.02~1.06	16~22	≤4	≥95	≤20	≤3	1~2.5	8~10
	易塌地层	1.06~1.1	19~28	≤4	≥95	≤20	≤3	1~2.5	8~10
	岩层	1.06~1.1	19~28	≤4	≥95	≤20	≤3	1~2.5	8~10
清孔	—	1.06~1.1	19~28	≤2	≥95	≤20	≤3	1~2.5	8~10

在钻进过程中，造浆设备持续造浆并将泥浆储存于第 3 根工程桩中，3 根桩内的泥浆周转使用，满足施工要求。嵌岩桩浇筑完成后，混凝土以上 5m 左右的泥浆因与混凝土接触，混合物较多，泥浆变质，不再循环周转，以免含有水泥成分的泥浆再次使用。

清孔采用气举反循环系统，循环系统由空压机、沉淀池、泥浆池及泥浆泵组成。孔内泥浆及沉渣由空压机气举泵出，排入沉淀池内，沉淀池表面较澄清的泥浆流入泥浆池，再由泥浆泵抽取注入孔内，使之循环。理论上单根桩需用泥浆 320m³，循环使用后单个机位需要泥浆 650m³。

（2）成孔。采用 XR550D 旋挖钻机进行钻孔，钢管桩内径大于钻头直径 100mm 及以上。旋挖钻机就位后，采用水平尺校准钻机水平度，同时采用线坠校准垂直线及桩位，确保钻孔竖向垂直，避免偏位。

利用钢板拼焊制作沉淀池，沉淀池尺寸长 4m、宽 6m、深 1.2m，设置内格加滤网作为过滤，过滤后泥浆通过溜槽返回护筒内。沉淀池放置于旋挖机一侧，便于旋挖机弃土，并采用挖掘机清理沉渣，排入泥驳船舱，待沉淀后外运至指定地点倾倒。

移动钻机至桩位，将钻机的钻头对准桩位并自动锁定，调整钻机底盘水平。待钻机调整完成后，开始钻进，此时钻头选用双底开门斗齿钻，钻孔过程中根据各地层情况控制进尺速度，并严格控制钻孔直径、垂直度及泥浆指标，确保钻孔的质量。

开孔时，以钻头自重作为钻进动力，一次进尺短条形柱显示当前钻头的钻孔深度，长条形柱动态显示钻头的运动位置，孔深的数字显示此孔的总深度。在钻进过程中，操作人员实时观察钻杆是否垂直，并通过深度计数器控制钻孔深度，当旋挖斗钻头顺时针旋转钻进时，底板的切削板和筒体翻板的后边对齐，钻屑进入筒体，装满 1 斗后，钻头逆时针旋转，底板由定位块定位并封死底部的开口，随后提升钻头到地面，转到钻机一侧的沉淀池位置进行卸渣；通过操作钻机显示器上的自动回位对正按钮使钻机自动回到钻孔作业位置，或通过手动操作回转操作手柄使钻机回到钻孔作业位置。此外，在钻进过程中，捞起不同深度的各类岩样并取小部分妥善保存，同时按要求填写钻孔过程中的记录表，作为终孔的依据。

工程桩桩底处岩层通常为强风化花岗片麻岩，遇水易软化，手捏易碎。钻进时需谨慎操作，并注意钻杆的垂直度，防止挂住钻头护筒角，钻速控制在 10r/min，钻压约为 18MPa，并严格控制水头差和泥浆指标。泥浆控制指标为：相对密度 1.06~1.1，黏度 19~28s。

当出现大量中风化岩样时，应及时通知监理工程师判断是否已入岩，确认入岩后及时测深，并记录入岩面标高。在中风化岩层中钻进时，钻机转速降低为 9r/min，钻压提高到 20MPa。钻入中风化砂岩层后，采用分二级扩孔钻进工艺，首先安装扶正器保持钻杆垂直度，采用 φ1.5m×3m 牙轮筒钻取芯，主要原理是利用钻头内设置螺旋涨塞对岩芯产生的水平力和涨塞将岩芯抓紧，通过钻机钻杆传递的扭矩共同作用将岩芯掰断，再利用钻头与岩芯摩阻力将岩柱取出，循环往复，直至到达设计桩底标高；随后采用 φ1.5~2m 扩孔钻头进行扩孔钻进，钻进时利用下部直径 φ1.5m 钻头在已经成孔的孔径内作为导向，保证孔径垂直度。扩孔完成后，采用双底双开捞渣钻头进行钻渣清理，实现最终扩孔。钻头入岩后，对取出的每一节岩样进行观察和记录，避免由于夹层导致入岩面判断错误。

当桩尖到达设计桩底标高后，停止下钻，采用笼式探孔器、测锤等工具对孔深进行量测，确定是否终孔。孔径、钻孔垂直度和孔深用笼式探孔器检测，探孔器为变径设计，直径 2m、长 6m，两端锥型设计，采用型钢加工制作而成。检测时，利用履带吊先将探孔器吊起，把测绳的零点系于探孔器的顶端，保证探孔器中心、孔中心与起吊钢丝绳中心处于同一铅垂线上，随后慢慢放入孔内，通过测绳的刻度加上探孔器总长度判断其下放位置。若探孔器畅通无阻直到孔底，表明钻孔桩成孔质量合格且满足钢筋笼下放的要求；若中途遇阻，表明在遇阻部位存在缩径或孔倾斜，需重新下放钻头处理。

终孔后，旋挖钻机更换捞渣斗进行沉渣打捞，捞渣过程使用 2.2m 扫孔器对护筒壁进行扫孔。清孔前，先清除沉淀池中的沉渣，保证清孔效果。清孔过程中严禁超钻，不得加深孔底深度代替清孔，同时应保持孔内水头，防止塌孔。

3. 芯柱施工

1）钢筋笼制作

钢筋笼先由竖向主筋和内撑加劲箍组成圆形骨架结构，再在外围布设螺旋箍筋。螺旋箍筋全笼布置，在钢管桩底部 4.7m 范围螺距加密为 60mm，其余螺距为 150mm，如图 8-88 所示。

钢筋笼在陆上工厂中统一加工，采用分节段加劲筋成型法制作。加工过程中，每个断面的接头数量不大于总数量的 50%，断面错开距离按规范要求应不小于 500mm，钢筋笼加强箍间距 2m，主筋采用单面焊接连接。

钢筋笼分多节在胎架上进行制作，按钢筋原材长度划分基本节长为 8~12m。首先，将加工好的主筋摆放在胎架上，然后摆放内笼主筋及加劲圈。待加劲圈定位完成后，在加劲圈上画线，摆放胎架以外的主筋，焊接加劲圈。待主筋定位完成后，盘上螺旋箍筋，螺旋箍筋与主筋采用焊接方式固定，每圈须不少于 8 点与主筋点焊。

第 1 节钢筋笼前端采用挡板挡住，保证前端平齐。采用相同方法进行第 2 节钢筋笼制作，等钢筋笼整体制作完成，安装钢筋保护层定位环，每隔 2m 在四周均匀安装 8 个。钢筋笼加工完成后，把每节钢筋笼按连接顺序编号、挂牌后，吊到成品堆放区统一堆放。钢筋笼的堆放不能超过两层。钢筋笼加工过程中，要确保钢筋笼垂直度，以保证钢筋笼能够顺利接长下放。为防止钢筋笼在运输安装过程中发生变形，在钢筋笼加劲箍设置 "△" 型内支撑。钢筋笼的检测标准如表 8-16 所示。

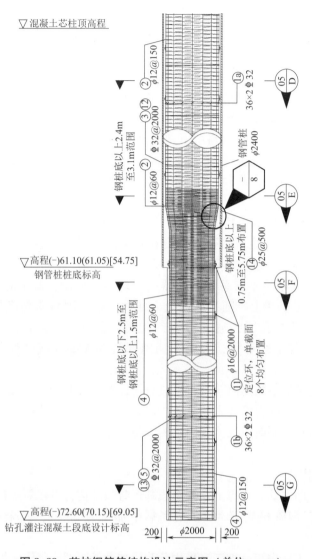

图 8-88 芯柱钢筋笼结构设计示意图（单位：mm）

表 8-16 钢筋笼检测标准

检测项目		规定值/允许偏差（mm）	检查方法
受力钢筋沿长度方向加工后的全长		±10	按受力钢筋总数 30%抽查
弯起钢筋各部分尺寸		±20	抽查 30%
箍筋、螺旋各部分尺寸		±5	每构件检查 5~10 个间距
受力钢筋间距	两排以上排距	±5	每构件检查 2 个断面，用尺量
	同排	±20	
箍筋、横向水平钢筋、间距		0，-20	每构件检查 5~10 个间距

续表

检测项目		规定值/允许偏差（mm）	检查方法
钢筋骨架尺寸	长	±10	按骨架总数 30%抽查
	高、宽、直径	±5	
弯起钢筋位置		±20	每骨架抽查 30%
保护厚度		±10	每构件沿模板周边检查 8 处

在钢筋笼顶部，对称加长 4 对双拼主筋，作为加长段连接抗浮装置，长度为 1.2m。此外，每根桩安装 4 根钳式声测管（φ50mm×2.0mm），声测管均匀设置在钢筋笼内侧，4 根通长，每隔 2m 通过 U 型卡焊接于钢筋笼主筋，保证足够的强度和刚度，防止声测管变形。

声测管在钢筋笼顶部 1.2m 处设置接口，此标高以上搭接 φ60mm×4mm 无缝钢管，并使用密封垫进行密封防止漏浆，桩基检测之后直接用吊车拔除无缝钢管，以便之后的钢管桩内切割施工。

下放钢筋笼时，对钢筋笼内的每根声测管灌水，检查是否存在漏水现象，若无漏水则可下放。钢筋笼下放完成后，用测绳挂 φ32 钢筋头下放，探测管内是否通畅，再用盖将声测管端头密封。

2）钢筋笼下放

钢筋笼加工完成后，由货船运输至施工机位，通过履带吊起吊至嵌岩平台。所用的吊具为口形吊具，四个角的底部分别设置 2 个吊点，用以兜挂钢丝绳，上部设置 1 个吊点，通过钢丝绳连接吊车主钩。吊具顶部吊索使用 4 根 φ15.5×3m 钢丝绳。由于钢筋笼顶部位于工程桩内部，若采用卡环，则无法人工解扣，因此在钢筋笼顶部主筋间均匀焊接 4 个 U 型吊口，如图 8-89 所示。

图 8-89　钢筋笼吊具示意图

采用 4 根 φ15.5 钢丝绳分别兜挂 U 型吊口，主钩先起吊口型吊具，随后副钩钩在距钢筋笼底部约三分之一高度的加强箍上，缓缓抬起，当起吊至一定高度后副钩停止起吊，主钩继续起吊直至钢筋笼直立，随后解除底部吊绳，完成钢筋笼翻身。待钢筋笼中心线与工程桩轴线一致时，将钢筋笼缓慢放入孔内，在下放过程中，割除钢筋笼的"△"型支撑。下放到最后一个"△"型支撑时，采用钢卡板将钢筋笼临时悬挂在工程桩外壁上，停止下放。随后，焊接钢筋笼和采用液压钳套接长声测管，完成拼接后继续下放，待钢筋笼整笼接长完成下放后，将钢丝绳挂于浇筑平台，立即向声测管内注满水，确保声测管密封，声测管延伸到嵌岩平台面并加盖密封。值得说明的是，下放钢筋笼过程中，需对钢丝绳进行接长，接长时利用限位装置将下段钢丝绳固定在工程桩顶部。钢筋笼顶标高允许偏差±50mm，垂直度允许偏差1%。钢筋笼下放过程如图8-90所示。

图 8-90　钢筋笼下放

3）钢筋笼抗浮

为防止钢筋笼在混凝土浇筑过程中发生上浮，需设置抗浮装置，如图8-91所示。钢筋笼抗浮装置采用4根50mm方钢均匀布置，端头焊接80mm圆钢管套顶主筋，并在方钢侧每隔8m高度焊接65mm套筒套住声测管作为保护，套筒与方钢管之间用100mm×60mm×4mm钢板连接固定。安装钢筋笼时，抗浮装置随着钢筋笼下沉，待钢筋笼到达设计标高，将抗浮装置顶部焊于护筒侧，压住钢筋笼防止上浮。混凝土浇筑完成后，拔出抗浮装置，抽出钢丝绳，冲洗干净循环使用。

4）混凝土浇筑

混凝土浇筑采用直径325mm混凝土导管，用法兰盘连接，使用前采用油漆进行编号。导管下放前，检查每根导管是否干净和畅通、止水O型密封圈是否完好，导管数量是否足够，并测试导管水密性、承压和抗拉性能，以保证灌注混凝土过程中不漏水、不破裂。

首先安装浇筑平台，导管逐段吊装接长，从孔中心垂直下放。下放时避免触碰钢筋笼。在导管接长过程中，通过两块卡板加工而成的活动卡悬挂固定导管。导管连接完成后，下放触底再提空，保持导管底部离孔底约45cm，导管长度和顺序由专人记录，作为拆管依据。

在导管内安装90m×0.65＝58.5m风管（风管底部加工方向向上的小孔），安装导管顶

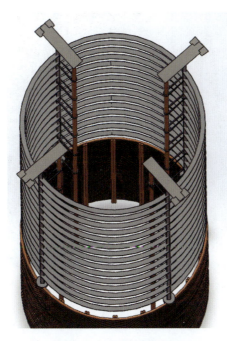

图 8-91　钢筋笼抗浮装置

口密封弯头，随后安装进风管及出浆管，开动空压机送风进行吹砂清孔。由于桩径较大，清孔时可摇动导管，改变导管在孔底的位置，直至孔底沉渣厚度达到要求。导管和风管安装完成后，开始二次清孔。开始送风时，先孔内送浆（补浆），停止清孔时应先关气后断浆。在清孔过程中，特别要注意补浆量，防止因补浆不足（水头损失）而造成塌孔。二次清孔的泥浆指标为：相对密度 1.06~1.1，黏度 19~28s，含砂率不超过 2%，底部沉渣厚度小于 30mm。

芯柱采用 C40 微膨胀水下混凝土灌注而成。为保证首盘混凝土埋管深度不小于 1m，经过计算，储料斗容积不得小于 6.99m³，可以选用容积 9m³ 的储料斗（见图 8-92）。混凝土拌和所用的骨料、粉料分别采用防水袋袋装，提前存放于嵌岩平台。嵌岩平台上安装 2 台搅拌机生产混凝土（2m³/台），通过地泵和泵管的方式进行输送，总施工效率约为 40m³/h。

在灌注混凝土前，检查导管与漏斗是否紧密连接，并用水湿润漏斗。混凝土拌和后进行坍落度试验，确保混凝土坍落度为 180~220mm。在灌注混凝土过程中，向储料斗和漏斗中灌满混凝土，达到首次灌注方量后，拔去储料斗口的锥型钢塞，同时打开储料斗闸刀。首盘混凝土灌注完成后，测量人员立即测量埋管深度是否满足要求，即埋管深度不小于 1m。测量混凝土顶面相对高程时，至少选取 3 个测点进行测量，测量结果取混凝土面高程值中的最小值计算导管埋深。若未达到设计埋深。立即用空压机将孔内混凝土吸出，重新清孔后再进行浇筑。

首盘混凝土灌注成功后，连续灌注混凝土。在灌注过程中，随着混凝土面的上升，逐渐向上提升导管，控制导管埋置深度为 2~6m。通过拆除的导管根数以及测量的混凝土顶面高程计算埋管深度，确保埋管深度在 2m 以上。导管拆除时，保证导管不碰撞声测管或钢筋，同时防止因起吊上升过快导致埋管深度低于 2m，造成断桩。及时清洗拆除的导管，

图 8-92　混凝土浇筑

以备重复使用。导管循环使用 4~8 次后重新进行水密性试验。

混凝土灌注时，特别是在桩底部 20m 范围内，应适当控制混凝土灌注速度，以防止钢筋笼上浮。当导管底高于钢筋笼顶面时（相当于导管底位于-50m 左右，拆第 8 节导管），拆除方管抗浮装置。

浇筑完成的桩体混凝土顶面标高高于设计桩顶标高 0.5m 以上，以保证桩头质量。混凝土顶面高度由测锤测得，并进行记录。桩顶部高出部分混凝土留于护筒之内，不做处理。

浇筑过程中，桩内泥浆储存在钢管桩顶部，以便于机位下一根桩的使用。钢筋笼浇筑完成后，在吊钩处解开顶部钢丝绳连接处卡扣，将钢丝绳抽出。抗浮装置在检桩完成后，与声测管顶部的加长无缝钢管一起拔出。

4. 桩基检测

1）钢管桩承载力检测

采用美国 PDI 公司制造的打桩分析仪对钢管桩进行高应变检测，用以检测桩基初打时的静土阻力、复打时的极限承载力和桩身完整性。高应变检测方法可确定沉桩过程的能量、桩顶锤击力的过程曲线以及桩顶处最大应力。钢管桩进行高应变检测按照取总桩数 5% 且不少于 5 根的要求，确定桩身的打桩应力是否在规范和设计允许范围内，确定钢管桩的桩身完整性。检测方法如下：

待桩基稳桩结束，先利用吊笼在桩顶以下 7.5m 左右位置处打固定传感器的孔洞，随后检测人员将 1 对应变传感器和加速度分别对称于桩轴线安装在桩两侧，这样既可以减少偏心锤击对测试数据产生的误差，又可以测出单个方向偏心锤击的程度。锤击时，两对传感器分别将测得的应变信号和加速度信号通过低噪声屏蔽电缆输入打桩分析仪主机内，并分别被转换为力和速度信号，测试直至桩基锤击至设计标高后停止，拆除传感器。技术人员根据不同的试验要求，在现场通过 CASE 法分析计算，同时将实测波形存储用以进一步计算。

2）芯柱混凝土质量检测

在灌注混凝土芯柱之前，采用标准模具制作多组混凝土试块，用于检测芯柱混凝土的力学性能。

3）芯柱混凝土桩完整性检测

为了检测芯柱混凝土桩的完整性，采用超声波透射法检测桩身缺陷程度以及确定缺陷位置，桩芯完整性检测频率为 100%，即对每根混凝土灌注桩基均进行超声波透射法检测。

由超声脉冲发射源在混凝土内激发高频弹性脉冲波，并用高精度的接收系统记录该脉冲波在混凝土内传播过程中表现的波动特征；若混凝土内存在不连续或破损界面，则缺陷面会形成波阻抗界面，当脉冲波到达该界面时，会产生波的透射和反射，使接收到的透射能量明显降低；当混凝土内存在松散、蜂窝、孔洞等严重缺陷时，将产生波的散射和绕射；根据脉冲波的到达时间和波的能量衰减特征、频率变化及波形畸变程度等特性，可以获得测区范围内混凝土密实度参数。通过对不同侧面、不同高度上的超声波动特征进行测试和记录，经过处理分析便能判别测区内混凝土的参考强度和内部存在缺陷的性质、大小及空间位置。测试时，每两根声测管为一组，通过水的耦合，超声脉冲信号从一根声测管中的换能器发射出去，另一根声测管接收信号，超声仪测定有关参数并采集记录储存。换能器由桩底往上依次检测，遍及各个截面。

由于在进行桩身完整性检测时，嵌岩上平台已经移走，因此在钢管桩上设置 1 个检测平台，如图 8-93 所示。

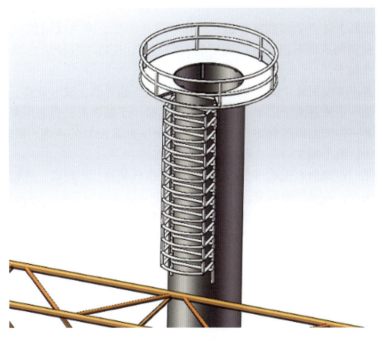

图 8-93　芯柱完整性检测平台示意图

现场检测过程分两个步骤进行，首先是采用平测法对混凝土桩各个检测剖面进行普查，找出声学参数异常测点。然后对声学参数异常测点进行加密测试，必要时采用斜测或扇形扫测等细测方法检测，一方面可以验证普查结果，另一方面可以进一步确定异常部位的范围，为桩身完整性类别的判定提供可靠依据。具体检测步骤如下：

（1）将发射和接收声波换能器通过深度标志分别置于两根声测管中同一高度的测点处。

（2）设置好仪器参数，开始检测，在同一根桩的各检测剖面的检测过程中，声波发射电压和仪器设置参数应保持不变。

（3）发射和接收声波换能器以相同标高或保持固定高差同步升降，测点间距不宜大于250mm。

（4）实时显示、记录接收信号的时程曲线，读取声时、首波峰值和周期值，同时显示频谱曲线和主频值。

（5）多根声测管以两根为一个检测剖面进行全组合，分别对所有检测剖面完成检测。

（6）在声学参数异常的测点周围加密测点，或采用斜测、扇形扫测进行复测，进一步确定桩身缺陷的位置和范围。

当声测管出现堵管情况时，按以下规定执行：

（1）埋有两根或3根声测管，当某一根声测管桩底出现堵管后采用斜测法时，两个换能器中点连线的水平夹角不应大于40°。

（2）埋有4根声测管，当对角线上两根声测管出现堵管后采用斜测法时，两个换能器中点连线的水平夹角不应大于40°。

（3）对于其他情况，在所堵声测管附近钻芯，检测桩身混凝土完整性，并用钻芯孔作为通道进行声波透射法检测，此时需注意钻芯孔垂直度变化改变发射和接受换能器间距对检测信号的影响。

结合桩身混凝土各声学参数临界值、PSD判据、混凝土声速低限值以及桩身可疑点加密测试（包括斜测或扇形扫测）后确定的缺陷范围，按以下特征进行综合判定桩身完整性。分类标准如下：

Ⅰ类桩：各声测剖面每个测点的声速、波幅均大于临界值，波形正常。

Ⅱ类桩：某一声测剖面个别测点的声速、波幅略小于临界值，但波形基本正常。

Ⅲ类桩：某一声测剖面连续多个测点或某一深度桩截面处的声速、波幅值小于临界值，PSD值变大，波形畸变。

Ⅳ类桩：某一声测剖面连续多个测点或某一深度桩截面处的声速、波幅值明显小于临界值，PSD值突变，波形严重畸变。

对超声波透射法检测结果有怀疑的嵌岩桩或对钻孔抽芯检测结果有怀疑时，可在同一根桩上增加钻孔取芯验证，钻孔取芯位置通常为桩中心。

在钻芯开孔前，量取桩径，选合适位置就位，然后全面对钻机进行调位、找平，用水平尺仔细复核钻机立轴的垂直度，保持机台平稳牢固和主动钻杆的垂直度。在钻进过程中，尽量保证机身稳定，减少钻进过程中套管对芯样的磨损，将取出的每一回次的芯样及时按顺序编号，以备照相和截取芯样做强度试验。

芯样截取规定如下：

（1）当桩长大于30m时，不少于4组。

（2）上部芯样位置距桩顶设计标高不宜大于1倍桩径或1m，下部芯样位置距桩底不宜大于1倍桩径或1m，中间芯样宜等间距截取。

（3）缺陷位置能取样时，应截取一组芯样进行混凝土抗压试验。

（4）当同一根桩的钻芯孔数大于 1 个时，且 1 孔在某深度存在缺陷时，应在其他孔的该深度处截取芯样进行混凝土抗压试验。

5. 水下割桩

钢管桩接长段的切割与回收在嵌岩桩检桩完成后进行，水下割桩的方式包括水下高压射流切割法和金刚石链锯切割法，工程以水下高压射流切割法为主，金刚石链锯切割法作为备用。

水下高压射流切割技术是利用增压器将水和砂的压力增加到设计切割压力，水和砂在极短时间内获得足够的压力能量，并通过细小的喷嘴喷射而出，将压力能转化为切割动能，从而形成高速射流。水下切割正是利用这种高速射流的切割动能对钢结构等工件进行冲击破坏，达到切断或者成形的效果。该切割方法的最大特点包括全自动操作、安全性高，且具有切口快、切开平整、无热变形等优势。通过模拟试验证明，该方法可以满足施工精度的要求。

水下高压射流切割法的流程如下：

1）制定水下切割线

采用压力传感器制定水下切割线。首先，在钢管桩桩顶以一定的绳长将压力传感器 1 号放入水中，下坠重物保持钢丝缆绳垂直，入水深度记为 D_1，桩顶至压力传感器的高度为 L；潜水员持压力传感器 2 号入水，入水深度记为 D_2，此时假设压力传感器 2 至桩顶的高程为 H（$H = L + D_2 - D_1$）；通过调整压力传感器 2 的入水深度，使 H 与设计切割线至桩顶的高差相同，即为切割线的位置，如图 8-94 所示。为了消除波浪对压力传感器的影响，数据计算时需要采用消波算法。复核切割线的压力传感器精度为 0.01%，约为 6mm，可以满足施工精度要求。

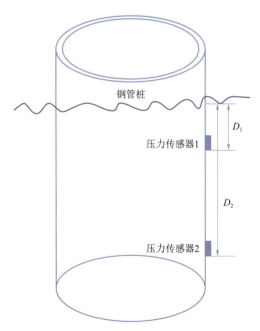

图 8-94 压力传感器安装示意图

2）割桩

采用专用水下切割装置，在钢管桩内利用高压水流挟带砂砾进行切割。割桩流程如下：

（1）水下切割作业小组在起重船上布设设备，包括供气系统、吊放系统、切割高压水射流设备以及水、电和气体的连接使用准备。

（2）确认水下切割技术细节，复核每根工程桩切割的数据、深度的准确性。

（3）根据水流方向确定起重船就位位置，并进位抛锚。驳船靠泊起重船，通过不少于5根缆绳带紧。起重船先将作业人员吊到嵌岩下平台上，然后将操作平台吊到工程桩上。

（4）将切割设备吊至工程桩内部，横梁搁置在预设位置，通过缆风绳调节角度，在起重船上预设好切割嘴的高程位置。

（5）待切割设备下放到位后，启动液压动力站，使支撑腿完全撑开。等支撑腿撑到位后，启动喷嘴调节油缸，调整喷嘴至合适位置，开始试喷。试喷情况由潜水员（位于桩外）确认，若在设定时间内（根据试验暂定为5~10min）钢管桩出现被击穿有喷水现象，则启动回转装置开始回转切割；若在设定时间内没有出现喷水现象，则检查各系统是否正常工作。

（6）等工程桩切割完成90%时，安排潜水员从已切割侧下潜到工程桩外侧，观察切割情况。如果正常，则在桩身切割线位置放置3个强力吸盘，相对夹角控制为120°。强力吸盘防止桩切割完成后，由于水流等的作用错位滑落。

（7）起重船下放副钩将吊索连接于预设的切割段吊耳，通过液压动力站控制面板观察到回装置回转360°，初步认为钢管桩已切割完成。通过起升副钩（在设定起升载荷范围内）能否吊动切割段钢管桩来复核钢管桩是否切割完成。若可以吊动，则松开支腿，起吊切割设备至起重船上；如不行，通过潜水人员观测是否在切割线回归原点位置还有微量未切割完成，并启动设备将其切割完成。

（8）先将切割设备吊至起重船，然后副钩起吊钢管桩切割段，由潜水员取下强力吸盘，最后一个强力吸盘在确保处于安全位置时取下。

（9）起重船将切割后的钢管桩吊装放到驳船上（回收的钢管桩在加工厂进行二次加工处理，作为下一轮钢管桩接长段），量测已切割桩的各点长度参数，校核是否达到预设目标。

3）切口检查

割桩后，检查钢管桩切口平整度及标高。钢管桩直径约为2.4m，在每根钢管桩两个垂直方向的圆周上安装4个压力传感器，如图8-95所示。待3根钢管桩上部

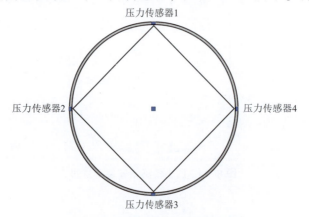

图8-95　割桩切口标高测量示意图

12 个压力传感器安装完成后，同步观测 1h，然后回收设备，读取每个设备的记录数据。

数据处理步骤为：将每个压力传感器的数据减掉自身记录的大气压值，得到压力差；对压力差值进行滤波处理，消除波浪影响；计算每个压力传感器对应时刻的入水深度。对于同一根钢管桩上的 4 个压力传感器，其高差可以反映切口平整度，根据每根桩上两个相互垂直方向上的高差，拟合出该切面的平面方程，计算出切面的最高点和最低点，然后找出 3 根桩切面的最高点和最低点，代表了整个桩面的倾斜度和倾斜方向，最后计算出 3 根钢管桩组成平面的水平度。

8.2.5.3　植入式嵌岩桩

1. 植入式钢管桩制作

本工程植入式嵌岩桩在钢管桩制作完成后，需灌注 9.6m 高的桩内混凝土，单根钢管桩的混凝土灌注量约为 40m³。混凝土在加工厂中进行预浇筑，待达到一定强度后，将钢管桩运输至施工现场进行植桩。混凝土浇筑长度为 9.3m，底部 0.3m 采用现场灌浆方式，以保证钢管桩与孔底的密实性。混凝土采用 C40 的微膨胀混凝土，1d 抗压强度超过 6MPa，抗氯离子渗透性小于 2000C。

钢管桩底部 5m 范围内每间隔 0.5m 设置 φ10mm 的剪力键，确保混凝土与钢管桩内壁的黏结力，在距桩尖 0.3m 和 9.6m 处焊接两片法兰，钢模与法兰采用螺栓连接固定，钢模周边增设环形橡胶垫（宽 100mm、厚 20mm），在距桩尖 9.6m 处的钢模板顶部设置灌浆孔，在距桩尖 0.3m 处的钢模板上设置混凝土浇筑孔和检查孔，并在检查孔设置上扬出浆口。

桩内混凝土分两次浇筑完成，第一次使用泵车浇筑 C40 微膨胀混凝土至顶面以下 0.2m，待混凝土接近初凝时，使用小型地泵，压力灌浆至桩顶。浆料选用优固特 SPG-I，桩内混凝土浇筑如图 8-96 所示。从混凝土浇筑孔直接向管内浇筑 C40 混凝土，为保证浇

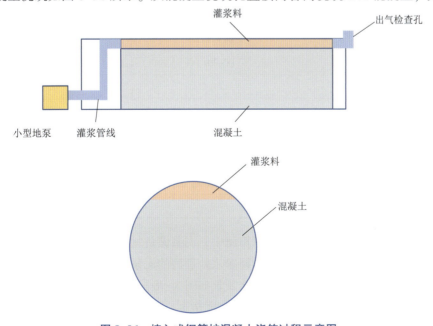

图 8-96　植入式钢管桩混凝土浇筑过程示意图

筑质量，混凝土浇筑过程中，在钢管桩外侧每隔 1m 安装两个附着式振捣器（见图 8-97），确保混凝土浇筑的密实性。当混凝土上表面距离顶部 200mm 时，停止浇筑。待第一层混凝土初凝后，使用小型混凝土输送泵灌注灌浆料，在距桩尖 0.3m 处设置出气检查孔，孔顶高于钢管桩 300mm。在灌浆料灌注过程中，为保证桩内灌浆料密实，灌浆料持续从检查孔溢出 1min 且无空气排出后，停止灌浆。

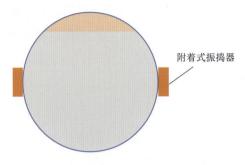

附着式振捣器

图 8-97　附着式振捣器布设示意图

2. 钻孔

1）制备泥浆

护壁泥浆采用不分散、低固相、高黏度的 PHP 高性能泥浆。开钻前，进行泥浆配比试验，选用不同产地的钙基膨润土与不同比例的水、膨润土、碱、CMC、PHP 等进行配合比试验，确定泥浆最优配合比。

钻孔施工前，在泥浆池中采用泥浆搅拌机搅拌膨润土泥浆，然后将泥浆泵送至钢护筒中，当钢护筒内泥浆性能指标满足施工要求后，开始钻进，本工程采用的泥浆性能指标如表 8-17 所示。

表 8-17　泥浆性能指标

测试项目	性能指标	检测方法
比重	1.08~1.15	泥浆比重计
黏度	18~30s	相对黏度计
含砂率	<2%	洗砂瓶
胶体率	≥95%	量杯法
失水量	<60mL/h	失水量仪
静切力	1min：$20\sim30mg/cm^2$	静切力计
	10min：$20\sim30mg/cm^2$	
pH 值	7~9	pH 试纸

新制备的泥浆储存于其他不用的钢护筒中，泥浆储备量不小于 $300m^3$。反循环排出的泥浆采用泥浆分离器净化后循环使用，即净化处理后的泥浆通过回浆管流回孔内，排出的钻渣通过溜槽排放到集渣箱中。泥浆净化装置如图 8-98 所示。

正常施工情况下，每 4h 测量 1 次泥浆性能指标，当泥浆性能较差时，根据泥浆指标检测结果加入纯碱、PHP 等处理剂，改善泥浆性能。

图 8-98　泥浆净化装置

2）嵌岩钻孔

嵌岩钻孔包括两种施工工艺，首先是冲击钻成孔，其次是液压钻机成孔。

（1）冲击钻成孔。冲击钻机成孔的施工步骤为：①冲孔时，冲程控制在 2～6m，其中软弱土层采用低冲程冲孔，硬土层（岩层、砂层等）采用大冲程 4～6m。②当成孔至钢护筒底部以下土层，每进尺 2m 测量 1 次垂直度，发现超过 1% 时，抛填块石重复冲孔纠偏，直至满足设计要求。③不同地质采用不同泥浆密度，岩基采用大密度泥浆，黏性土采用低密度泥浆。④冲孔至设计标高上部 0.5m 时停止冲击，改换液压钻机扫孔并钻至设计标高。

（2）液压钻机成孔。液压钻机采用直径为 2.72m 的球齿牙平底钻头的双导向组合机构。施工步骤为：①钻孔前，根据地质柱状图确定钻压、转速、进尺速度范围等钻进参数。②移动钻机至钻孔位置（见图 8-99），钻孔采用减压钻进工艺，钻孔过程中严格控制钻压，钻压 P 不超过 $60\%G$（G 为钻头及配重的浮重）。钻进中采用大气量、中等钻压、慢转钻进工艺成孔。钻进过程中，在地质变化区域严格控制进尺，每钻进 3m 扫孔一次，确保钻孔直径和垂直度（见图 8-100）。③在钢护筒段钻进时，在钻头护圈加设钢丝刷对筒内壁进行清理。钢护筒段钻进结束后，提出钻头并取下钢丝刷，随后下放钻头，钻至设计标高。④在钻进过程中，应及时补充泥浆，使孔内泥浆面始终超过外侧水面 2.5m 以上，防止塌孔。⑤为确保钢护筒底口处的地层稳定，在钢护筒底口上部 2m 和下部 3m 范围内采用低钻压、低转速工艺钻进；对于强风化层，采用轻压、低挡慢速、大泵量、稠泥浆钻进工艺，以避免孔壁不稳，导致局部扩孔或塌孔；在岩层中，采用中挡慢速、减压钻进工艺，确保孔壁垂直度满足设计要求。⑥钻孔作业中若因故必须停止钻进时，需将钻头提升至护筒内。停钻时，钻头提离孔底后才能停止供风，防止出渣口和风口堵塞。由于嵌岩深度大，需在钻杆中部设置接力风包，保证排渣顺畅。

（3）确定嵌岩起始面。嵌岩起始面确定的原则是采用样渣对比的方法，地质剖面岩层标高进行校核。根据钻孔地质报告，结合沉桩记录，对比钻机的进尺情况和现场的施工情况，做出初步判断。中等风化渣样判断指标为：地质勘探报告描述的中风化岩层标高处，钻机钻进速度的明显减弱（以记录为准），掏渣筒渣样或反循环排渣中收集的钻渣物

图 8-99　钻机就位

图 8-100　钻机钻进

明显变化，当渣样中等风化岩样含量达到 50%，可判断全断面进入中、微风化岩层。为了清除偶然性，可依此起始面再钻进 15~20cm 作为嵌岩起始面。

（4）终孔。根据设计桩底标高、平台顶算出钻孔深度，通过杆长控制钻孔深度，终孔前将钻孔深度反算和标识在钻杆上。冲击钻在距既定位置 50cm 时停止钻进，采用液压钻钻至设计标高。当标识距既定位置 50cm 时，采用低转速、低进尺钻进工艺钻至设计标高，终孔提钻如图 8-101 所示。

（5）清孔。清孔采用气举反循环换浆法。由于钢管桩外壁需进行环缝灌浆，因此清孔后的泥浆参数要求很高，否则会影响灌浆效果。清孔后泥浆参数满足表 8-18。清孔后，测量孔深，若孔深满足设计要求，则按终孔判定方法进行判定；若测量孔深未达到设计深度，则需继续进行钻孔至设计标高；若钻孔深度超过设计标高，则采取补救措施。成孔检测如图 8-102 所示，成孔标准指标如表 8-19 所示。

图 8-101 终孔提钻

图 8-102 成孔检测示意图

表 8-18 清孔后泥浆性能指标

测试项目	性能指标	检测方法
密度	$1.05 \sim 1.15 \mathrm{g/cm^3}$	泥浆比重计
黏度	$18 \sim 30 \mathrm{s}$	相对黏度计

测试项目	性能指标	检测方法
含砂率	≤2%	洗砂瓶
胶体率	≥95%	量杯法
pH 值	7~9	pH 试纸

表 8-19 成孔质量指标

钻孔标准	指标参数
孔径	≥2720mm
垂直度	≤1%
孔底沉渣	≤30mm
平面位置偏差	≤50mm

3. 钢管桩植入

清孔完毕后，钢管桩运至现场采用起重船进行植桩。植桩时，钢管桩中轴线与钢护筒中轴线保持一致，缓慢下放，避免或减少碰到孔壁，防止塌孔。钢管桩植桩过程如图 8-103 所示。

(a)起吊 (b)植桩

图 8-103 植桩过程

在植桩过程中，在钢管桩外壁设置导向块，控制钢管桩平面位置及垂直度。钢管桩外壁共设置 5 层导向块，其中上部导向块每层 4 块，尺寸为 30mm×230mm×500mm；下部两层每层 8 块，尺寸为 30mm×80mm×500mm。导向块布置及其结构特征如图 8-104 所示。

钢管桩植入完成后，通过基桩顶部与钢护筒之间的限位块进行水平方向的限位，防止钢管桩发生水平位移，随后复核孔口高程，如图 8-105 所示。

4. 环缝灌浆

钢管桩植入后，向钢管桩与钻孔、钢护筒之间的环缝之间灌浆，如图 8-106 所示。环

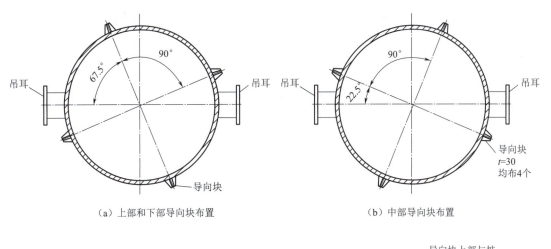

（a）上部和下部导向块布置　　　　　　　　　　　（b）中部导向块布置

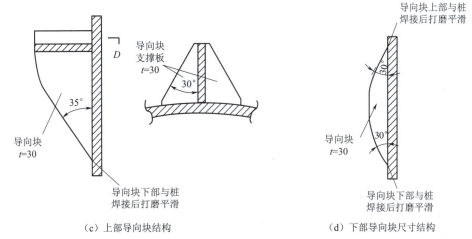

（c）上部导向块结构　　　　　　　　　　　（d）下部导向块尺寸结构

图 8-104　导向块（单位：mm）

图 8-105　量测桩顶标高

缝灌浆的步骤包括连接灌浆软管、搅拌润管材料、泵送润管材料、搅拌灌浆料、泵送灌浆料、静置、压力屏浆、灌浆结束、清洗设备等。

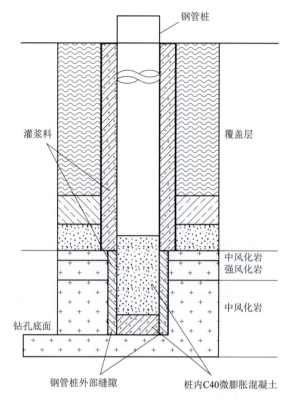

图 8-106　植入嵌岩桩灌浆示意图

1）灌浆材料及设备

钢管桩与孔壁之间的环缝采用优固特 SPG-I 灌浆材料。灌浆设备包括 2 台搅拌机，1 台主泵，1 台备用泵，2 套进水系统、灌浆管等，船上还配备 1 台 90t 履带吊、集装箱、发电机、水箱等。灌浆料搅拌机如图 8-107 所示。

2）灌浆管线布置

钢管桩外壁的预制灌浆口分三层，其中下部灌浆段设两层，上部灌浆段设一层，如图 8-108 所示。第一层位于封底混凝土上方 0.5m 处，设置 2 个灌浆口，按间隔 180°分布在钢管桩上，同一层间隔 0.5m；第二层位于第一层与钢护筒底标高的中间位置，设置 2 个灌浆口，按间隔 180°分布在钢管桩上，同一层间隔 0.5m；第三层位于钢护筒底标高上方 0.5m 处，设置 2 个灌浆口，按间隔 180°分布在钢管桩上，同一层间隔 0.5m。桩端预留 30cm 灌浆段，灌浆管设置三通引至预留段，采用灌浆料进行填充。为避免灌浆管对导管架安装造成影响，灌浆连接接头应位于钢管桩桩顶以下 15cm 处。

3）灌浆方法

在正式泵送灌浆料前，先对灌浆管进行润管，防止在泵送灌浆料过程中发生堵塞情况。两台搅拌机依次循环搅拌灌浆料，一台处于搅拌状态，另一台输出搅拌好的灌浆料。在泵送之前，先确认灌浆管路上所有的阀门均处于打开状态，随后采用较大流量进行泵送，持续泵送直至灌浆料开始从灌浆环形空间顶端溢出。在灌浆过程中，监测灌浆料温

图 8-107　灌浆料搅拌装置

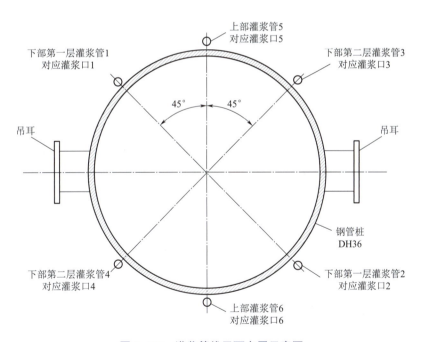

图 8-108　灌浆管线平面布置示意图

度、流动含气量等信息的变化，同时监测灌浆泵出口处压力，并在施工过程中留样制作试块，用于测试灌浆料抗压强度。灌浆过程如图 8-109 所示。

当实际灌浆料上表面高度达到设计灌浆标高时，通过两种方式综合判断静置节点，一是灌浆材料的用量大于理论用量，二是灌浆接近理论方量时，由潜水员下水进行观测，若

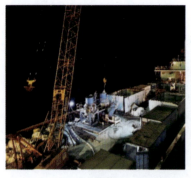
（a）润管

（b）搅拌灌浆料

（c）泵送

图 8-109　环缝灌浆过程

出浆孔（在钢护筒距离泥面 1m 处对称开 2 个直径 10cm 的出浆孔）连续出浆，则判断灌浆结束。静置过程中，使浆料中的气泡充分溢出。静置结束后，进行压力屏浆，屏浆 20min 后浆料顶面无下沉现象，可以确认成功灌浆。

8.2.5.4　导管架安装

1. 安装标准

（1）风电机组基础中心容许误差半径为 1.5m。

（2）风电机组基础安装方位与设计要求的误差应控制在 ±3.0°。

（3）风电机组基础桩顶任何两个角之间的最大倾斜度应控制在 0.3% 以内。

（4）平台标高的误差不应超过 ±50mm。

2. 安装步骤

导管架安装步骤包括清桩、密封圈检查、导管架吊装、预封堵防漏、管线连接、灌水试压、灌浆、清洗等。

1）清桩

潜水员下水作业，利用高压水枪清除桩内的海生物，采用"气体反循环法"和高压水枪搅动的方式将孔内泥沙清除。具体操作时潜水员利用高压水枪对桩底淤泥冲打，打散后利用砂浆泵将淤泥排出钢管桩，淤泥较硬的地方需要人工用工具打散。待桩内泥沙清理完毕后，对桩周 50cm 范围内泥沙进行清除，确保泥面低于桩顶标高，并对桩顶灌浆料或其他杂物进行清除，确保桩顶光滑。

2）密封圈检查

检测导管架支腿密封圈是否存在异常，螺栓和盖板是否存在松动，外形是否变形。导管架支腿密封圈如图 8-110 所示。

3）导管架吊装

导管架安装就位后，先通过调平达到安装精度要求。在此过程中，保证导管架灌浆钢管的清洁和完整性，同时确认导管架与灌浆软管连接接口完好无损、干净无污染，避免因油漆、污物等导致灌浆连接失效，影响灌浆施工质量。

4）预封堵防漏

导管架预安装密封圈进行封堵，若发生漏浆，会造成灌浆材料严重浪费，因此后续机位先进行预堵漏施工。

图 8-110　支腿密封圈

5）管线连接

高压灌浆软管连接于灌浆泵和导管架的灌浆口，采用绳索将船舷边上的灌浆软管垂挂段系牢，保证软管弯曲半径不小于 700mm，保证软管周边没有受到物品挤压且有振动空间。在软管连接前，采用塑料盖封堵接口。安装完成后，所有接口必须锁紧。

6）灌水试压

采用高流量低压力冲洗灌浆空间，确认管路系统没有堵塞。

7）灌浆

首先采用润管料润滑整个管路系统，随后搅拌灌浆料直至搅拌均匀，并测量浆体流动度和比重，最后在开始阶段采用较大流量，连续泵送直至从环形灌浆空间的末端溢出。确认溢浆后，切换管线至下一灌浆口直到导管架灌浆完成。

8）清洗

清洁冲洗软管和所有设备、场地。

3. 主要安装过程

安装前，拆除桩基础的盖板，潜水员采用高压水枪清除桩顶内部的海生物和淤泥，直至复核导管架对接标准。

1）支腿修正

根据测定的钢管桩平面位置和标高，核对桩顶标高是否超过设计要求的高差（任意两根钢管桩顶高程的高差不得大于 50mm），若钢管桩顶高程超过设计要求，则由工程技术人员对数据进行分析，按设计要求的垫块布置方式确定垫块厚度，导管架制作单位按设计要求对导管架各支腿上的调平垫块进行焊接，如图 8-111 所示。

2）吊装

导管架运输方式包括卧式和立式运输。根据运输方式的不同，起重船与运输船的靠泊方式不同。卧式导管架运输驳船与起重船采用船尾对船尾的靠泊方式，立式导管架运输驳

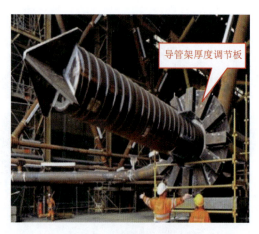

图 8-111　导管架支腿修正

船与起重船采用侧靠的方式，如图 8-112 和图 8-113 所示。

图 8-112　卧式导管架吊装方式

　　当吊装卧式导管架时，运输驳船抵达现场后，在机位附近顺流驻位，4 点锚泊定位，船尾抛八字锚；起重船移位，对尾靠近导管架运输船，逐渐接近导管架运输船，起重船的尾部中间对准导管架中心线，然后起重船和运输船之间带缆。卧式导管架翻身采用主钩和副钩配合的方法。待运输船与起重船之间带缆完成后，起重机转回至甲板，将 20m 平衡梁上部钢丝绳悬挂到主钩上，50m 长吊带连接到副钩上，平衡梁下部带 4 根 30m 长吊带。起重机吊索具安装完成后，转动大臂，将吊索具放置于导管架上方后下降臂杆，完成导管架腿部两根 50m 吊带安装。导管架底部吊带安装完成后，将 2 根 50m 吊带从副钩摘除，放置于运输船甲板。起重机抬升大臂，平衡梁移动于导管架上部吊耳上方，调整钩头将 30m 吊带缓慢移动到导管架上部吊耳附近，将吊带套入吊耳处并系紧，将 4 个吊耳依次连接完成后，下降起重机大臂，将运输船上 2 根 50m 吊带悬挂到起重机副钩上。调整起重机大臂及主副钩，保持吊索具全部处于受力状态，如图 8-114 所示。随后，调整主副钩高

图 8-113　立式运输船舶驻位

度，受力加至 200t，切除导管架限位支撑结构件等运输工装。主副钩配合进行起吊，起吊过程中适当调整起重船与运输船之间的相对位置，保证导管架重心处于起重机双钩之间，如图 8-115 所示。导管架完全离开运输船甲板且与支撑构件保持 3m 安全距离后，起重船启动 DP 离开运输船约 100m，主钩上升，副钩下降，将导管架慢慢调整至垂直状态，如图 8-116 所示。

图 8-114　卧式导管架吊索具悬挂

当吊装立式导管架时，运输驳船抵达现场后，4 点锚泊定位，船尾抛八字锚；起重船移位，船侧靠近导管架运输驳船，逐渐接近导管架运输驳船，使起重船的起重大臂中间对准导管架中心线。立式导管架直接采用主钩起吊，起重船主钩挂 4 根 45m 长吊带与导管架过渡段上吊耳进行连接，然后起重机将吊带缓慢移动到导管架吊耳附近，将吊带套入吊耳处，将 8 个吊耳依次连接完成，随后起吊导管架，如图 8-117 所示。

导管架选择在风浪条件良好的情况下进行安装，起重船钩速放缓，在插入腿与钢管桩对位时保持导管架平稳防止密封圈与钢管桩的碰撞，以免造成密封圈的损坏。安装步骤为：首先，利用软件实时监测导管架支腿和桩基础相对位置，起重船移船进行粗定位，当

图 8-115 导管架翻身

图 8-116 导管架翻身

平面位置相差在 50cm 以内时，调整起重船扭角然后初步下放导管架，待导管架支腿距离钢管桩顶面 1m 时停止下放；然后，精确调整船舶位置，缓慢下放导管架；导管架 2 个高支腿先与钢管桩进行对位，直到剩余支腿与钢管桩对位完成。在吊装过程中，潜水员根据施工指令按顺序对 3 根钢管桩开始观察，待钢管桩与导管架对接完成，通过调节导管架支腿顶板下钢板垫块厚度来进行导管架粗调平，如图 8-118 所示。导管架支腿全部插入钢管桩后，潜水员会再次检测结构件是否存在异常，完成导管架安装，如图 8-119 所示。

在导管架顶部过渡段内平台架设水准仪，测量导管架顶法兰水平度，如图 8-120 所示。若不满足要求，则起重船吊钩缓慢提升，使导管架支腿牛腿脱离钢管桩桩顶。潜水员入水，在导管架较低侧支腿牛腿底加装调平垫块，直至平台顶部水平度满足设计要求不大于 3‰。

3）环缝灌浆

导管架与钢管桩之间的连接采用高性能灌浆料，例如中交港湾（上海）科技有限公司生产的优固特®品牌 UHPG-120，其性能指标如表 8-20 所示。在灌浆前，需测试浆体

图 8-117　立式导管架吊索具悬挂

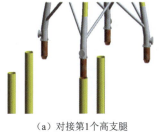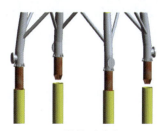

（a）对接第1个高支腿　　　　　　（b）对接第2个高支腿　　　　　　（c）完成支腿对接

图 8-118　导管架插入腿安装顺序

图 8-119　导管架吊装

图 8-120   导管架顶法兰水平度测量

流动度。测试步骤为：预先用潮湿的布擦拭玻璃板和截锥圆模内壁，并将截锥圆模放置在玻璃板中心，然后将搅拌好的灌浆料迅速倒满截锥圆模内；提起截锥圆模，灌浆料自由流动直至停止，用尺子测量浆体在两个垂直方向的扩散直径，计算平均值，即为流动度初始值；流动度初始值测量完毕后 30min 和 60min，重复上次测试步骤，继续测量浆体流动度值，作为流动度 30min 和 60min 的保留值。在灌浆过程中，利用标准模具制作多组试样，用于测试养护 1 天、7 天和 28 天后的试样抗压强度、抗折强度和弹性模量，其中 7 天和 28 天的试样强度由第三方检测机构进行测试。

表 8-20   优固特®品牌 UHPG-120 灌浆料性能参数

序号	检测项目		参考标准	设计要求	UHPG-120
1	最大骨料粒径（mm）		GB/T 50448	≤4.75	≤4.75
2	氯离子含量（%）	占灌浆料总量	≤0.06	≤0.06	≤0.06
3	表观密度（kg/m³）		GB/T 50080	2350~2500	≥2350
4	凝结时间（h）		GB/T 50080	≥2	≥2.5
5	含气量（%）		GB/T 50080	≤4.0	≤4.0
6	泌水率（%）		GB/T 50080	0	0
7	流动度（mm）	初始	≥290	≥290	≥290
		30min	≥260	≥260	≥260
		60min	≥230	≥230	≥230
8	竖向膨胀率（%）	3h	≥0.02	≥0.02	≥0.02
		24h 与 3h 的膨胀值之差	0.02~0.5	0.02~0.5	0.02~0.5
9	抗压强度（MPa）	1d	≥50	≥50	≥50
		3d	≥80	≥80	≥80
		28d	≥120	≥120	≥120

续表

序号	检 测 项 目		参考标准	设计要求	UHPG-120
10	抗折强度（MPa）	28d	≥15.0	≥15.0	≥15.0
11	弹性模量（GPa）	28d	≥45.0	≥45.0	≥45.0
12	推荐用水量	—	8.5%	—	8.5%

在以往工程实践中，通常在导管架支腿底部提前安装封隔器，形成灌浆空腔，但由于导管架插尖底部与钢管桩桩内混凝土顶面尚有一定间距，在安装过程中，若封隔器发生破坏，则会发生漏浆。

本工程创新采用在导管架插尖底标高下 20cm 处设置桩内封板，同时取消支腿上的封隔器。灌浆施工范围为原封隔器以下至桩内封板之间空间的灌浆和原设计连接段环形空间的灌浆，如图 8-121 所示。

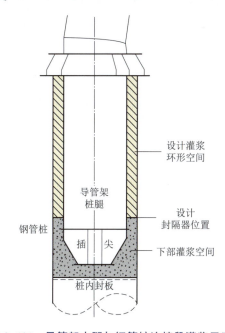

图 8-121　导管架支腿与钢管桩连接段灌浆示意图

图 8-122 为环缝灌浆施工，每个导管架支腿布置两根灌浆管线，一根通至插尖底部，对原设计封隔器以下空间进行低强材料灌浆；一根管线灌浆口设置于原封隔器上方 25cm 处，对原设计灌浆环形空间进行高强材料灌浆。导管架支腿上预留直径 120mm、上下位置对应的 4 个应急灌浆孔。当灌浆过程中发生堵管时，采用直径 76mm 的无缝钢管，与灌浆软管连接后经应急灌浆孔插至环形空间进行灌浆。同时，导管架 3 个支腿的灌浆管线均引至同一根腿柱上，灌浆过程中不需要进行船舶移位，从而提高施工效率。

8.2.6　施工难点

多桩导管架基础施工涉及多根钢管桩的沉桩和导管架的吊装两个关键步骤，需采用高性能灌浆料将导管架支腿和钢管桩连接。因此，钢管桩自身的桩身垂直度及桩位偏差对导

图 8-122 导管架支腿与钢管桩灌浆施工示意图

管架支腿与钢管桩的对接以及两者之间的环缝灌浆有着显著影响。钢管桩相对位置的偏差，在安装过程中会导致密封圈的破坏，同时导致环缝浆体的厚薄不一，对导管架的结构受力有一定影响。

此外，对于芯柱式嵌岩桩导管架基础，施工过程涉及多个关键的隐蔽工程，例如混凝土芯柱浇筑、钢管桩与导管架支腿环缝灌浆。混凝土芯柱是导管架基础的重要承载结构，其完整性显著影响工程安全，且施工质量无法预先判断。由于混凝土芯柱部分界面可能存在声学参数异常，存在声学参数异常区域的混凝土强度是否能满足设计要求仍需进一步研究，以判断整根混凝土芯柱的施工质量。钢管桩与导管架支腿间环缝灌浆是基础结构传力的关键部位，虽然灌浆过程中所制备的灌浆料试样的力学特性满足设计要求，然而环缝间灌浆质量尚无法进行有效的检测，建议开展缩尺模型试验对连接段的力学性能进行测试，以进一步确定灌浆完成与吊装风电机组两个工序的时间间隔。

对于植入式嵌岩桩导管架基础，在钢管桩植入后，采用早强灌浆料填充钢管桩与钻孔、钢护筒之间环缝。根据《海上风电场工程风电机组基础设计规范》（NB/T 10105—2018），嵌岩桩基承载力计算时，取岩石饱和单轴抗压强度和灌浆料强度中的低值。因此，灌浆料的强度特性对导管架吊装施工的时间间隔有着显著影响。

8.3 吸力筒导管架基础

吸力筒导管架基础具有海上施工作业时间短、适用于浅覆盖层海床、综合成本低等优点，海洋油气平台等工程领域得到了广泛应用。2014 年，德国 Borkum Riffgrund 1 海上风电场首次采用吸力筒导管架基础，2018 年德国 Borkum Riffgrund 2、苏格兰 Aberdeen Bay 海上风电场分别安装了 20 台和 11 台吸力筒导管架基础。2020 年以后，吸力筒基础逐渐在中国海上风电场中得到应用，包括广东阳江、大连庄河、福建长乐等多个海域。三峡阳江沙扒海上风电场是国内首批采用吸力筒导管架基础的海上风电场项目，共安装了 8 台吸力筒导管架基础，主要布设于海床覆盖层相对较浅的机位点。

8.3.1　施工流程

8.3.1.1　吸力筒导管架制作

吸力筒导管架基础分为吸力筒、导管架和导管架过渡段,三个分段同时预制,预制完毕后,自下而上进行组装。吸力筒导管架采用立式建造法,导管架分段先卧式建造好,再与吸力筒分段和过渡段分段立式合拢。

吸力筒和基础顶法兰制作要求如表 8-21 和表 8-22 所示。导管架制作标准如下:导管架的顶部任意相邻导管中心距离误差要在 ±13mm 内,其他水平平面内的任意导管的中心距离误差要在 ±19mm 内;导管架牛腿垫片底面到法兰顶面高度的绝对误差在 ±25mm 内,任意两腿之间相对高差不超过 10mm;导管架任何平面内的对角线相对之差要小于或等于 15mm;导管加厚段的位置误差要小于或等于 25mm。

表 8-21　吸力筒外形尺寸允许偏差 （单位：mm）

偏差名称	允许偏差	备　注
吸力筒外周长	±0.1% 周长,且不大于 10	外周长
筒端椭圆度	±0.1% 直径,且不大于 2	两相互垂直的直径之差
筒端平整度	2	多筒节拼接时,以整段质量要求为准
筒体总轴线弯曲矢高	0.1% 筒长,且不大于 30	
吸力筒筒体总长度	0～+100	

表 8-22　基础顶法兰外形尺寸允许偏差 （单位：mm）

偏差名称	允许偏差	备　注
法兰圆度	不大于 3	两相互垂直的直径之差
法兰平面度	整个法兰面不大于 2.0,30° 范围内不得大于 0.5	最高与最低点之差
法兰内倾度	0～2.0	不允许外翻
端面圆跳动	最大 1	—

8.3.1.2　吸力筒导管架运输

1. 吸力筒导管架装船

吸力筒导管架装船方式包括 SPMT 滚装装船和吊装装船。SPMT 滚装装船的步骤包括:

1) SPMT 滚装装船准备工作

步骤 1:在吸力筒导管架运输前,需要通过 SPMT 装载配重块(550t 配重装载在 PPU +SPMT6 轴线上)进行运输道路承载力测试,测试路线为吸力筒运输所需要经过的所有位置。在测试之前,技术工程师将测试的区域用石灰粉标示出来,测试车辆在区域内全部运行一遍,观察路面变化和经过区域内是否有障碍。吸力筒导管架基础运输通道的要求为 SPMT 设备纵向、横向行驶路宽均不小于 35m,路面纵横向坡度小于 1%,路面耐压不小于 8.7t/m²。

步骤 2：在码头前沿铺设路基板，确保行车安全。

步骤 3：检查工装件是否完备，结构有无损坏，焊接缝是否完好。

步骤 4：对 SPMT 的组装进行验收，测量各部分组装尺寸是否正确、防滑措施是否做足、螺栓是否拧紧等。

步骤 5：调试 SPMT，使用"八字、斜行"等模式调试 SPMT 车组。

步骤 6：驳船到泊后，检查驳船压载系统是否具备对整个装载过程中的荷载变化及潮汐变化的补偿调整能力，确定名义压载能力应通过加载过程中可能出现的潮汐速率和加载速率的最不利组合，并保证压载系统应具备对一个完整潮汐周期进行补偿调整的能力；船舶应具备备用供能系统，保证压载泵具备充足动力。

2）安装运输支座

为了便于吸力筒导管架基础的滚装运输及在运输驳船上的绑扎加固，设计了运输支座。装船前，每个筒体底端面坐落在运输支座的上层面板，并通过 40 块加固三角板将筒体与支座焊接，每个吸力筒导管架共焊接 120 块三角板，如图 8-123 所示。

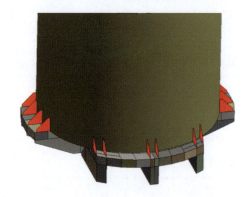

图 8-123 运输支座与吸力筒焊接连接示意图

3）吸力筒导管架装载

运输支座安装后，将吸力筒导管架装载在 SPMT 上，主要步骤如下：

步骤 1：按照吸力筒导管架的承载要求，控制运输车组驶入运输基座底部进车位置，单个车板纵向中心与吸力筒两个支腿的装载中心对称，另一个车板纵向中心与吸力筒另外两个支腿的装载中心对称，运输车组承载纵横向中心对准吸力筒导管架的重心。

步骤 2：在车板上布置好胶皮或枕木，胶皮枕木的位置对准吸力筒支腿钢结构的筋板位置。

步骤 3：将 SPMT 载货平台高度调整离单柱复合筒基础支腿钢结构接触面 100mm。

步骤 4：顶升 SPMT，使车板对单柱复合筒基础承受 5MPa 的重量。

步骤 5：远距离顶升吸力筒导管架。

步骤 6：当 SPMT 车板承受吸力筒的全部重量后，再次检查确认地基、吸力筒和 SPMT 有无异常，吸力筒支腿钢结构离地面约 100mm。

步骤 7：检查 SPMT 各个支承压力表读数，各个压力表之间的压力差值不得大于 8%，单个压力表最大读数不得超出 23MPa，使用遥控器上单点顶升、下降功能微动调整各个压力表读数，使得所有压力表读数达到要求。

步骤 8：顶升完成后，进行绑扎加固作业。

步骤 9：绑扎完成后，进行吸力筒导管架运输过驳作业。由于运输时吸力筒导管架重心较高，在现场风力达到 5 级以上时，停止运输作业。

4）吸力筒导管架装船

SPMT 运输限制条件：风力 5 级以上（10min 间隔内）、暴雨天气、能见度小于 30m 或显著波高大于 0.5m。

吸力筒导管架装船步骤如下：

步骤 1：根据实时天气预报和潮汐情况，确认滚装时间，并根据滚装时间与海事部门联系对滚装区域航道进行封航。

步骤 2：在驳船甲板上利用油漆画出运输车辆行走轮廓线、纵向中线，对位误差控制在 ±10mm 以内，并且保证甲板平面与码头平面共面。

步骤 3：滚装船驶入装船码头并与码头呈 T 形摆好（见图 8-124），调整船只甲板龙骨线与发运区中线对中定位，误差控制在 ±10mm 以内，通过艉部的系固缆绳与码头边缘的锚桩呈八字形连接并进行绞紧系泊。

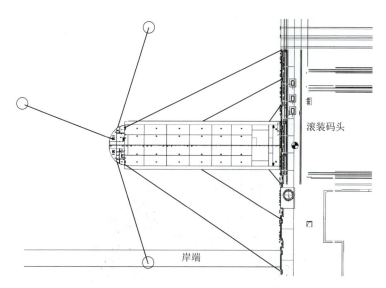

图 8-124　驳船 T 形布置及锚泊系统布置示意图

步骤 4：将预先制作的 2 块跳板在驳船艉与码头之间进行铺设，每块跳板的中心线需对准运输通道中心线。

步骤 5：确保 SPMT 车辆运输通道及甲板上无障碍物，全面检查吸力筒的装载情况和 SPMT 的相关性能状况，确认一切正常后，开始运输。运输船行驶速度见表 8-23。

表 8-23　SPMT 运输船行驶速度

运行条件	速度标准（m/s）
码头发运区最高行驶车速	0.08
滚装上船车速	≤0.05
驳船上行驶车速	≤0.03

步骤6：运输过程中，通过车组的纵横向微动调节确保吸力筒的纵向中心线对准发运区域中线，误差控制在±10mm以内。

步骤7：根据装船码头处的水位，驳船操作人员操作运输船上的压载水调节系统对船舶浮态进行调整，同时全程监测驳船尾部甲板面与码头平面高度差、车辆行走轨迹偏差情况、吸力筒导管架基础底部与驳船上甲板高度变化、跳板移位情况、SPMT车组状况、吸力筒导管架基础状况。SPMT行车线路如图8-125所示。驳船尾部甲板面与码头平面高度差不超过±50mm，驳船纵倾不超过300mm。

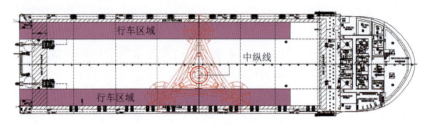

图8-125　SPMT行车线路

步骤8：操作运输车组将筒型基础运输至驳船指定装载位置，全车制动，操作SPMT缓慢下降，使吸力筒导管架基础的全部重量由驳船承担。

步骤9：操作SPMT驶出吸力筒导管架基础，将吸力筒支座与甲板进行焊接，如图8-126所示。每个运输支座与运输船甲板间通过20块三角板进行焊接加固，每个吸力筒导管架共焊接60块三角板。当驳船一次运输2台吸力筒导管架基础时，两台基础之间间隔5m，1台和2台吸力筒导管架基础运输时的布置方案如图8-127和图8-128所示。

图8-126　运输支座与甲板绑扎加固示意图

吊装装船主要步骤如下：

步骤1：运输船靠泊码头，清理甲板。

步骤2：采用主钩+悬臂吊组合进行吊装装船，首先进行试吊，离开支撑点100~200mm，保持5min，随后缓慢抬升吸力筒1~1.5m。吊装过程进行全过程监控，及时调整，保证标记线高差不大于200mm。

步骤3：绑扎加固，每个吸力筒与运输船甲板间通过4个斜撑、4块三角板和10条H

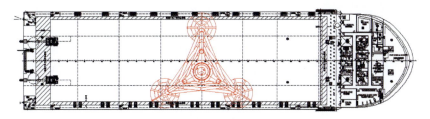

图 8-127　单台吸力筒导管架运输布置示意图

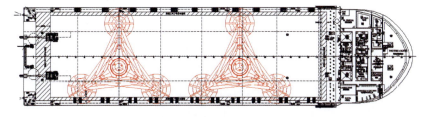

图 8-128　两台吸力筒导管架运输布置示意图

型钢进行焊接加固，如图 8-129 至图 8-131 所示。

图 8-129　吸力筒导管架与甲板绑扎加固侧视示意图

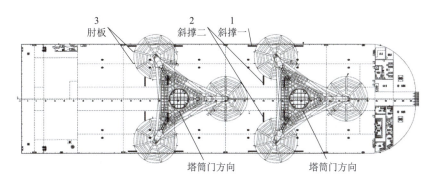

图 8-130　吸力筒导管架与甲板绑扎加固俯视示意图

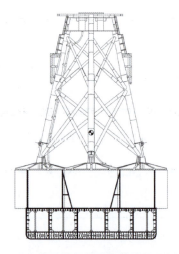

图 8-131　吸力筒导管架与甲板绑扎加固侧视示意图

2. 吸力筒导管架运输

吸力筒导管架在运输前，对运输过程中的船舶运动响应进行计算，即分析船舶在海上存在垂荡、横摇、纵摇等多种工况下的加速运动。吸力筒导管架运输如图 8-132 所示。

图 8-132　吸力筒导管架运输

采用 Octopus 等软件分析船舶的运动响应。首先，建立吸力筒导管架（不含过渡段）有限元模型，缺少的过渡段重量利用质量点进行配重，保证整个模型的重心位置与实际导管架的重心位置一致；其次，在模型上加载三个方向的加速度，提取应力最大的吸力筒的底部反力和弯矩对运输工装加固进行校核；最后，根据 ABS 的关于移动式海上钻井平台规范（MODU-Part-3-chapter2-section1）的相关规定选取应力系数，即考虑风电机组基础随船舶运动的各向加速度载荷，结构受力是由多个载荷组合而成，WSD 法许用应力系数选取 1.11，则结构的许用应力值与材料屈服应力之比为 1.11。

此外，还可以采用大型商用有限元软件 MSC/PATRAN、MSC/NASTRAN 进行强度建模和计算。吸力筒桁架结构采用板单元模拟，部分加强筋、支撑工装结构采用梁单元模拟，模型底部与船焊接处均采用固定约束。在计算过程中，考虑船舶在海上存在垂荡、横摇、纵摇的加速运动，上部导管架对吸力筒的作用力通过筒顶部的 MPC 进行施加，开展横摇+垂荡、纵摇+垂荡、垂荡 3 个工况条件下的计算，确保吸力筒和支撑工装的应力远低于材料的许用应力，结构强度满足要求。

8.3.2　施工装备

8.3.2.1　吊索具

1. 吊装带

三峡阳江沙扒海上风电项目采用的吸力筒导管架基础的最大重量达到 1830t，吊装索具采用 4 条 300t×18m 环形圆筒吊带，如图 8-133 所示。吊带安全系数为 6，吊带最小破断力为 1800t。起吊时，吊索与水平面夹角为 79°，根据 GL NOBLE DENTON 海上吊装规范，考虑 DAF、SKL、WCF 后的最大吊重为 345t，则吊带的安全系数约为 5.22，高于 4.78 的吊装指南要求。

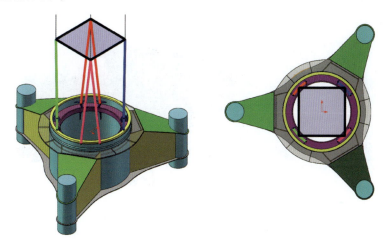

图 8-133　导管架起吊吊带示意图

2. 卸扣

采用 300t 宽体卸扣，卸扣破断力为 5 倍极限工作荷载。起吊时，吊索与水平面夹角为 79°，根据 GL NOBLE DENTON 海上吊装规范，起吊导管架时，卸扣承受的静载拉力为 288t，则吊带的安全系数约为 1.04，满足吊装指南要求。

8.3.2.2　施工船

吸力筒导管架运输采用 20 000t 自航式驳船"德渤 2"；吸力筒导管架吊装作业采用 1700t 全回转起重船"德瀛"，备用主作业船采用 5000t 全回转起重船"华西 5000"或 4000t 全回转起重船"华天龙"；基础清淤和灌浆采用 700t 全回转起重船"德基 6"配备 8m³ 抓斗；拖航、起抛锚采用 7200hp 拖轮"德顺"。

1. 运输船

1）"德渤 2"运输驳船

"德渤 2"运输船船长 159.6m，船宽 38.8m，型深 10.9m，设计吃水 6.2m，载货量 20 500t，甲板荷载 250kN/m²，如图 8-134 所示。

图 8-134　"德渤 2"运输驳船

2）"黄船 030"运输驳船

"黄船 030"运输船船长 161.6m，船宽 56m，型深 8.8m，满载吃水 6.5m，载货量 27 500t，载货面积 7530m²，甲板荷载 100kN/m²，如图 8-135 所示。

图 8-135　"黄船 030"运输驳船

3）"奥海神州"运输驳船

"奥海神州"运输船船长 139.5m，船宽 32m，型深 8m，满载吃水 5.4m，载货量 12 338t，载货面积 3400m²，甲板荷载 250kN/m²，如图 8-136 所示。

图 8-136　"奥海神州"运输驳船

2. 起重船

以重量最大的吸力筒导管架基础为例，进行吊重和吊高核算，导管架重 1830t，吊索具重 10t，吊装所需起高度 64.5m，经计算导管架起吊总重量 2140t，设计起吊臂架角度 65°，采用"华天龙"号起重船主钩起吊，起吊能力 2835t（主钩固定工况），吊重安全系数约为 1.325，吊高余量为 18.7m，满足要求。

1）"华天龙"号起重船

"华天龙"号起重船船长 174.85m，船宽 48m，型深 16.5m，满载吃水 11.5m，空载吃水 6.5m，如图 8-137 所示。主钩固定吊重 4000t，跨距 40m；主钩全回转吊重 2000t，跨距 43.8m。副钩 1 全回转吊重 800t，跨距 68.9m；副钩 2 全回转吊重 160t，跨距 109.5m。

图 8-137　"华天龙"号起重船

2）"华西 5000"起重船

"华西 5000"起重船船长 178m，船宽 48m，型深 17m，设计吃水 7.5～11.5m，如图 8-138 所示。主钩最大吊重 5000t，最大起吊高度 95m；副钩最大吊重 900t，最大起吊高度 115m。

图 8-138　"华西 5000"起重船

3）"创力"号起重船

"创力"号起重船船长 198.8m，船宽 46.6m，型深 14.2m，设计吃水 9.5m，航行吃水 7.5m，如图 8-139 所示。主钩固定最大吊重 4500t，主钩回转最大吊重 3500t，最大起吊高度 95m；副钩最大吊重 750t，最大起吊高度 110m。

图 8-139 "创力"号起重船

4)"德瀛"起重船

"德瀛"起重船船长 115m，船宽 45m，型深 9m，满载吃水 6.8m，如图 8-140 所示。主钩最大固定吊重 1700t，作业半径 29~80m 和 35~100m。

图 8-140 "德瀛"起重船

8.3.3 施工工艺

吸力筒导管架基础安装步骤主要包括机位点海床扫测、基础清淤（根据海床地质条件确定是否开展）、吸力筒导管架沉贯、筒内灌浆等，关键施工流程如图 8-141 所示。

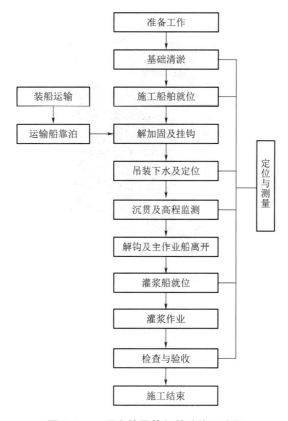

图 8-141 吸力筒导管架基础施工流程

8.3.3.1 海床扫测与清淤

对于淤泥层较厚的机位点，在吸力筒导管架基础安装前，对机位点一定范围内海域进行扫测，部分机位点在扫测的基础上进行清淤作业。

1. 扫测设备

吸力筒导管架基础清淤扫测作业采用高精度 DGPS、Trimble SPS 461 定位姿态接收仪、Hypack 2018 测深导航定位软件、HY1600 单频测深仪、HY1200B 声速剖面仪、Echo-scope4G 3D 扫描声呐等设备。

高精度 DGPS 定位设备采用荷兰 Fugro 公司生产的 Seastar 9205 GNSS 星站差分接收机。Seastar 9205 GNSS 接收机是一款多频接收机，支持 L1、L2、L5、E1、E5 频率，可接收美国 GPS、俄罗斯 GLONASS、欧洲 GALILEO 信号。同时，还可以跟踪 Fugro L-Band 卫星的差分改正信号，或者通过网络接收 DGNSS 差分改正。Seastar 9205 接收机使用 Seastar G2 定位服务时，通过 GPS、GLONASS 卫星星座增加更多可利用卫星的数量，能够减少因障碍物遮挡信号出现的定位丢失的概率。

Trimble SPS 具有模块化接收机，具有安装的灵活性和应用的可靠性，内置显示器和键盘，无需外接软件即可进行系统配置和状态检查。

Echoscope 4G 3D 扫描声呐是一种实时的第四代三维扫描声呐（见图 8-142），可以在软件中实时量取坑底和坑沿高程，用以监测挖泥深度。

图 8-142　Echoscope 4G 扫描声呐

2. 仪器调试

GPS 天线竖直安置于多波束换能器顶部，避免船体对导航卫星信号的遮挡。测试前，在已知控制点上对流动站 GPS 进行了静态校准，采用接收星战差分信号方式进行，平面和高程精度优于±0.05m。

多波束支架安装在测量船重心附近的右侧船舷位置（约 1/2 船长处），远离船主机、泵和螺旋桨并有效避免测量船摇摆及噪声干扰。在测量船中轴线甲板处安装三维姿态仪光纤罗经，调整光纤罗经使其测量的方位角与测量船艏艉线一致。以多波束换能器安装杆与海水面交点作为参考原点，建立船体坐标系，定义右舷方向为 X 轴正方向，船艏方向为 Y 轴正方向，垂直向上为 Z 轴正方向，量取各仪器设备相对于参考原点的偏移位置，往返各量取一次，求取平均值作为最终结果。

3. 海床扫测

海床扫测过程如下：

（1）水位观测。采用人工观测水位，水位观测自单波束测量开始前 30min 开始，单波束测量完毕 30min 后结束。

（2）导航作业。采用 Hypack 2018 软件进行导航，Hypack 2018 实时显示测船航行信息，包括偏移量、航迹、航速、GPS 状态等，并实时记录。测量中舵手根据测量信息及时调整航向，保证测船沿计划线行驶。

（3）声速测量。在每次水深测量前，均进行声速测量，声速测量位置选择在测区水深最深处，先将声速计放在水中稳定 3min，缓慢匀速下沉，到达海底后，缓慢匀速提起，完成声速测量。提取表面声速值输入多波束采集软件中，用于多波束换能器表面声速改正。

（4）实时声呐扫测。清淤过程中，采用 Echoscope 4G 进行实时扫描，可以在软件中实时量取坑底和坑沿高程，用以监测挖泥深度，扫测过程如图 8-143 所示。

（5）多波束水下地形测量。清淤后，采用 PDS 2000 软件进行多波束水下地形测量，按照技术要求进行作业，对多波束剖面数据及 130°多波束开角的有效波束进行实时监控，以确保多波束现场采集的数据质量和有效覆盖宽度；现场及时调整量程，以保证有效覆盖

图 8-143　声呐扫测示意图

宽度，同时实时对水深数据进行深度滤波，剔除飞点，使采集的水深数据准确有效。测量船速控制在 5 节（约 9.26km/h）以内，保证测量数据质量。

4. 海床清淤

采用多波束进行水下地形测量。首先，按照测区最长边和顺水流方向布设测线，测线间距 5m，通常以机位中心向两侧外推 91m 为清淤区域。为保证测量船掉头，测线两端各延长 50m，如图 8-144 所示。其次，根据清淤深度和扫测结果确定清淤量，并进行清淤作业。清淤后重新扫测，对比清淤前后的海床标高，若发现某区域超挖，则需对该区域进行回填，如图 8-145 和图 8-146 所示。

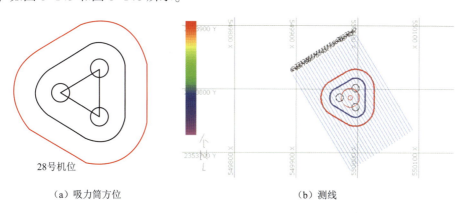

28号机位

（a）吸力筒方位　　　　　　　　（b）测线

图 8-144　测线布置示意图

8.3.3.2　吸力筒导管架安装

清淤完成后的 24h 内开展吸力锚沉贯施工。吸力筒导管架安装工序包括起重船吊装下

图 8-145　挖斗船

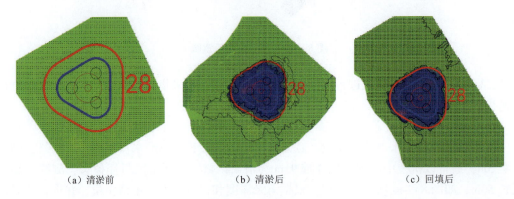

（a）清淤前　　　　　　　　　（b）清淤后　　　　　　　　　（c）回填后

图 8-146　清淤作业

水及定位、自重下沉、负压下沉、潜水员拆除吸力泵、测量吸力筒导管架法兰面水平度等，安装流程如图 8-147 所示。

1. 沉贯速度控制标准

吸力筒导管架沉贯过程包括自重下沉阶段和负压下沉阶段，各阶段下沉速率应满足如下要求：

（1）在自重下沉阶段，吸力筒导管架自开始下放至吸力筒底部距离海床面约 0.5m 过程中，下沉速率控制在 10cm/min 以内。

（2）在吸力筒底部距离海床面 0.5m 至吸力筒入泥 2m 过程中，下沉速率控制在 3cm/min 以内。

（3）在吸力筒入泥 2m 至自重下沉完成过程中，下沉速率控制在 5cm/min 以内。

（4）在吸力筒导管架负压下沉阶段，下沉速率控制在 2.5cm/min 以内。

2. 安装控制标准

吸力筒导管架安装完成后，测量位置偏差和高程偏差，应满足如下要求：

（1）绝对位置允许偏差不超过 1500mm，基础安装方位与设计方位的误差在 ±1.0° 以内。

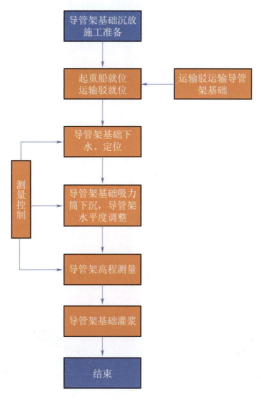

图 8-147　吸力筒导管架安装流程

（2）高程允许偏差范围为 $-500\sim+100\mathrm{mm}$，基础顶法兰水平度偏差不超过 3‰，土塞允许隆起量不超过 200mm。

3. 沉贯阻力分析

在吸力筒导管架安装前，根据机位点 CPTU 勘测结果，计算沉贯阻力随深度的变化曲线。首先，确定吸力筒自重下沉深度，根据工程经验，吸力筒自重入泥深度至少达到 0.5m 以保证筒底形成密封，达到负压下沉开始的必要条件。其次，分析负压沉贯过程的沉贯阻力（所需负压）最大值，判断沉贯过程中可能存在土塞破坏风险、屈曲风险等，如图 8-148 所示。

4. 吸力筒导管架定位

起重船在吸力筒导管架机位点附近抛锚就位，根据现场海流方向、风向和船长，确定船舶平面位置和船艏向，并布置八点锚泊系统，起重船尾两条为横缆。起重船布锚就位后，在平潮时，运输驳船在拖轮协助下靠近起重船并与起重船形成丁字形靠泊，靠泊到位后带缆至起重船。吊装时，起重船与运输船可以采用丁字靠方案或旁靠方案，如图 8-149 所示。

施工船舶定位采用 DGPS 定位定向仪等设备，船舶定位软件采用"海洋工程施工船舶管理系统"，以图形化的方式实时显示船舶的位置和各种背景底图，可以接收多种设备的数据。采用网络的方式对数据进行集成和共享，实现多终端的界面显示，融合作业区多艘船舶定位信息，在任意安装定位设备的船舶上都可以实时显示所有船舶位置信息，如图 8-150 所示。

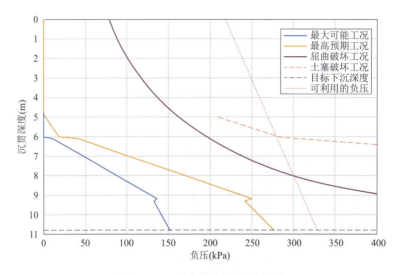

图 8-148　吸力筒负压沉贯分析

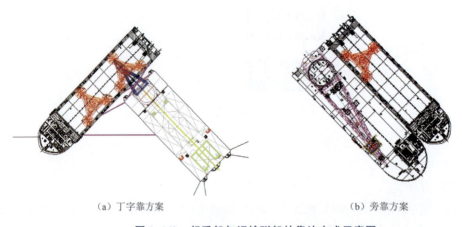

（a）丁字靠方案　　　　　　　　　　　（b）旁靠方案

图 8-149　起重船与运输驳船的靠泊方式示意图

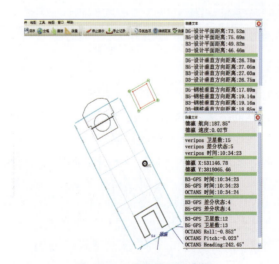

图 8-150　导航界面示意图

施工前，在吸力筒导管架上安装 GPS 罗经、倾斜仪以及无线网桥设备，通过全站仪精确测量 GPS 罗经天线帽中心、倾斜仪与吸力筒导管架各关键点的相对位置，完成设备标定。倾斜仪安装在导管架强度较高的区域，保证其能代表整个导管架的姿态。安装后采集数据，根据全站仪测得导管架 3 个支腿顶水平情况，进行倾斜仪 Pitch 和 Roll 校正，使之能正确反映导管架的倾斜数据。

吊装作业前，在现场进行定位设备通电，测试设备，数据正常后进行吊装。通过网络将导管架位置和方位数据实时传输至吊装船吊装控制中心，在导航定位软件上，动态实时显示吸力筒导管架位置以及设计位置，指导吊装作业，实时数字显示设计位置的距离和方位。在吸力筒导管架吊装沉放过程中，根据倾斜仪测量数据，指导吸力筒导管架调平。根据 GPS 给出的高程数据，实时显示导管架顶法兰面的高程，确保导管架下沉至设计标高，并提供下沉速度作为参考。吸力筒导管架基本下沉至设计标高后，长时间采集高程数据，通过数据处理得出最终高精度的标高。

此外，在导管架沉放前，每个吸力筒顶部安装外压力传感器、内压力传感器、高度计和流量计，如图 8-151 所示。一个压力传感器与注水泥砂浆孔相连测量筒内压力，另一个压力传感器安装于吸力筒顶，测量筒外压力，通过内、外压力传感器数据，实时计算吸力筒内外压差。高度计安装在吸力筒灌浆口，实时监测吸力筒筒顶距离海床面的高度，根据距离变化计算出吸力筒下沉速度。流量计安装在吸力泵出水口，实时监测每个吸力筒的出水量和出水速度。安装完成后，进行压力传感器、高度计和流量计的标定。其中，压力传感器的标定是在空气中同步采集传感器实时监测的气压数据，并将传感器监测数据修改为大气压数据；流量计标定是在设备通电后，将各流量传感器累积流量清零，重新开始计数；高度计标定是使用声速剖面仪进行海区声速数据采集，计算平均声速值，将声速值输入高度计系统。

图 8-151　吸力筒监测设备安装

5. 吸力筒导管架沉贯

1）吸力泵安装

运输驳船靠泊结束后，开始挂钩并带好两条稳缆。同时，安装调试液压吸力泵及其他监测仪器，每个筒安装 2 台液压吸力泵，安装步骤如下：

（1）先进行吸力泵试验，确保正常后再进行安装。

（2）吊机将泵单元吊至吸力筒顶（见图 8-152）。

（3）施工人员将泵单元抬起，定位对准吸力筒顶的接口法兰并用螺栓紧固。

（4）确认泵单元成功固定于基座上，将液压油管拉至船旁，加长并完成连接。

（5）在吸力筒导管架顶安装定位设备并连接 2 条交叉稳索。

图 8-152　安装吸力泵

起重船带力后，解除吸力筒导管架筒体与基座的焊接。待解除焊接完毕，起重船开始起吊吸力筒导管架，运输驳船在拖轮的配合下移船离开。起重船缓慢移船至吸力筒导管架机位点，通过 2 条交叉稳索来控制吸力筒导管架的朝向，确保吸力筒导管架位置及朝向满足吸力筒导管架安装设计要求。

2）吸力筒沉贯

调整吸力筒导管架至设计位置和朝向，下放导管架，如图 8-153 所示；随后逐渐减少吊钩吊力，吸力筒导管架到达泥面后，自重下沉入泥。待吸力筒自重入泥结束后，开启吸力泵系统抽水，吸力筒导管架在水压作用下开始下沉，在负压下沉期间，吊钩跟随吸力筒导管架缓慢下降，严格控制吸力筒导管架的下沉速率。导管架负压沉贯如图 8-154 所示。

在吸力筒导管架负压下沉过程中，通过倾斜仪、流量计和高度计实时监测吸力筒导管架的水平度、抽水速度、沉贯深度等数据。当吸力筒导管架水平度出现较大偏差时，通过调节不同吸力筒的抽吸作用以及增减吊钩的吊力，逐渐调整吸力筒导管架的水平度。

当吸力筒入泥达到设计标高时，停泵复核吸力筒导管架法兰面水平度，如图 8-155 所示。若未达到设计要求，则开启吸力泵进行微调直至满足设计要求。法兰水平度测量方法为：在桩顶的法兰盘边缘选取 16 个测点，采用水准仪分别测量所有点的相对高程，计算

图 8-153　吸力筒导管架下放入水

图 8-154　吸力筒导管架负压下沉

法兰面高差和水平度。

对于海床泥面采用清淤作业的机位点，由于清淤后海床泥面并不平坦，因此很难精准确定海床标高和吸力筒入泥深度。在沉贯过程中，可以通过监测顶部法兰高度的方式，当导管架顶部法兰标高达到设计高程时停止沉贯，并通过回声测深仪实时测量吸力筒入泥深度并通过潜水员观察进行验证。

3）筒内灌浆

由于吸力筒筒顶设计标高略高于海床表面，吸力筒导管架沉放完成后，吸力筒与海床表层之间的间隙需要进行灌浆连接。灌浆施工采用高压泵向吸力筒与海床之间的环形间隙

图 8-155 吸力筒导管架法兰面水平度测量

中灌注专用的灌浆材料。灌浆作业前，设计灌浆料配合比，并进行相关的试验工作。灌浆前利用预留注浆管道向灌浆段腔体底部压注清水冲洗灌浆腔体，清理完成后尽快进行灌浆施工。灌浆材料为高流动性水泥基灌浆材料，具有高流动性、低密度、水下抗分散性等特点，其技术性能指标如表 8-24 所示。

表 8-24 高流动性水泥基灌浆材料

检测项目	试验龄期	性能指标
用水量		50%~60%
湿密度（kg/m³）		1400~1600
凝结时间（min）		≥300
含水量（%）		≤4.0
泌水率（%）		≤0.5
流动度（mm）	初始	≥260
	30min	≥260
	1h	≥230
	4h	≥200
抗压强度（MPa）	7d	≥0.2
	28d	≥0.5
总氯离子含量（%）		≤0.06

采用小型压浆机将材料浆液压至吸力筒与海床之间的环形间隙内，自下而上注满，如图 8-156 所示。施工时，利用灌浆的自重挤出海水达到密实，待浆液从顶部灌浆溢流孔溢出后即可停止灌浆。灌浆施工主要步骤如下。

（1）检查灌浆管线：在灌浆管线安装前，检查灌浆管线的完整性，保证所有管卡和胶圈等可用，保证任何区域不会磨损管线或者受到其他障碍物的挤压。

（2）连接灌浆管线：采用灌浆管线连接灌浆泵的出口和吸力筒灌浆连接段灌浆孔的接口。

图 8-156　吸力筒导管架基础筒内灌浆

（3）冲洗灌浆系统：在正式灌浆前，泵送淡水清洗灌浆设备和灌浆管线。

（4）搅拌及泵送润滑剂：吊装润滑剂料包至搅拌器，破袋并按照设计比例加水搅拌，通过连接好的灌浆管线泵送润滑剂。

（5）搅拌灌浆料：按照设计的灌浆料配合比和搅拌时长，加水搅拌灌浆料。两个搅拌机可以同时操作，一个搅拌机将水泥浆卸入灌浆泵，另一个搅拌机同时进行搅拌。搅拌结束后，测试灌浆料的密度和流动性，并取部分灌浆料制作标准试块。

（6）泵送灌浆料：通过灌浆管线进行灌浆。当灌浆环形空间顶部有溢浆发生并且灌浆材料的用量大于理论材料用量时即可确定溢浆开始，开始溢浆后继续添加灌浆料，经专业工程师确认溢浆完成后，停止灌浆。在泵送过程中，通过潜水员或水下机器人定期监控灌浆管线是否破损，存在灌浆料泄漏迹象。

（7）清洗灌浆设备和灌浆管线：灌浆结束后，立即将搅拌机中多余的灌浆料倒入废料箱，并及时用水冲洗搅拌机及整个灌浆管线。

8.3.4　施工难点

吸力筒沉贯是确保吸力筒导管架基础安装成功和安全稳定运行的重要措施。吸力筒导管架自重下沉深度以及负压下沉过程所需压差、是筒体允许压差（筒体屈曲、土塞破坏、土塞隆起等）均需要进行详细计算，沉贯过程中所需压差取决于土体沉贯阻力。由于吸力桩、吸力筒基础在国内海上风电场或海洋工程中应用较少，当前国内吸力桩、吸力筒的土体沉贯阻力通常采用欧美等国基于大量工程经验总结提出的理论公式进行计算，然而这些理论公式涉及多个与海洋土体物理力学性质密切相关的经验系数。工程实践表明，DN-VGL-RP-C212 规范中推荐的基于 CPTU 原位地勘试验数据的沉贯阻力计算方法对于吸力筒导管架的沉贯分析具有较好的适用性。然而 DNVGL-RP-C212 规范以及 SPT 公司基于欧洲海域海床地质条件总结得到的黏土和砂土在 MP、HE 和 ME 工况下的沉贯阻力经验系

301

数不能完全适用于国内不同海域海床地质土体。

目前，在国内外的工程实践中，吸力筒导管架在负压沉贯完成后，通常会向筒内灌注特殊配制的混凝土浆液，置换填充于筒顶盖与筒内土体之间的海水，确保筒顶盖与筒内土体充分接触。然而筒内灌浆耗时远高于吸力筒沉贯施工时长，这在一定程度上削弱了吸力筒导管架基础安装快速高效的技术优势，同时灌浆工序增加了施工成本，延长了工期。筒内灌浆的目的包括：①确保筒顶盖与筒内土体间的应力传递，避免筒顶盖局部应力集中；②保证吸力筒基础承载力与刚度充分发挥；③避免筒顶盖与筒内土体间的水膜在长期服役期间转化为沉降变形量。然而，本工程海床表层普遍分布着正常固结淤泥质软黏土，不排水抗剪强度极低，与水并没有显著区别，因此即便筒顶盖与筒内土体接触不均匀，可能并不会造成显著的应力集中。另外，在循环荷载的作用下，吸力筒导管架以压-拔模式为主抵抗全局倾覆弯矩，吸力筒竖向不排水压、抗拔刚度与承载力对风电机组整机动态响应最为重要，尽管筒内水膜不能传递剪应力，但水具有不可压缩性，在不排水条件下传递压、拔应力与筒内黏土土塞并无区别，因此从筒顶盖应力分布与瞬时不排水承载力和刚度发挥的角度出发，预期筒内灌浆在本工程软黏土海床中没有显著影响。筒内水膜有可能转化为长期沉降，但它取决于吸力筒顶盖与筒壁之间的荷载分配以及其随时间的演变规律。目前学术界和工程界对于筒内灌浆的必要性认识不明确，缺乏对筒内空隙是否或如何影响吸力筒顶盖应力分布、基础承载力与刚度发挥及长期沉降变形机理的科学认识，仅作为工程常规做法而在实践中实施。因此，有必要对筒内灌浆的必要性开展研究，探讨规避筒内灌浆的工程措施，以此进一步提高吸力筒导管架基础的竞争力。

8.4 单柱复合筒基础

单柱复合筒基础是针对海床淤泥质土厚度较薄、持力层厚度适中且海洋土物理力学特性适宜的特点，研发了"单柱+连接件+筒体"的全钢结构单柱复合筒基础，充分发挥了单桩和传统筒型基础结构的各自优势，有效解决项目所在海域水深、浪大、基岩埋深浅、施工窗口期短等难题，降低了海上作业时长。三峡阳江沙扒海上风电场是国内首个采用单柱复合筒基础的海上风电场项目，共安装了 16 台单柱复合筒基础，主要布设于海床覆盖层相对较浅的机位点。

8.4.1 施工流程

海上风电场单柱复合筒基础与安装施工内容主要包括陆上预制、基础合拢、驳船运输、浮吊吊装、负压沉放等 5 个流程。单柱复合筒基础陆上建造时，将基础分为单柱结构、连接件及下部钢筒分别预制，将单柱结构、连接件和下部钢筒合拢后，再进行附属件安装，主体安装完成后吊装至驳船上进行绑扎固定。单柱复合筒基础在基地工厂完成建造并检验合格，具备出运条件后开始装船，船筒绑扎完成后准备出航。驳船运输单柱复合筒基础到达指定安装位置后，首先进行定位抛锚，利用浮吊将基础起吊至安装位置。基础下沉完毕后对单柱复合筒基础周围抛砂石进行防冲刷保护。单柱复合筒基础施工及安装作业流程如图 8-157 所示。

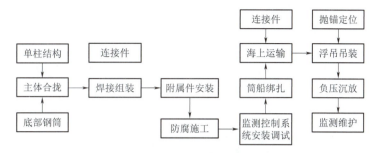

图 8-157　单柱复合筒基础施工及安装作业流程

1. 整体起吊

利用 4000t 龙门式吊机和 600t 桥吊进行整体装船，主要步骤如下：

（1）吊机移动至单柱复合筒基础下部结构上方，放下吊钩到圈梁附近，测量吊钩距离圈梁检验吊机位置。

（2）逐个安装吊钩至吊耳后，先使钢丝绳处于少量（1t/根）受力状态，确保每根钢丝绳处于均匀受拉状态；检查筒顶盖周围有无障碍物、附着物等，逐级增加钢丝绳拉力（5t/级），每级拉力稳定 10min 并检验所有钢丝绳是否均匀受力之后，施加下一级拉载；拉力接近结构自重时，检查圈梁吊点附近受力状态。

（3）拉力超过自重后，先吊离地面约 10cm，保持基础稳定至少 20min 并在此全面检测吊机、钢丝绳、基础的受力状态，之后逐级增加钢丝绳拉力（5t/级），每级拉力稳定 10min 并检验所有钢丝绳是否均匀受力之后，施加下一级拉载，整体吊起单柱复合筒基础，起升高度大于 13m，之后不超过 3mm/min 平移至内港池上方，当吊机进入内港区域后，降低行走速度至 1m/min，如图 8-158 所示。

图 8-158　基础整体起吊

（4）基础装船筒壁底端接触船面后，应以不超过 0.2m/min 的速度缓慢下降。此时钢丝绳拉力逐渐降低。钢丝绳拉力降为 0 之后，保持钢丝绳张紧状态。

2. 装船

为保证单柱复合筒基础在运输过程中的稳定以及结构安全，基础装船前需要在驳船上布置内承台，承台底部与驳船焊接。每个单柱复合筒基础由 6~7 个内承台支撑，均匀布置在单柱复合筒基础的各个隔舱内。安装完成后，单柱复合筒基础的自重完全由内承台承担，下筒内外侧壁不承担上部荷载。同时，内承台上侧与基础各舱室顶部进行绑扎约束，内承台下侧与驳船进行绑扎约束，如图 8-159 所示。

图 8-159　海上运输

基础装船筒壁底端接触船面后，以不超过 0.2m/min 的速度缓慢下降，此时钢丝绳拉力逐渐降低。钢丝绳拉力降为 0 之后，保持钢丝绳张紧状态。完成第 1 台装船后，移船掉头利用 4000t 吊装第 2 台单柱复合筒基础，如图 8-160 所示。

3. 运输

基础整体在码头组装完成后，先在码头进行绑扎固定，在钢筒周围采用斜肋板进行固定，防止基础与箱体发生相对移动。完成船筒绑扎后，运输至风电场，如图 8-161 所示。

8.4.2　施工装备

8.4.2.1　吊索具

单柱复合筒基础吊装时，采用 4 根圈绳（钢丝绳）、8 根环形吊带和 8 个卸扣。其中，圈绳和环形吊带的负荷安全系数为 6 倍，卸扣的负荷安全系数为 5 倍，如图 8-162 所示。

（a）第1台

（b）第2台

（c）第3台

图 8-160　单柱复合筒基础装船

（a）2台基础

（b）3台基础

图 8-161　单柱复合筒基础运输

　　浮吊船主钩含 4 个吊钩，呈十字分布。吊装时，上部 4 根圈绳套接在主钩上，下部 8 根吊带与起吊工装吊耳相连接，圈绳与吊带通过 8 只卸扣对接，如图 8-163 所示。

　　根据《起重机设计规范》（GB 3811—2008）设计计算受力情况，载荷系数 ϕ_1 为 1.155，计算工况组合 $\phi_1 \times$（起重量+转换吊梁自重）。计算出吊装设备最大应力，保证结构的应力均在许用应力范围内。

8.4.2.2　施工船

1. 运输船

　　由于单柱复合筒基础的结构尺寸和重量的限制，通常选用大型驳船进行海上运输，如图 8-164 所示。"汇宗海"自航驳船总长 152.42m，船长 138.10m，满载水线长 140.50m，船宽 33.00m，型深 8.60m，空载吃水 4.280m，满载吃水 5.900m，满载排水量 22 777.1t。

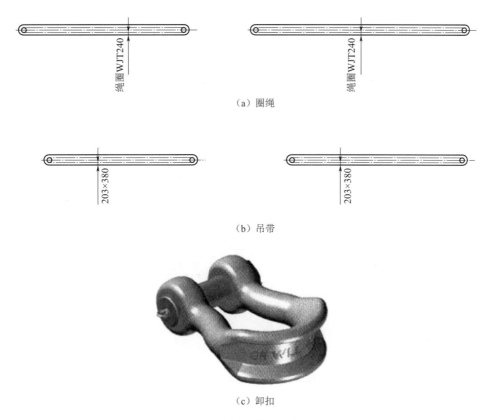

（a）圈绳

（b）吊带

（c）卸扣

图 8-162 吊索具示意图（单位：m）

2. 起重船

由于单柱复合筒基础的结构尺寸和重量较大，需采用"华西 5000"起重船、"创力"号起重船等大型起重船进行吊装作业。

8.4.3 施工工艺

1. 靠泊方式

起重船到达施工区域，采用抛锚船辅助起重船进行抛锚定位，将起重船锚泊在施工水域。装运基础驳船进入施工现场停靠在起重船正前方，当首吊驳船尾部基础时，则将驳船与起重船平行停靠，两船保持一条直线。如起吊放置在驳船中间的基础时，驳船横靠在起重船的前方与起重船呈 T 字形布置。驳船在抛锚船配合下，布设锚系予以固定。通过起重船左右舷两边锚缆松紧移动，可将起重船锚泊定位在运输驳船附近水域。驳船与起重船吊装平面布置如图 8-165 所示。

2. 准备工作

单柱复合筒基础下沉前，要进行船舶抛锚定位和解绑等准备工作。

船舶抛锚定位：起重船通过收绞锚缆移动船舶左右或前进，使起重船主吊钩对准驳船上的空旷位置，松下主吊钩到甲板上，将 8 根钢丝绳（或吊带）系挂在主吊钩上，再将吊钩起高，使钢丝绳底部与基础上部吊点基本等高。随后，通过收绞锚缆调整起重船位

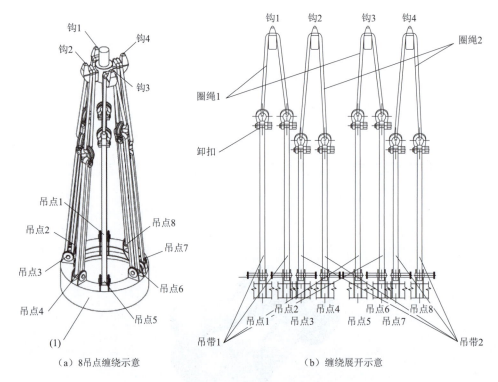

（a）8吊点缠绕示意　　　　　（b）缠绕展开示意

图 8-163　吊带连接示意图

图 8-164　运输驳船

置，将船头缓慢接近驳船尾部，使其基础移入吊臂吊装范围。确认符合要求后，以稳定起重船做好吊索具与基础吊耳连接准备，调整扒杆倾角，以满足吊装要求为准，同时满足吊距要求。

解绑：移动起重船，使主吊钩钢丝绳索具底部对准基础对应 8 个吊耳，分别用 8 个卸扣与其连接，系好左右缆风绳。施工人员对基础与驳船连接实施解绑，解开所有基础与驳船连接固定绳索。

3. 起吊

基础吊装配备工装法兰，工装法兰上设置 8 个吊耳。吊装工作就绪后，开启卷扬机缓缓启动主吊钩，当每个钩头钢丝绳保持受力时停止启动卷扬机，通过钩头监控仪检查每根

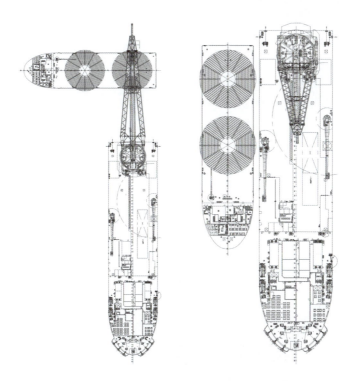

图 8-165　起重船与运输驳船靠泊方式示意图

钢丝绳的受力情况，依次调整每根钢丝绳的受力使其 8 组钢丝绳（或吊带）受力保持一致。再次确认钢丝绳受力情况无误后，通过调招起升设备电气控制开关，将 8 个钩头起升卷扬机进行同步设置，缓慢起升钩头，将基础吊起并保持水平缓缓起升，使其吊到预计高度。收缴锚缆移动起重船，使基础离开驳船安全水域，并保持一定距离，如图 8-166 所示。驳船在起锚船的配合下收起全部锚缆，开航至施工现场附近水域抛临时锚待命。

图 8-166　单柱复合筒起吊

4. 下沉

将单柱复合筒基础各舱气压调整至指定值，各个吊点受力基本一致。此时船筒接触压力基本为 0，继续排气情况下单柱复合筒基础赘机将向下沉放。此时停止排气 10~30min，检查确认操作人员位置状态、各仪器设备、潮位及实际流速位于沉放的合理时间点、船体位移和天气预报情况无误后，由总指挥下达沉放作业指令。

单柱复合筒基础整机下沉主要包括以下几个阶段：

1）基础入水

打开排气阀门，缓慢放松起重船主钩使基础缓慢下沉，直至使基础顶盖没过水面，此过程为基础入水第 1 阶段，如图 8-167 所示。在打开阀门排气情况下，单柱复合筒基础在入水一定深度后，开始控制吊钩下放速度，下放速度与排气量基本一致，始终保持吊钩受力稳定。根据工程实践，单柱复合筒基础接触水面到单柱复合筒基础顶盖没过水面的过程通常需要 1~2h 左右。

图 8-167　基础入水

2）自重下沉

排气下沉主要是在单柱复合筒自重作用下通过排气下沉。打开各舱排气阀门，密切关注倾角，如倾角偏向一侧，则关闭相应一侧的各舱电动阀，当各倾角在控制范围内再打开全部舱的电动阀排气下沉。单柱复合筒基础底端接触泥面后，继续送钩下沉，此时筒体逐渐提供端阻力和侧摩阻力，浮吊受力减少，当浮吊受力降低至某一数值时，保持此受力数值，如单柱复合筒基础继续下沉，浮吊送钩，稳定后保持约 5min，观察受力状态及倾角数据是否正常。若倾角在 0.2° 以内，打开阀门进行排气，浮吊逐渐送钩，主钩吊力保持基本不变，筒内气体排完后，观察浮吊受力状态及倾角数据是否正常。此时单柱复合筒基础在自重作用下不断排水下沉，单柱复合筒基础入泥一定深度后，检查基础倾角，若倾角大于 0.2°，采用浮吊进行微调。调整方法为：保持吊臂不动，通过收绞锚绳，调整船体前后左右方向向倾角高点位置移动一点距离，从而带动吊机吊索具微动。当倾角调整至

0.1°以内时，继续排水下沉，此时可打开离心泵加快排水速度并将吊机受力调整至更小数值。当基础在自重作用下不再下沉，放松主钩，使吊带处于松弛状态，继续采用离心泵抽水下沉，此时须通过各舱压差调平基础至 0.05°以内。

3）负压下沉

随着单柱复合筒基础入土深度增加。侧摩阻力逐渐增大。当单柱复合筒基础自重与端阻力摩阻力相等时，则需要借助抽水系统实现内外压力差下沉，主要过程为：①当单柱复合筒基础依靠自重排气排水停止沉放后，记录实际下沉量；②打开离心泵抽水调整单柱复合筒基础水平度位于 0.05°以内，再次检测确保各设备正常工作（抽水系统安装双水泵，一套电动阀，一套手动阀，整个系统执行元件采用一用一备原则设计安装，双水泵阀组可以完成抽负压安装的功能，也能完成反方向注水调平基础的功能）；③打开各舱电动阀，打开离心泵抽水，通过关闭低处舱电动阀保持单柱复合筒基础水平度在 0.05°以内，单柱复合筒基础下沉速度受离心泵排水量控制，下沉过程及时监测水平度并调平；④在单柱复合筒基础外部上层平台设置 RTK 测量平台高程，实时监测单柱复合筒基础与泥面位置关系；⑤当单柱复合筒基础顶盖接触泥面后，持续抽水使筒内形成负压，从而使筒内土体压缩固结，增强单柱复合筒基础承载力，此时要保证单柱复合筒基础水平度在 0.1°以内。

4）沉放检测

下沉完成后，测量风电机组坐标位置、顶法兰面高程、水平度及塔筒门朝向（西北）等技术指标，如图 8-168 所示。其中，单柱复合筒基础的绝对位置允许偏差需满足低于 500mm 的设计要求，塔筒顶法兰面水平度满足低于 1‰的设计要求。

图 8-168　法兰面水平度检查

5）拆除吸力泵

基础下沉到位后，拆除工装和泵组，将工装法兰等卸至驳船或起重船下。单柱复合筒基础调平稳定后，准备移船作业，如图 8-169 所示。

某一单柱复合筒现场吊装流程及吊装工效如表 8-25 所示。

图 8-169   下沉到位并拆除工装法兰现场

表 8-25   单柱复合筒安装工序工效表

序号	工序	作业内容	预计耗时（h）	注意事项
1	船舶驻位	吊装船艏向抛锚布场	0	已完成
		运输船抛锚布场	2	运输船与吊装船采用尾靠，丁字靠船船头艏向60°
		两船带缆	1.5	—
2	吊索具安装	交通船送安装吊带人员、工人上运输船	0.5	—
		安装吊带人员及工人土筒体，同步开始割除工装	1.5	—
		安装主吊带至复合筒顶部工装	1	安装销轴
		筒顶人员全部下到运输船甲板	0.3	—
		割除工装	1	剩余50%工装未割除时，等待主吊带安装完成，割除剩余全部工装
3	吸力筒安装	吸力筒起吊，两船解缆	0.5	起吊吸力筒，注意起吊吸力筒至运输船甲板高度不能小于4m
		吸力筒下放水面至入水2m	1.5	缓慢下放筒体至入水2m，同步调整筒体浮力，保持吊重不小于1000t；交通船接人到浮吊船
		筒体旋转至船舶左舷	0.4	大臂旋转角度290°，主钩吊距50.5m，安排锚艇采用缆绳拖拽拆除爬梯

序号	工序	作业内容	预计耗时（h）	注意事项
3	吸力筒安装	人员上筒顶进行设备调试及安装电缆线和油管	1.5	（1）克令吊配合安装泵组，在顶盖板安装两条控制缆风（入泥后弃掉）； （2）克令吊配合将 220V 阀门控制电线吊至浮吊船甲板； （3）筒体排气下沉到顶盖离水面 3m 左右，克令吊配合将 1 根主泵组电线（需要拉至外平台位置固定）、1 根备用泵电线、2 根油管吊至浮吊船甲板； （4）克令吊配合将外平台上的强力缆与泵组对接，同时安装 GPS
		复合筒继续下沉至筒顶盖板外边缘入水	0.5	保持吊重不少于 1200t，调平后停止排气
		通过缓慢松钩，调节压载水，至筒顶盖板入水	1	保持吊重不小于 1200t 缓慢松钩
		通过缓慢松钩，下放筒体至离泥面 3~5m	0.5	通过移船至设计机位，利用缆风调整筒体角度
		筒体通过自重沉放至入泥 2m 左右	1	此时可剪断两条控制缆风
		吸力筒下沉至高于设计标高 3m 左右，停泵复测水平度，同时组织螺栓拆除准备工作	8	全程注意调整船体压载，注意观察电缆
4	拆除回收工装及设备	上桩顶拆除法兰与工装连接螺栓，同步筒体下沉至设计标高	2.5	1 台液压扳手及 1 台电动扳手，随吊上割炬
		吊梁工装暂放置于 3500 锤底座位置，泵组放置于"创力"号甲板，同步测量人员测量法兰水平度	1	驳船在机位附近待命（港航提供锚点）
5	后续工作	船上固定工装、泵组等设备	3	——
	总耗时		29.2	

8.4.4　施工难点

（1）单柱复合筒基础尺寸和重量都很大，建造、堆放、转运、运输条件要求苛刻，投标人采用海上驳船运输需要在码头前沿完成基础吊装装船。如何在短期内高效完成单柱复合筒陆上批量预制是重难点工作之一。

解决措施：可选择龙门吊、海上风电机组一步式安装运输平台（风电安装船）、风电机组安装吊机、单柱复合筒基础生产胎位、安装运输泊位等设备及规格符合要求的复合筒建造基地开展陆上批量建造，保证复合筒建造达到设计精度要求。

（2）单柱复合筒基础是一种新型海上风电基础，薄壁钢结构精度要求很高，钢结构对位精度要求极高。同时，单柱复合筒基础蜂窝状 7 舱结构气密性对码头浮运、海上整体运输及一步式下沉安装过程中都有重要影响。如何保证施工过程中各部分预制与拼装精度和钢筒气密性要求是重难点工作之一。

解决措施：钢筒制作中，内部设计内承台进行支撑，可以保证筒壁不受自身上部重量荷载作用；基础吊装可采用 4000t 龙门吊，吊机含 60 个吊钩滑轮组，能有效保证基础的均匀受力，整个吊装过程中分级控制吊钩拉力，每级持荷稳定并检查完毕后再进行下一级拉载。吊机平移速度控制在 3m/min，对位降落速度控制在 0.2m/min，内承台顶部预设橡胶层，通过减少或增加橡胶垫层控制最终接缝间隙大小。钢筒制作完毕后进行探伤监测，装船之前先用 4000t 龙门吊起吊整体基础结构入水，检测单柱复合筒基础气密性，调试阀门、水泵、液位计、压力表、流量计、倾角仪，监测仪器数据采集调试，保证结构气密性。

（3）单柱复合筒基础底部筒壁均为薄壁结构，远距离运输时，在竖向荷载作用下易发生屈曲变形。如何保证单柱复合筒基础长距离运输下自身结构的安全性和船舶的稳性是重难点之一。

解决措施：①依据海事规定，海上运输方案需根据配载要求和设计方案，由中国船级社（CCS）进行装载方案审核，并依据退审的装载方案，在基础完成整体建造后，装载驳船。在确定设计方案后，依据中华人民共和国海事局船舶与海上设施法定检验规则，及船舶《静水力计算书》《完工装载手册》，以及设计配载图和基础结构的其他资料，按近海航区要求进行稳性校核，计算船舶的装载稳性，以及调整船舶压载等，经初步计算校核装载后的稳性满足要求。②筒体内部采用胎架支撑，在其中各个舱室内部设置支撑胎架，胎架焊接在甲板驳船的甲板上，甲板按受力计算要求进行加固，确保甲板的承载。胎架与单柱复合筒顶盖设置橡胶垫块。单柱复合筒基础自身的重量主要靠胎架支撑，筒壁和分舱板基本不承受竖向荷载。运输过程中基础的重心低于支撑胎架的上部支撑面，结构自身是稳定的。③基础整体在码头组装完成后，在码头进行绑扎固定，在钢筒周围采用斜肋板进行固定，防止基础与箱体发生相对移动。外侧筒壁焊接 6 块肘板进行加固，肘板设置位置与分舱板位置对应，肘板与甲板驳船的甲板焊接，肘板位置的甲板进行加固，确保筒体承受水平受力和翻转力矩，完成船筒绑扎后进行运输。④运输的航行保障。保证运输期间具备好天气的情况下出港，尤其需要注意台风的活动路径。需要选择水域开阔、避风条件较好的锚地，规划好沿途可选择的避风锚地。沿途根据海事部门的要求，及早规划航行路线，确保航行安全。

（4）海上风电单柱复合筒基础运输到指定安装地点后，运输船和浮吊船均会在海面上随风浪流波动，构成了基础与浮吊船动对动的起吊过程，有发生基础与运输船碰撞的可能；基础重量较大，单柱复合筒基础自身没有合适布置吊耳的地方。如何保证安装过程中基础及整机下沉过程的安全性和下沉调平高精度要求，是重难点工作之一。

解决措施：安装时可根据单柱复合筒基础重量选择合适吨位的浮吊进行吊装作业，浮吊船到达预定位置抛锚定位后，选择较好天气并张紧锚链确保安装过程中船体只发生 ±20cm 内有限运动，有效保证单柱复合筒基础在自重下沉过程中的安全性。在单柱复合筒基础顶部安装一段吊装工装，底部通过法兰连接基础，顶部设置 8 个吊耳，安装后拆除法兰螺栓将工装调离基础。在后期单柱复合筒基础吸力下沉过程中，浮吊船将松钩，与单柱复合筒基础保持一定的安全距离，避免浮吊船对负压沉放的影响。另外，自主研发的可视化下沉监测和操作系统可实现基础沉放调平精细控制。通过吸力下沉阶段基础发生倾斜时的调平操作，采取增加高位舱抽水速度或向低位舱施加正压力的方法对基础的下沉姿态进行控制，基础水平度可有效控制在1‰以内。

第 9 章

海上风电机组基础安全监测

海上风电机组基础安全监测是海上风电场高效运维的重要组成部分，是保障风力发电机组长期安全稳定运行的关键。三峡阳江沙扒海上风电场机组基础安全监测方式主要包括不均匀沉降监测、应力应变监测、倾斜监测、振动监测、腐蚀电位监测、冲刷监测等，实时监测和预警海上风电机组基础运行情况，以确保风电机组安全高效发电运行。

9.1 沉降监测

9.1.1 监测方法

基础结构不均匀，沉降监测方法主要通过布设几何水准点、静力水准仪进行监测，其中几何水准点在陆上进行预安装，提前将不锈钢水准标芯焊接在设计位置，安装过程中预留观测操作空间。

静力水准仪适用于高精度的垂直位移或沉降监测，参照点容器安装在一个稳定的位置，其他测点容器位于同参照点容器大致相同标高的不同位置，任何一个测点容器与参照容器间的高程变化都将引起相应容器内的液位变化，从而获取测点相对于参照高程的变化。

9.1.2 监测仪器安装

1. 静力水准仪安装方法

（1）根据设计图纸测量定位测点位置。

（2）根据安装位置结构特点，改造静力水准仪配套的基座或定制适用于监测工程的基座。

（3）焊接静力水准仪基座，预埋螺杆，各仪器基座顶面高程误差小于 5mm。

（4）根据设计仪器分布、电缆走向及现场实际情况，焊接水平向电缆与连通管保护用槽盒，同时竖向焊接电缆保护钢管，以方便电缆牵引至设计位置。

（5）风电机组基础吊运后，再次对仪器基座、电缆及管路进行检查，确保基座、电缆及管路完好。

（6）安装前用水冲洗主体容器及通液管，将仪器主体安装在基座上，用水平尺在主体顶盖表面垂直交替放置，调节螺杆螺丝使仪器表面水平及高程满足要求。

（7）连接仪器与连通管系统，从通液管末端注入溶液，排除管中所有气泡。

（8）待所有静力水准仪调试好后，安装外保护罩，并接长静力水准仪电缆。电缆接长前后，对传感器及电缆进行检查，保证传感器与电缆完好，电缆连接方式符合规范、设计等的要求，电缆连接处满足规范、设计等对耐水压、电阻等方面的检测要求。

（9）海上风电机组基础吊装结束后，观测各静力水准仪稳定的初始读数，作为观测基准值。值得注意的是，静力水准仪之间的通液管里的填充液一般采用防冻液（保证−30℃不结冰）；安装时，通液管内不留有气泡，否则会影响测量精度。静力水准仪及其在工程中的安装如图9-1和图9-2所示。

图9-1　静力水准仪示意图

图9-2　静力水准仪及外部保护示意图

2. 几何水准点安装方法

海上风电机组基础一般布设4个不均匀沉降测点，单桩基础几何水准点安装在桩顶外壁，导管架基础安装在基础顶部平台，以监测施工期风电机组基础的不均匀沉降情况，定制的L型316L不锈钢材质水准标芯如图9-3（a）所示。在风电机组基础制造完成后，将不锈钢水准标芯全熔焊焊接在设计位置，安装时预留观测操作空间，避免无法正常观测。

安装时，保证一对测点的连线为主风向，另外一对测点的连线垂直于主风向，在基础顶间隔90°对称布置不均匀沉降监测点4个，风电机组吊装完成后在现场使用液体钉粘贴，具体安装效果如图9-3（b）所示。

（a）不锈钢材质水准标芯

（b）安装效果

图 9-3　几何水准点安装示意图

9.1.3　监测仪器检验与率定

1. 率定设备及工具

静力水准仪标定台、读数仪 1 台、百分表、数显标尺、记录表。

2. 率定步骤

（1）正式率定前将静力水准仪在检验测试环境条件下预先放置 24h 以上。

（2）在记录表中填好日期、仪器名称、仪器编号、检验人名。按仪器芯线颜色接入读数仪的接线柱，测量并记录自由状态频率和温度。

（3）将静力水准仪固定在标定设备上，调整传感器位置，使浮筒底部浸于水箱水面以下 1~2mm。待浮筒稳定 3min 后，数显标尺复位归零。试验水箱内的水位适当，试验过程中不得溢出水箱。

（4）在静力水准仪量程内宜均布至少 6 个水位测试点，按设定的试验级数，使水箱从第一个测试点逐级上升至第 n 个测试点，然后反向从第 n 个测试点逐级下降至第一个测试点。各测试点待浮子稳定 3min 后读取记录传感器读数。

（5）重复上项操作，共循环三次。率定结束后取下仪器，测量率定后静力水准仪在自由状态下的数值。

3. 检验成果计算

各点总平均值计算公式如下：

$$(F_a)_i = \frac{(F_u)_i + (F_d)_i}{2} \qquad (9-1)$$

式中：$(F_u)_i$ 为上行第 i 挡测点频率模数测值的平均值；$(F_d)_i$ 为下行第 i 挡测点频率模数测值的平均值。

各挡测点的理论值计算公式如下：

$$(F_\text{t})_i = \frac{\Delta F \times i}{n-1} + (F_\text{a}) \tag{9-2}$$

式中：i 为测点序号（0，1，$\cdots$，$n-1$）；ΔF 为量程上下限各自 6 次频率模数测值的平均值之差。

各测点频率模数测值的偏差计算公式如下：

$$\delta_i = (F_\text{a})_i - (F_\text{t})_i \tag{9-3}$$

（1）端基线性度误差 α_1 计算：

$$\alpha_1 = \frac{\Delta 1}{\Delta F} \times 100\% \tag{9-4}$$

式中：$\Delta 1$ 取 δ_i 的最大值。

（2）非线性度误差 α_2 计算：

$$\alpha_2 = \frac{\Delta 2}{\Delta F} \times 100\% \tag{9-5}$$

式中：$\Delta 2$ 为每一循环各测点上行及下行两个频率模数测值之间的差值取最大值。

（3）不重复性误差 α_3 计算：

$$\alpha_3 = \frac{\Delta 3}{\Delta F} \times 100\% \tag{9-6}$$

式中：$\Delta 3$ 为三次循环中各测点上行及下行的各自三个频率模数测值之间的差值取最大值。

（4）灵敏度系数误差计算：

按下式计算传感器的灵敏度系数 G_i：

$$G_i = \frac{\sum\limits_{i=1}^{n} H_i}{\sum\limits_{i=1}^{n} (F_i - F_0)} \tag{9-7}$$

式中：H_i 为每次下降的深度（mm）；F_i 为每次下降 H_i 时的频率模数（kHz）；F_0 为初始频率模数（kHz）；N 为分级下降次数。

灵敏度系数误差 α_G 计算：

$$\alpha_\text{G} = \frac{G_\text{T} - G_i}{G_\text{T}} \times 100\% \tag{9-8}$$

式中：G_T、G_i 分别为仪器厂家和用户检验的 G 值。

（5）误差要求：检验的各项误差其绝对值小于表 9-1 中的标准为合格。

表 9-1　误差标准

项目	端基线性度 α_1	非线性度 α_2	不重复性 α_3	灵敏度系数 α_G
限差（%）	2	1	1	1

（6）温度系数率定、防水试验：温度系数率定及防水试验与差阻式应变计一致。

9.1.4　监测数据处理

主要采用自动化观测方法，通过将各传感器的计算公式和参数输入自动化系统采集软件，使监测成果在软件界面上直接显示，计算公式如下：

$$\Delta h = G(R_1 - R_0) \tag{9-9}$$

式中：G 为传感器系数（mm/Digit），$1\text{Digit} = 1\text{Hz}^2/1000$；$R_0$ 为传感器基准度数（Hz）；R_1 为传感器当前读数；Δh 为容器的液位变化量（mm），当 $\Delta h > 0$ 时，水位下降，反之上升。

静力水准观测不均匀沉降主要基于连通管液面相等原理，按下式计算测点和监测基准点彼此之间垂直高度的差异和变化量：

$$d_x = \Delta h_0 - \Delta h_x \tag{9-10}$$

式中：d_x 为测点 x 不均匀沉降量（mm），正值表示测点相对基准点沉降，负值表示测点相对基准点上抬；Δh_0 为基准点容器内水位变化量（mm）；Δh_x 为测点 x 容器内水位变化量（mm）。

静力水准仪接入自动化测试系统，完成调试后进行连续观测，取接入仪器并调试正常日期为基准日期，将当天日期取平均值作为基准值。通过各个测点相对沉降测量结果换算基础各个方向不均匀沉降情况。图 9-4 所示为某海上风电场基础顶部在 2023 年 1 月至 3 月的沉降监测曲线。

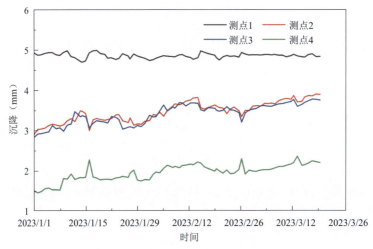

图 9-4　基础顶部静力水准仪沉降监测曲线

9.2　机组基础倾斜监测

9.2.1　监测方法

在海上风电机组基础顶部布置双轴倾角仪（水平 X、Y 向），通过监测结构的倾角推算基础变位值及相对不均匀沉降。

9.2.2　监测仪器安装

倾角仪的安装如图 9-5 所示，具体安装方法如下：

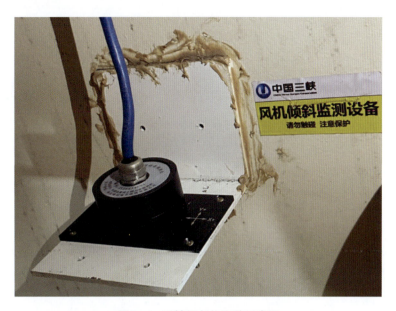

图 9-5　双轴倾角仪安装示意图

（1）根据设计图纸测量定位测点位置。

（2）将倾角仪基座焊接在桩体上或者用特定胶水将其固定在平台上。

（3）基座冷却至常温后，将倾角仪安装在基座上，同时调整一组定位销的方位与待测方向一致，方位角精度为±3°。

（4）根据设计电缆走向及现场实际情况，焊接电缆保护钢管。

（5）根据电缆走向及集中位置，计算合适的电缆长度，接长倾角仪电缆。电缆接长前后，对传感器及电缆进行检查，保证传感器与电缆完好，电缆连接方式符合规范、设计等的要求，电缆连接处满足规范、设计等对耐水压、电阻等方面的检测要求。

（6）电缆保护钢管冷却至常温后，将仪器电缆牵引至设计位置。

（7）检查仪器及电缆完好后，将钢板焊接在易损坏部位周围，以加强保护。

（8）倾角仪安装过程中，同时进行跟随量测，以判断合适的安装方向。安装结束后，及时观测倾角仪稳定的初始读数，作为观测基准值。

9.2.3　监测仪器检验与率定

1. 标定原理

倾角仪通过加速度计测量重力加速度变化，并根据坐标理论变换转换成倾角变化。标定按照图 9-6 所示的位置翻转完成，其中图 9-6（a）为倾角仪 X 轴相对平面（外场环境下）朝上放置，图 9-6（b）为 X 轴相对该平面朝下放置同时使 Y 轴方向与图 9-6（a）Y 方向相反，图 9-6（c）为 Y 轴相对于该平面朝下放置并使 X 轴方向与图 9-6（a）中 Y 轴方向相同，图 9-6（d）为 Y 轴相对该平面朝上放置并使 X 轴方向与图 9-6（a）中 Y 轴方向相反。

由于在没有转台提供位置基准的条件下，难以找到绝对平面，所以以假设外场环境下的平面与理想平面之间的夹角为 α，重力加速度为 g，当倾角仪处于图 9-6（a）~（d）时，

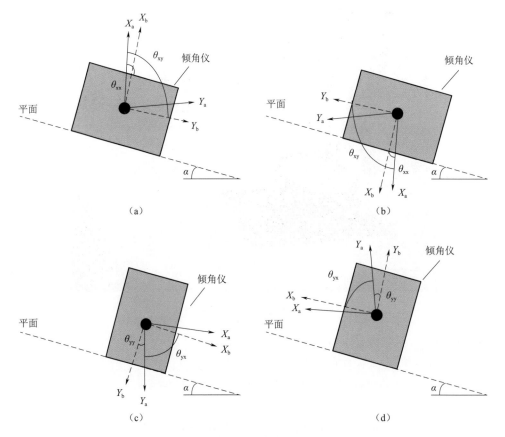

图 9-6　倾角仪 X 轴标定原理图

分别得到下式：

$$\begin{cases} U_{\mathrm{Xa\_1}} = k_{\mathrm{x}} f_{\mathrm{xa\_1}} + u_{0\mathrm{x}} \\ U_{\mathrm{Ya\_1}} = k_{\mathrm{y}} f_{\mathrm{ya\_1}} + u_{0\mathrm{y}} \end{cases} \tag{9-11}$$

$$\begin{cases} U_{\mathrm{Xa\_2}} = k_{\mathrm{x}} f_{\mathrm{xa\_2}} + u_{0\mathrm{x}} \\ U_{\mathrm{Ya\_2}} = k_{\mathrm{y}} f_{\mathrm{ya\_2}} + u_{0\mathrm{y}} \end{cases} \tag{9-12}$$

$$\begin{cases} U_{\mathrm{Xa\_3}} = k_{\mathrm{x}} f_{\mathrm{xa\_3}} + u_{0\mathrm{x}} \\ U_{\mathrm{Ya\_3}} = k_{\mathrm{y}} f_{\mathrm{ya\_3}} + u_{0\mathrm{y}} \end{cases} \tag{9-13}$$

$$\begin{cases} U_{\mathrm{Xa\_4}} = k_{\mathrm{x}} f_{\mathrm{xa\_4}} + u_{0\mathrm{x}} \\ U_{\mathrm{Ya\_4}} = k_{\mathrm{y}} f_{\mathrm{ya\_4}} + u_{0\mathrm{y}} \end{cases} \tag{9-14}$$

式中：$U_{\mathrm{Xa\_}i}$ 为第 i 次位置翻转时，标定轴为 X 轴的电压值（V）；k_{x} 为 X 轴加速度计的标度因数 $[\mathrm{V}/(\mathrm{m/s^2})]$；$u_{0\mathrm{x}}$ 为零点电压（V）。

定义单轴倾角仪的 X 轴竖直朝上，Y 轴与 X 轴垂直。根据坐标系变换理论，倾角仪输出的角度 θ 与加速度计所测量的加速度之间存在如下关系：

$$\begin{bmatrix} f_{\mathrm{bx}} \\ f_{\mathrm{by}} \end{bmatrix} = \begin{bmatrix} g\cos\theta \\ -g\sin\theta \end{bmatrix} \tag{9-15}$$

倾角仪输出 θ 与加速度计电压关系如下：

$$\begin{bmatrix} g\cos\theta \\ -g\sin\theta \end{bmatrix} = \begin{bmatrix} k_{xx} & k_{yx} \\ k_{xy} & k_{yy} \end{bmatrix}^{-1} \begin{bmatrix} u_{ax} - u_{0x} \\ u_{ay} - u_{0y} \end{bmatrix} \tag{9-16}$$

整理可得倾角仪输出角度 θ 与 X、Y 轴电压值关系式：

$$\theta = \arctan\left[\frac{k_{xy}(u_{ax} - u_{0x}) - k_{xx}(u_{ay} - u_{0y})}{k_{yy}(u_{ax} - u_{0x}) - k_{xy}(u_{ay} - u_{0y})}\right] \tag{9-17}$$

通过数学推导得出单轴标度因数和零点电压的计算公式，同时充分考虑外场环境下难以找水平问题，通过数学补偿方法补偿平面倾斜角在标定中引起的误差。

2. 转台线性度测试

利用转台标定倾角仪的标度因数与零点电压；驱动转台中框是倾角仪依次在 $15°$、$10°$、$5°$、$0°$、$-5°$、$-10°$、$-15°$ 的角位置静置一段时间，测试电压与角度变化关系。

线性度回归计算公式：

$$V = V_0 + k\theta \tag{9-18}$$

式中：V 为倾角传感器输出电压拟合值（mV）；θ 为标定转台的转动角度（°）；V_0 为用最小二乘法求出的回归常数项；k 为用最小二乘法求出的回归系数。

线性度误差 L 按如下计算：

$$L = \left|\frac{\hat{V}_s - V_s}{\hat{V}_s}\right|_{\max} \times 100\% \tag{9-19}$$

式中：L 为倾角传感器的线性度误差；V_s 为倾角传感器输出电压实测值（mV）。

3. 横向灵敏度测试

把被测试倾角传感器固定在转台中心，被测试倾角传感器灵敏度方向必须与转台的旋转轴相垂直，以进行准确的横向测试。选取倾角传感器量程的 1/3 频率点进行测试。

倾角传感器横向灵敏度比 TSR 应按照如下计算：

$$\text{TSR} = \frac{S_T}{S} \times 100\% \tag{9-20}$$

式中：TSR 为倾角传感器的横向灵敏度比；S_T 为倾角传感器的横向灵敏度；S 为加速度传感器的灵敏度。

4. 动态范围测试

利用倾角仪传感器满量程输出有效值得数据和测试的倾角仪噪声均方根值数据，计算倾角传感器的动态范围 D_s：

$$D_s = 20\lg\left(\frac{V_e}{n_s}\right) \tag{9-21}$$

式中：D_s 为倾角仪传感器动态范围（dB）；V_e 为倾角仪传感器满量程输出电压有效值（mV）；n_s 为倾角仪传感器噪声的均方根值（mV）。

9.2.4　监测数据处理

倾角仪采用自动化系统进行监测，并在软件中实时分析风机倾斜状态。主要记录被监测结构在台风、海浪、地震作用下的强震响应数据，可实时分析、统计和保存被监测结构物的强震动响应等参数。对于动态倾角仪基准值取值，升压站吊装完成后在无风状态下连续测试 3~5min 即可取得倾角仪的基准值，风机吊装完成后在无风状态下连续测试 3~5min 即可取得倾角仪的基准值。

通过传感器监测系统实时捕获风电机组倾斜数据，传感器监测原始数据为 X、Y 两个方向数值，数据分析时需按照 $\theta=\sqrt{\theta_X^2+\theta_Y^2}$ 计算合成方向总倾角，全过程监控总倾角大小，判断是否满足规范要求，确保风电机组长期运行处于安全状态。图 9-7 所示为某海上风电场在 2022 年 6 月至 2022 年 12 月塔筒底部倾角监测曲线。若沿风电机组基础、塔筒布设多个倾角仪，可以处理获得整个支撑结构倾斜曲线动态变化情况。

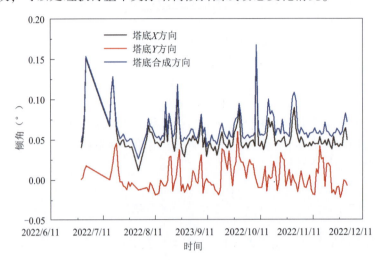

图 9-7 塔筒底部倾角监测曲线

9.3 振动监测

9.3.1 监测方法

风电机组基础结构振动监测主要是在塔筒、机舱等关键部位安装振动加速度计、振动位移计等传感器及数据监测设备，实时获取振动数据。

9.3.2 监测仪器安装

加速度计与最近焊缝距离不小于 0.3m，需布置在主导风方向，在钢结构制造厂内安装仪器支座，风电机组吊装完成后安装仪器。工程中加速度计的安装如图 9-8 所示，加速度计的具体安装方法如下：

（1）根据设计图纸测量定位测点位置。

（2）将加速度计基座焊接在桩体上或者用特定胶水固定在平台上。

（3）基座冷却至常温后，将加速度计安装在基座上，同时调整一组定位销的方位与待测方向一致，方位角精度为±3°。

（4）根据设计电缆走向及现场实际情况，焊接电缆保护钢管。

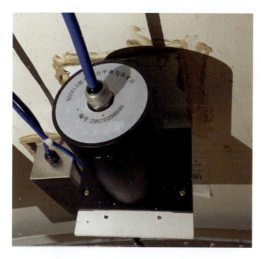

图 9-8　加速度计安装示意图

（5）根据电缆走向及集中位置，计算合适的电缆长度，接长加速度计电缆。电缆接长前后，对传感器及电缆进行检查，保证传感器与电缆完好，电缆连接方式符合规范、设计等的要求，电缆连接处满足规范、设计等对耐水压、电阻等方面的检测要求。

（6）电缆保护钢管冷却至常温后，将仪器电缆牵引至设计位置。

（7）检查仪器及电缆完好后，将钢板焊接在易损坏的部位周围，以加强保护。

（8）加速度计安装过程中，同时进行跟随量测，以判断合适的安装方向。安装结束后，及时观测加速度计稳定的初始读数，作为观测基准值。

9.3.3　监测仪器检验与率定

1. 振动台测试

测试在振动台上进行。将被测加速度传感器固定在振动台台面中心，其灵敏轴与振动方向相平行，振动台的振动频率设定为加速度传感器频带上限的 1/3，波形为正弦波，最大振幅为 $1.0g$。被测加速度传感器的输出电压值和所承受的振动加速度值之比为加速度传感器的灵敏度。

灵敏度计算公式：

$$S = \frac{V_s T^2}{4\pi^2 A} \tag{9-22}$$

式中：S 为加速度传感器灵敏度；V_s 为加速度传感器输出电压（V）；T 为振动台的振动周期（s）；A 为振动台振幅（m）。

2. 线性度测试

在规定的加速度测量范围内，采用与测试灵敏度相同的方法，测试输入不同加速度时加速度传感器的灵敏度变换情况。采用测试灵敏度时所用的频率，在 10% ~ 100% 最大测量范围内测量 10 个检测点（包括 10% 和 100% 点在内），相邻两个检测点的差为最大测量范围的 10%。

线性度回归计算公式：

$$V_s = V_0 + K \times a \qquad (9-23)$$

式中：V_s 为加速度传感器输出电压的拟合值（mV）；a 为振动台加速度值（m/s²）；V_0 为用最小二乘法求出的回归常数项；K 为用最小二乘法求出的回归系数。

线性度误差 L 按如下计算：

$$L = \left| \frac{\hat{V}_s - V_s}{\hat{V}_s} \right|_{max} \times 100\% \qquad (9-24)$$

式中：L 为加速度传感器的线性度误差；V_s 为加速度传感器输出电压实测值（mV）。

3. 噪声测试

将加速度传感器固定在振动环境小于 10E-7g 的基座上，零位输出调到小于 1mV，加速度传感器输出用 24 位数据记录仪记录 2min，采样率为 200SPS（SPS 即每秒采样次数）。在 0.01~50Hz 频带内加速度传感器记录数据的均方根值为噪声。

4. 动态范围测试

利用加速度传感器满量程输出有效值的数据和测试加速度传感器噪声均方根值数据，计算加速度传感器的动态范围 D_s。

$$D_s = 20\lg\left(\frac{V_e}{n_s}\right) \qquad (9-25)$$

式中：D_s 为加速度传感器动态范围（dB）；V_e 为加速度传感器满量程输出电压有效值（mV）；n_s 为加速度传感器噪声的均方根值（mV）。

5. 幅频特性测试

测试在振动台上进行。将被测加速度传感器固定在振动台台面中心，在被测加速度传感器频道上限的 0.04、0.1、0.4、0.5、0.6、0.8、0.9、1.0、1.2、1.4 倍等 10 个频率测试点进行测试。

6. 相频特性测试

被测试加速度传感器和标准相位传感器固定在振动台台面上，相互距离小于 1cm，两者的输出信号同时输出给数字相位计。频率测试点与幅频特性测试点的频率点相同。

9.3.4　监测数据处理

加速度计采用自动化系统进行监测，实时呈现风电机组振动状态。在进行振动加速度数据处理时，首先进行预处理，预处理方式包括去趋势项、去均值、以某一采样频率重新采样，然后进行动力特性识别（模态分析）。结构的动力特性是结构固有的特性，包括固有频率、阻尼、振型，又称为结构模态参数。动力特性识别是基于结构动力学理论研究结构动力特性的方法，是动力学的反问题，由测得结构响应即输出（或输入—输出）逆向推导结构特性的过程。海上风电机组结构的模态参数是在其基础结构上的荷载激励下进行识别的，包括风轮机运转荷载和海洋环境荷载。动力特性识别方法包括峰值拾取法、随机子空间法等。

1. 峰值拾取法

峰值拾取法是一种基于环境激励快速识别结构模态参数的频域分析法，根据频率响应函数在固有频率附近出现峰值的原理，用随机响应的功率谱代替频响函数。该法适用于模态离散的结构系统，也不能识别模态阻尼比，但其操作简单（仅需将响应时程利用傅里叶变换获得功率谱）、识别快速，较为广泛地应用于土木、水利、海洋工程领域。

2. 随机子空间法

随机子空间法可以表示为：

$$x_{k+1} = Ax_k + w_k \tag{9-26}$$
$$y_k = Cx_k + v_k \tag{9-27}$$

式中：w_k 和 v_k 为零均值白噪声；x_{k+1} 为离散状态向量；y_k 为输出向量；A 为状态向量；C 为输出矩阵。

结构响应的协方差如下：

$$R_i = E\left[y_{k+1}y_k^T\right] \approx \frac{1}{N-i}\sum_{k=0}^{N-i-1} y_{k+1}y_k^T \tag{9-28}$$

式中：T 为转置符号；N 为输出点数。

定义矩阵 θ：

$$\theta = \begin{bmatrix} R_i & R_{i-1} & \cdots & R_1 \\ R_{i+1} & R_i & \cdots & R_2 \\ \vdots & \vdots & \ddots & \vdots \\ R_{2i-1} & R_{2i-2} & \cdots & R_i \end{bmatrix} \tag{9-29}$$

矩阵 A 和 C 可以通过式（9-29）变形（奇异值分解和伪逆）得到，然后就可以得到模态参数。

可以采用连续运行模态分析（OMA）方法对海上风电机组塔筒进行模态识别。如图 9-9 所示，通过结合随机子空间方法（SSI）和基于密度的噪声应用空间聚类方法（DB-SCAN）两个方法，将时域信号先转化为稳定图，再通过聚类得到结构模态参数。其中，DBSCAN 方法是一种通用的聚类方法，可以从 SSI 方法计算的稳定图中过滤掉不稳定的模态点，从而保留稳定的模态点。

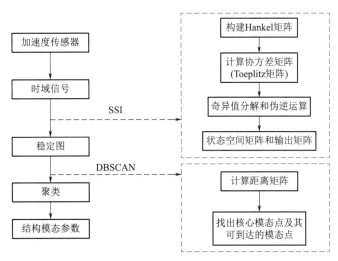

图 9-9　基于 SSI-DBSCAN 的运行模态分析方法框图

图 9-10 为某海上风电场机组-塔筒-单桩-地基整机结构在 2020 年 5 月—2022 年 11 月和 2021 年 9 月至 2022 年 4 月两个时间段的振动特性，包括一阶振动频率和阻尼比。

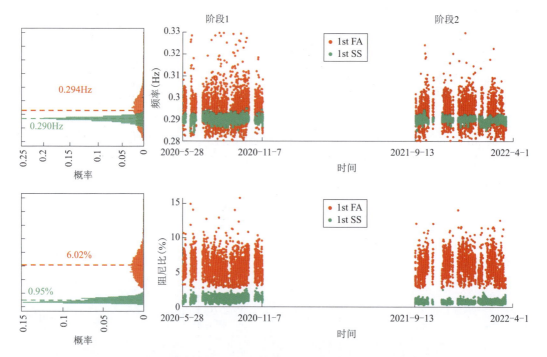

图 9-10　塔筒在风向和侧风向一阶模态参数随时间变化及其概率直方图

9.4　应力应变监测

9.4.1　监测方法

基础结构应力应变主要采用钢板应变计进行监测，实时预警基础受力情况。

9.4.2　监测仪器安装

钢板应变计安装过程如下：

（1）在安装前对已率定好的钢板计逐一进行检测，根据设计图纸测量定位测点位置。

（2）焊接钢板计的夹具，为保证夹具的同心度，以配套模具代替仪器安装在夹具中定位。

（3）夹具焊接定位后，冷却至常温，然后从夹具中取出模具，安装振弦钢板应变计，上夹具螺栓时要对角线逐个均匀上紧，并用读数仪进行跟随量测。由于导管架结构主要受压，螺栓上紧时应变计模数读数范围保持在 900~1000F 以内。钢板应变计的现场照片见图 9-11（a）。

（4）钢板计夹紧，并经测量认为仪器工作正常后，安装应变计保护盒。

（5）在提前焊接好的电缆保护钢管内递送钢板计电缆。

（6）将保护盒与电缆保护钢管之间的应变计电缆用石棉布包裹好［见图 9-11（b）］，进行大保护罩的满焊。

（7）在安装前后，测量、记录钢板计的模数与温度，如发现仪器不正常立即返工。

（a）钢板应变计固定

（b）盖好保护盒、缠好石棉布的应变计和电缆

图 9-11　钢板应变计安装图

9.4.3　监测仪器检验与率定

1. 外观检验

外观采用目测检验。仪器各部分连接牢固，表面镀层无脱落、无锈斑及裂痕，引出的电缆、护套无损伤，标识清晰。检验结果记入机械结构与外观最终产品检验表。

2. 抗腐蚀性能检验

目视检查，仪器表面进行防腐处理。

3. 性能指标检验

1）仪器分辨率和准确度检验

将仪器固定在专用校准仪上，试验前将仪器在满量程范围内预拉压 3 次，通过振弦式指示仪平方挡（频率平方除以 1000）测量其输出。将仪器满量程变量分成 n 挡（$n \geqslant 4$），进行 3 个行程的测量，记下各挡位的标称值（ε_i）及对应的读数值（R_i）。

按下式计算仪器分辨率：

$$D_s = 20 \lg \left(\frac{V_e}{n_s} \right) \tag{9-30}$$

式中：K 为仪器分辨率，取 $\frac{1}{\Delta R} \times 100\% \, FS$；$\Delta R$ 为满量程输出值（%）；FS 中 FS 指全量程。

按下式计算仪器准确度：

$$\delta = \frac{\left| \varepsilon_i - \hat{\varepsilon}_i \right|_{\max}}{\varepsilon_n - \varepsilon_0} \times 100\% \tag{9-31}$$

式中：$i = 1$，2，3，…，n；δ 为仪器准确度；$\hat{\varepsilon}_i$ 为第 i 挡平均读数拟合计算的变量（$\mu\varepsilon$）；ε_n 为仪器的拉变上限值（$\mu\varepsilon$）；ε_0 为仪器的压变下限值（$\mu\varepsilon$）。

其中，$\hat{\varepsilon}_i$ 采用二次多项式进行拟合：

$$\mathring{S}_i = A + BR_i + CR_i^2 \tag{9-32}$$

式中：A、B、C 为常数，用最小二乘求得。

将标定试验数据及计算结果记入检验数据记录表。标定试验的结果满足两点要求：分辨力不大于 $0.2\% \, FS$；准确度不大于 $0.5\% \, FS$。

2）仪器温度测量误差试验

首先将仪器放入恒温箱中，从常温开始降温至 -20℃，保持 2h，读取测量温度值；然后升温至+20℃，保持 2h，读取输出温度值；再升温至+60℃，保持 2h，读取输出温度值。

按下式计算仪器的仪器温度测量误差：

$$\Delta t_i = \left| T_{iz} - T_i \right| \tag{9-33}$$

式中：$i=1$，2，3 对−20℃、+20℃、+60℃ 三个测试点；T_{iz} 为第 i 测试点的实际温度值（用水银温度计测得）；T_i 为第 i 测试点的测量温度值。

记录试验结果，温度测量误差不超过 0.5℃。

4. 绝缘电阻检验

正常大气试验条件下，用额定直流电压为 100V 的兆欧表测量引线与密封壳体之间的绝缘电阻，将试验结果记入检验数据记录表中，其值不小于 50MΩ。

5. 耐水压密封性能检验

将仪器放置在压力容器中加水压至 0.5MPa，保持 30min，用额定直流电压为 100V 的兆欧表测量引线与密封壳体之间的绝缘电阻，将试验结果记入振弦式仪器温度及密封性能检验记录表，绝缘电阻不小于 50MΩ。

9.4.4　监测数据处理

在自动化系统调试时，将各传感器的计算公式和参数输入自动化系统采集软件，使监测成果在软件界面上直接显示。振弦式传感器拟合公式如下：

$$\varepsilon = G \times C \times (R_1 - R_0) + f \times (t_1 - t_0) \tag{9-34}$$

式中：ε 为微应变；G 为仪器标准系数；C 为平均修正系数；R 为钢板应变计读数；f 为仪器的温度修正系数；t 为温度（℃）。

通常情况下，钢材的温度线膨胀系数与传感器基本一致，可不予修正。取上部塔筒吊装前稳定测值为基准值。

在进行数据分析时，首先要将应变监测基准值扣除，获得吊装完毕后运行阶段结构的实际应变大小，正值表示拉伸，负值表示压缩 $1\varepsilon = 10^6 \mu\varepsilon$；其次将监测的实际应变值与弹性模量相乘换算得到钢材应力值，与结构抗拉压应力允许值进行对比，并绘制时序曲线；对于桩基础安装的应变计，应当对应变数据进行处理，获得桩身轴力、弯矩及水平变形等桩身响应。图 9-12 和图 9-13 为某海上风电场机组基础法兰盘钢板应变计在 2022 年 6 月至 2022 年 12 月监测的应变变化曲线及换算的应力值。

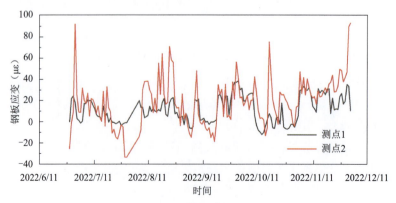

图 9-12　法兰钢板应变监测曲线

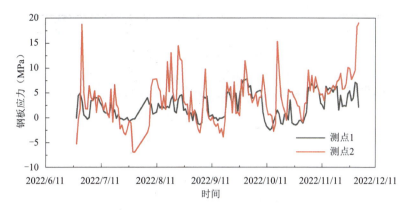

图 9-13　法兰钢板应力变化曲线

9.5　钢结构腐蚀监测

9.5.1　监测方法

风电机组基础通常沿深度布置 3 个腐蚀电位控制测点，测点分布在海床面与极端低潮位之间（1 个测点）、极端低潮位与设计低潮位之间（1 个测点）、设计低潮位与多年平均海平面之间（1 个测点），通过参比电极和阴极保护检测器对基础腐蚀电位进行自动化监测，如图 9-14 和图 9-15 所示。

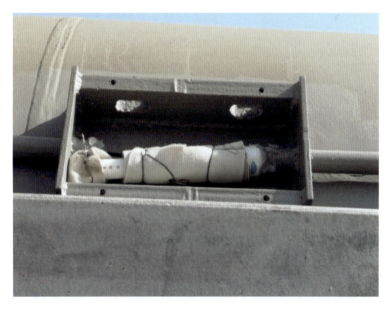

图 9-14　参比电极安装图

阴极保护监测器是一款用于监测电位和电流的自动现场腐蚀监测仪器，直接监测被保护对象与参比电极之间的电位差来确定阴极保护的范围和效果，并采用精密的霍尔传感器来测量牺牲阳极或者整流器的输出电流（即阴极保护电流），最终通过保护电位和输出电

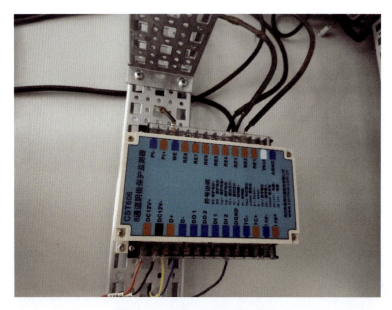

图 9-15　阴极保护监测器安装图

流来评价阴极保护的监测状态和效果。设备可与电脑通信，支持 RS485 通信。仪器也可采用无线数据收发器，实行远程测控，可直接将阴极保护监测数据传送到远端的监控中心，通过数据管理分析软件，可用于实时在线监测阴极保护状态。仪器安装完成后，通过上位机软件来配置测量参数，包括测量通道数和采样间隔等，然后可定时记录保护电位和保护电流。PC 端软件自动读取测量数据，并在软件界面上显示各监测点的电位及保护电流随时间的变化曲线。

9.5.2　监测仪器安装

阴极保护监测器和参比电极的现场安装步骤如下：
（1）根据设计图纸测量定位测点位置。
（2）加工、安装参比电极保护盒与电缆保护钢管。
（3）把参比电极用土工布包裹好，固定在参比电极保护盒内。
（4）将参比电极电缆牵引、临时固定在导管架顶部格栅以上，并把参比电极保护盒的盖子用螺栓封好。
（5）风电机组基础吊装完成后，进行接线，把参比电极电缆引入升压站继保室内，并接入数据采集装置阴极保护监测器。

9.5.3　监测仪器检验与率定

参比电极的检验与率定步骤如下：
（1）外观检查，仔细查看仪器外部有无损伤痕迹。
（2）用万用表测量仪器线路有无断线。
（3）用兆欧表测仪器本身的绝缘是否达到出厂值。

（4）用二次仪表试验仪器值是否正常。

9.5.4　监测数据处理

腐蚀电位监测基准日期取接入仪器并调试正常日期，要求含氧环境下保护电位相对于 Ag/Agcl 海水电极的最正值−0.80V，最负值−1.10V，说明结构电位正常，钢结构处于保护状态。图 9-16 所示为某海上风电场 2022 年 8 月单桩基础腐蚀电位监测曲线。

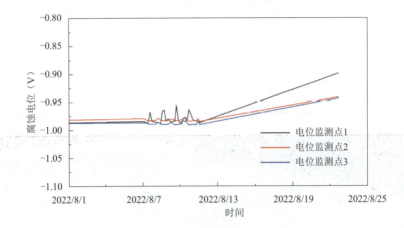

图 9-16　单桩基础腐蚀电位监测曲线

9.6　泥面冲刷监测

随着海上风电建设的快速发展，风电机组基础直径越来越大，改变了水体的水动力环境及海底地形条件，加之周期性的风、浪、流荷载以及机组叶片转动振动等外部荷载，易引起桩基础的局部冲刷现象，给风场正常运行留下巨大隐患。据江苏地区风场运维获取的资料得知，投运 1~2 年后的海上风电场，桩基基础冲刷深度高达 4~5m，紧附着桩基基础的海缆也会因为冲刷裸露出来。因此，对桩基础冲刷进行有效监测，可提前进行危险预警并及时人工干预保护。工程上主要有以下几种常用的桩基础冲刷检测方法。

9.6.1　多波束扫测法

1. 方法与原理

多波束测深系统通过声波发射与接收换能器阵列进行声波广角度定向发射和接收，利用各种传感器（卫星定位系统、运动传感器、电罗经、声速剖面仪等）对各个波束测点的空间位置归算，从而获取与航向垂直的条带式高密度水深数据，进行水下地形测量，描绘水底地形地貌的精细特征。多波束扫测时，将多波束测深系统固定在测量船的边侧，并靠近风电机组基础。多波束测深系统扫测宽度最高可达水深的 10 倍左右，两侧的测线可覆盖风电机组基础及周边 50m 的范围。多波束测量原理如图 9-17 所示，多波束检测效果如图 9-18 所示。

图 9-17　多波束测量原理示意图

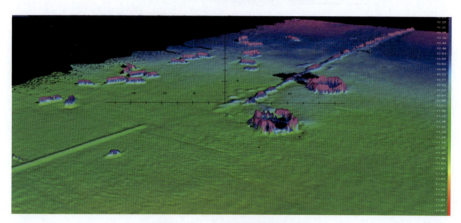

图 9-18　多波束检测效果图

2. 多波束测量仪器

多波束测深常使用美国 R2SONIC 公司 SONIC2024 宽带超高分辨率多波束测深仪，工作频率 200~400kHz 频率实时在线可选，覆盖宽度 10°~160°实时在线可调，400kHz 工作频率时波束角度为 0.5°×1°，200kHz 工作频率时波束角度为 1°×2°，具有 1.25cm 的超高量程分辨率，最大测深范围为 500m。R2 Sonic 2024 多波束测深系统如图 9-19 所示，设备主要技术参数见表 9-2。

表 9-2　R2 Sonic 2024 多波束主要技术参数

技术指标	技术参数
信号带宽	60kHz
量程分辨率	1.25cm
工作频率	200~400kHz 实时可选
波束角度	0.5°×1°@400kHz；1°×2°@200kHz
覆盖宽度	10°~160°实时可选
波束个数	256，512，最大 1024
最大量程	500m

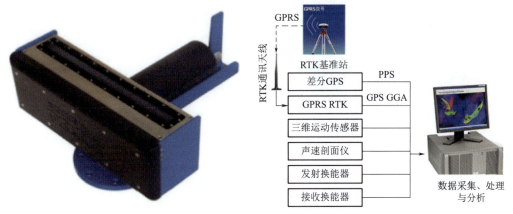

图 9-19　R2 Sonic 2024 多波束测量系统

3. 技术要求

（1）测量船在测线上保持匀速、直线航行。

（2）每天对测深仪进行时间校正，使测深仪时间标记与定位时间保持同步。

（3）在水下地形变化剧烈的地区须做加密测量，加密的程度以完整反映海底地形为原则。

（4）当风浪引起测深仪回声线波形起伏较大或波浪超过 0.6m 时暂停作业。

（5）采用 RTK 与验潮相结合的方法进行潮位校正。

海上风电现场冲刷扫测作业如图 9-20 所示。

(a)基础扫测

(b)操作平台

图 9-20　现场扫测作业

335

9.6.2　水下声呐扫测法

水下智能巡检机器人可通过搭载水下三维声呐进行全景声呐扫描成像检查，利用声呐穿透表面附着物，生成高分辨率的 3D 全景图像。

水下三维声呐扫测设备一般可采用水下智能巡检机器人（Remote Operated Vehicle，ROV）搭载进行水下扫测作业，ROV 是无人水下航行器（Unmanned Underwater Vehicle，UUV）的一种，如图 9-21 所示。ROV 系统组成一般包括：动力推进器、遥控电子通信装置、导航定位装置，搭载阴极电位测量系统、水下声呐系统、彩色或黑白高清摄像头、摄像俯仰云台、用户外围传感器接口、实时在线显示单元、自动舵手导航单元、辅助照明灯和凯夫拉零浮力拖缆等单元部件。功能多种多样，不同类型的 ROV 用于执行不同的任务，被广泛应用于军队、海岸警卫、海事、海关、核电、水利、水电、海洋石油、渔业、海上救助、管线探测和海洋科学研究等各个领域。

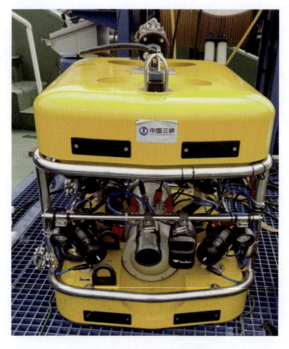

图 9-21　水下智能巡检机器人

1. 方法与原理

水下三维声呐检测技术的基本工作原理是通过发射和接收声波进行目标测距定位，采用旋转二维面阵的方式，直接采集到目标外形轮廓的水平、垂直、高度三个方向上的数据，同时获得目标物的其他细节描述，并借助三维显示技术，最终生成目标的实时三维立体图像。水下三维声呐检测原理如图 9-22 所示。

多波束测量系统可对桩基周边海底进行较好的水下地形测量和海底冲刷监测，但多桩结构会对多波束测深信号产生遮挡影响，造成多桩基础内部海底测深数据缺失，影响多桩内部实际监测效果。利用水下三维声呐设备，可对多桩基础内部进行高精密监测。多桩基础水下高精密监测采用定点式作业，可采用三脚架搭载定点投放监测作业或 ROV（水下

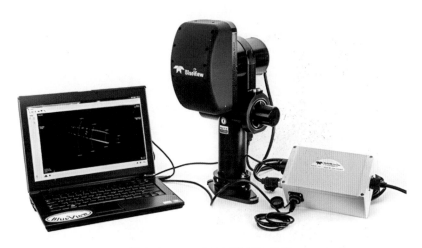

图 9-22　BV5000 三维声呐系统

机器人）搭载监测作业。通过在多桩基础周围适宜站位开展 BV5000 水下三维声呐扫描作业，实现对多桩基础内部的水下地形测量和冲刷监测。所采集三维点云数据经专业后处理软件处理后，可利用同一个水下桩基础的特征点与多波束点云图数据进行拟合处理，这样将多波束测量系统的坐标信息就转换到三维声呐数据中，也保证了三维声呐的点云图测量精度。

2. 测量仪器

常用的水下三维声呐扫测系统有 BV5000 水下三维声呐系统和 Echoscope 三维实时声呐系统。BV5000 水下三维声呐系统是一款紧凑轻便的声呐系统，工作频率为 1.35MHz，扫描范围为 1～30m，分辨率可达厘米级，可在低能见度或者零能见度水下环境中开展作业，利用高分辨率声波技术形成精细的水下三维图像点云数据。特别适用于复杂水下结构和区域勘测，生成水下地形、结构和目标的高分辨率图像，获高精度点云图。设备主要技术参数如表 9-3 所示。

表 9-3　BV5000 三维声呐系统性能参数表

技术指标	技术参数	技术指标	技术参数
扫描扇区	45°×360°	量程	30m
距离分辨率	0.012m	更新率	40Hz
波速间距	0.18°	波束宽度	1°×1°
波束数	256	最佳范围	1～20m

三维实时声呐使用英国 Coda 公司 Echoscope 系统，可用于船侧测量杆安装，也可用于 ROV、AUV 等拖体安装，该系列产品探测效率高，同时可兼顾分辨率的需求。三维实时声呐系统如图 9-23 所示。

在使用 Echoscope 系统作业时技术要求为：①测量船在测线上保持匀速、直线航行；②每天对测深仪进行时间校正，使测深仪时间标记与定位时间保持同步；③需对现场监测情况进行细致观察，对复杂空间位置须做精细反复观测；④当风浪引起测深仪回声线波形起伏较大或波浪超过 0.6m 时暂停作业。

图 9-23　Echoscope 三维实时声呐系统

3. 工程案例

本次水下检测作业使用 BV5000 水下三维声呐系统由 ROV 携带，通过 ROV 携带至指定位置进行检测作业；BV5000 三维声呐系统采用水底定点扫描检测作业，通过多站位检测数据组合拼接，最终实现对水下结构设施的全覆盖检测。

BV5000 水下三维声呐外业检测数据采集软件可对同一站位上采集到的点云数据进行自动合并，从而保证同一测站上三维点云数据间的位置精度；相邻站位间的三维点云数据可通过两次检测数据间共有特征物点云数据进行匹配，从而实现不同站位间三维点云数据的合并。

利用专业点云数据后处理软件，不仅可以进行点云数据的清错点、噪点处理等测站检测数据后处理工作，还可实现不同测站间检测成果数据的拼接融合；并对最终成果点云数据进行浏览、判读，精确量测异常情况的位置和发育情况。

单桩结构检测时根据桩基大小和三维声呐最佳量程，在桩基周围选择合适的点位进行定点扫测作业。根据桩基础尺寸大小选择三个站点，对桩基础周围结构进行全覆盖检测，检测完成后将三个位置的三维检测数据拼接在一起，即可获得桩基周围防冲刷保护设施的形态数据。利用测量时 ROV 所在的水下位置信息，测量得出防冲刷保护设施的绝对位置和高程信息，将测量所得的防冲刷保护设施的数据和原始数据对比即可得出防冲刷保护设施的变化情况。为应对海底冲刷危害，在风电机组基础周边冲刷坑区域进行沙袋投放，根据三维声呐检测结果分析风电机组桩基结构和导管架结构周边沙袋投放效果。海上风电单桩周边沙袋投放效果如图 9-24 所示。

图 9-25 所示为海上风电单桩周边海床冲刷扫测图，根据三维声呐测量的防冲刷保护设施的形态对比原始数据中防冲刷保护设施的形态，分析防冲刷保护设施的变化，根据当前的形态分析是否需要增加防冲刷保护设施。

水下目标物高精密检测三维模型成果如图 9-26 所示，结合水下桩基结构视频资料，通过视频查明水下桩基视频数据，确认桩基外表面缺陷、凹坑、海生物附着等情况。

实时三维图像声呐是全球首款也是分辨率最高的一款实时 3D 声呐，可以从每次声波

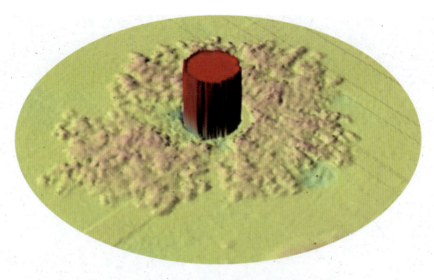

图 9-24　海上风电单桩周边沙袋投放效果扫测图

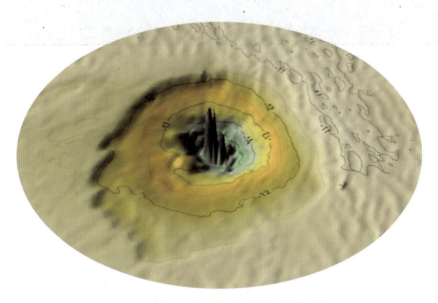

图 9-25　海上风电单桩周边海床冲刷扫测图

传输中生成一个由逾 16 000 个水深探测点组成的完整三维模型。随着声波传输的更新，该三维模型每秒可更新 12 次，其探测密度远远超过其他声呐的探测密度，能够利用独特的统计绘制技术，进一步提高图像的清晰度，呈现直观且易于理解的图像。在监测水下活动时，即使是在监测目标和声呐设备彼此独立移动的情况下，3D 图像仍能保持清晰准确，让观察者在操作时能够立即获取水下三维环境。在进行测绘和检查任务时，图像声呐的特殊脉冲形成方式，允许声呐在通过目标物后，可从不同角度识别目标物，使复杂的海底结构物能够被测绘出来，且可信程度和细节远远超出可以通过使用替代方法实现的任何测绘图。单桩基础的三维实时声呐检测结果和水下导管架基础多角度实时成像分别如图 9-27 和图 9-28 所示。

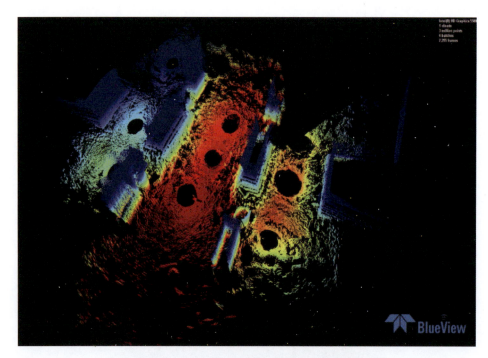

图 9-26　水下目标物高精密三维模型示意图

图 9-27　三维实时声呐原理示意图

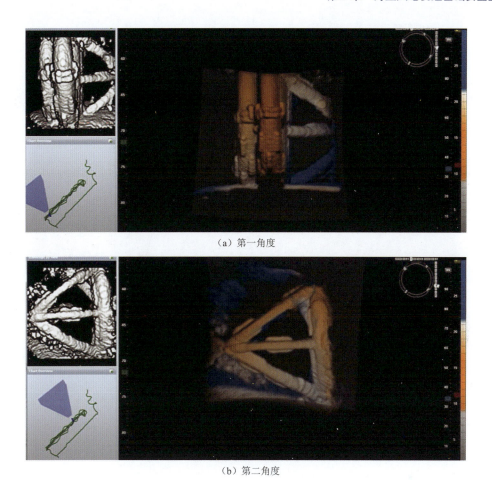

（a）第一角度

（b）第二角度

图 9-28　水下导管架基础多角度实时成像作业